国防科技图书出版基金

网状结构钛基复合材料

Titanium Matrix Composites
with Network Microstructure

黄陆军　耿　林　著

国防工业出版社

·北京·

图书在版编目(CIP)数据

网状结构钛基复合材料/黄陆军,耿林著. —北京:
国防工业出版社,2015.1
ISBN 978 - 7 - 118 - 09793 - 1

Ⅰ. ①网…Ⅱ. ①黄…②耿…Ⅲ. ①网状结构 – 钛
基合金 – 金属复合材料 – 研究 Ⅳ. ①TB331

中国版本图书馆 CIP 数据核字(2014)第 267210 号

※

*国防工业出版社*出版发行
(北京市海淀区紫竹院南路 23 号 邮政编码 100048)
北京嘉恒彩色印刷有限责任公司
新华书店经售
*

开本 710×1000 1/16 印张 13¾ 字数 247 千字
2015 年 1 月第 1 版第 1 次印刷 印数 1—2500 册 定价 69.00 元

(本书如有印装错误,我社负责调换)

国防书店:(010)88540777   发行邮购:(010)88540776
发行传真:(010)88540755   发行业务:(010)88540717

致 读 者

本书由国防科技图书出版基金资助出版。

国防科技图书出版工作是国防科技事业的一个重要方面。优秀的国防科技图书既是国防科技成果的一部分,又是国防科技水平的重要标志。为了促进国防科技和武器装备建设事业的发展,加强社会主义物质文明和精神文明建设,培养优秀科技人才,确保国防科技优秀图书的出版,原国防科工委于1988年初决定每年拨出专款,设立国防科技图书出版基金,成立评审委员会,扶持、审定出版国防科技优秀图书。

国防科技图书出版基金资助的对象是:

1. 在国防科学技术领域中,学术水平高,内容有创见,在学科上居领先地位的基础科学理论图书;在工程技术理论方面有突破的应用科学专著。

2. 学术思想新颖,内容具体、实用,对国防科技和武器装备发展具有较大推动作用的专著;密切结合国防现代化和武器装备现代化需要的高新技术内容的专著。

3. 有重要发展前景和有重大开拓使用价值,密切结合国防现代化和武器装备现代化需要的新工艺、新材料内容的专著。

4. 填补目前我国科技领域空白并具有军事应用前景的薄弱学科和边缘学科的科技图书。

国防科技图书出版基金评审委员会在总装备部的领导下开展工作,负责掌握出版基金的使用方向,评审受理的图书选题,决定资助的图书选题和资助金额,以及决定中断或取消资助等。经评审给予资助的图书,由总装备部国防工业出版社列选出版。

国防科技事业已经取得了举世瞩目的成就。国防科技图书承担着记载和弘扬这些成就,积累和传播科技知识的使命。在改革开放的新形势下,原国防科工委率先设立出版基金,扶持出版科技图书,这是一项具有深远意义的创举。此举势必促使国防科技图书的出版随着国防科技事业的发展更加兴旺。

设立出版基金是一件新生事物,是对出版工作的一项改革。因而,评审工作需要不断地摸索、认真地总结和及时地改进，这样，才能使有限的基金发挥出巨大的效能。评审工作更需要国防科技和武器装备建设战线广大科技工作者、专家、教授，以及社会各界朋友的热情支持。

让我们携起手来，为祖国昌盛、科技腾飞、出版繁荣而共同奋斗！

国防科技图书出版基金

评审委员会

前　言

　　金属基复合材料作为复合材料中的一个重要方向,由于其独特的性能特点而具有其他材料不可替代的地位。钛基复合材料作为金属基复合材料的一种,由于其具有最高的比强度、比模量、服役温度,被视为最具潜力的金属基复合材料。受传统思维的束缚,人们总是追求增强相在基体中均匀分布,然而增强相均匀分布的钛基复合材料一直存在增强效果低与塑性差的问题,特别是粉末冶金钛基复合材料,存在钛基复合材料高脆性的瓶颈问题,一直制约着其发展与应用。作者结合"材料设计"思想,基于 Hashin – Shtrikman（H – S）理论与晶界强化理论,设计并制备出了网状结构钛基复合材料,不仅解决了粉末冶金法制备钛基复合材料的瓶颈问题,表现出优异的塑性水平及可塑性加工能力,而且进一步提高了钛基复合材料在室温与高温下的增强效果。网状结构钛合金基复合材料将成为轻质、高强、耐热、可塑性加工、可热处理强化与变形强化的典型材料代表。

　　本书是课题组自 1999 年以来开展的原位反应自生技术制备钛基复合材料的创新研究工作总结。自 2008 年以来,由黄陆军博士及其指导的学生共计 10 余人完成了网状结构钛基复合材料的系列研究工作,包括不同基体、不同增强相、不同结构参数的网状结构钛基复合材料的设计、制备工艺优化、特殊组织结构形成机理、强韧化机理,及其组织与性能在后续热处理与热变形过程中的演变规律。全书共分 9 章,其中:第 1 章是绪论,总结前人在钛基复合材料方面的研究成果,归纳粉末冶金钛基复合材料的瓶颈问题,借鉴其他金属基复合材料的创新研究工作,提出网状结构钛基复合材料设计思想和理论依据;第 2 章介绍了钛基复合材料网状组织结构、结构参数、制备工艺的设计工作,并通过比较网状结构与均匀结构 TiBw/Ti 复合材料拉伸性能,展示网状结构钛基复合材料优异的强韧化效果;第 3 章进一步展示增强相含量对网状结构 TiBw/Ti 复合材料组织与性能的影响规律,并揭示轧制变形对其组织与性能的影响规律;第 4 章主要侧重网状结构 TiBw/TC4 复合材料中独特组织结构的形成机理分析,包括整体网状结构、基体等轴组织、销钉状 TiBw 结构、树枝状 TiBw 结构等特点及形成机理,并介绍了制备工艺参数、网状结构参数对其组织结构的影响规律;第 5 章重在展示网状结构 TiBw/TC4 复合材料优异的室温与高温综合性能,以及其特殊的断裂与强韧化机理,并结合组织分析优化结构参数与制备工艺参数;第 6 章开展网状结构 TiBw/TC4 复合材料高温压缩、高温超塑性拉伸、热挤压、热轧制等后续塑性变形研究,揭示网状结构钛基复合材料塑性变形机理,展示其优异的塑性加工能力,并研究塑性变形过程中其组织与性能演变规律;第 7 章进一步揭示后续热处理过程中烧结态与挤压态网状结构 TiBw/TC4 复合材料组织与性能的演变规律,展示其优异的热处理强化效果;第 8 章展示了 TiCp/TC4 复合材料中独特的类蜂窝状组织结构特点,及其优异的高温抗氧化能力与抗氧化机理,还介绍了网状结构(TiCp + TiBw)/TC4 复合材料独特的组织结构特点与优异的强化效果,说明网状结构设计的普适性;第 9 章通过引入高温 Ti60 合金作为基体制备网状结构 TiBw/Ti60 复合材料,获得了最耐高温的钛基复合材料。并根据现有研究与生产基础,说明网状结构钛基复合材料的生产潜能与未来可持续发展。

本书内容创新性强、理念新颖,解决了学术前沿问题与生产瓶颈问题,研究内容具有较强的可持续性。适合高等院校、科研机构及企业从事金属基复合材料相关领域的研究人员、技术人员及相关专业的师生参考阅读。但由于时间和水平有限,书中内容必定有较多不足之处,希望读者对本书提出批评指正与建议,以利于更新与修正。

希望本书对钛基复合材料及其他金属基复合材料研究人员起到启示作用,从而促进金属基复合材料的研究、发展与应用。

黄陆军　耿林
2014 年 8 月
于哈尔滨工业大学

目　录

Contents

第1章 绪 论

1.1 概 述

金属基复合材料主要包括铝基复合材料、镁基复合材料和钛基复合材料(Titanium Matrix Composites,TMCs)三大类[1-5]。TMCs 因具有很高的比强度和比刚度、优良的高温性能、较低的热膨胀系数,在许多领域都具有非常大的应用潜力,用来替代传统材料以提高使用性能或提高使用温度[1,6]。例如:替代传统高温合金,可以减重约40%;替代钛合金,可以将使用温度提高100~200℃;替代耐热钢,既可以减重又可以提高使用温度。因此,在航空航天、武器装备、汽车及民用等行业中,TMCs 是提高力学性能、降低重量、提高效能的最佳候选材料之一[7-9]。

TMCs 按照增强相种类可以分为连续纤维增强钛基复合材料(CTMCs)与非连续短纤维/晶须/颗粒增强钛基复合材料(DRTMCs)两大类[10]。连续纤维增强钛基复合材料在平行于纤维方向上具有较高的强度水平,易于制备大尺寸构件,并最早实现工业应用[10]。非连续增强钛基复合材料(DRTMCs)具有各向同性,可以二次变形加工,成本较低,是目前研究最多的钛基复合材料类别[10,11]。DRTMCs 又分为外加(Ex-situ)法制备的 DRTMCs 与原位(In-situ)反应自生法制备的 DRTMCs 两大类。与外加法相比,原位反应自生技术制备的 DRTMCs 具有界面清洁并且结合良好、力学性能优异、易于成形加工和成本较低等优点,特别是 TiC 颗粒(TiCp)或 TiB 晶须(TiBw)增强的钛基复合材料,近几年被认为是钛基复合材料中最佳的复合体系,被认为是最具发展潜力的钛基复合材料[8,10,12]。

近年来,制备原位自生 TiBw 与 TiCp 增强的非连续钛基复合材料,主要采用熔铸法与粉末冶金法。其中,粉末冶金法易于实现组织结构调控,并且具有近净成形和原料利用率高等特点,而成为制备低成本、高性能钛基复合材料的最佳制备方法[8,10]。不管采用什么样的制备方法,在过去的研究中,研究者总是追求增强相在基体中的均匀分布。然而根据20世纪60年代 Hashin 与 Shtrikman 提出的著名的 Hashin-Shtrikman(H-S)理论[13],增强相均匀分布难以达到复合材料理论增强效果的上限。另外,在用粉末冶金法制备 TMCs 时,为了追求增强相在基体中的均匀分布,需要采用高能球磨将原料粉末磨得非常细小,这样就不可避免地引入大量氧、氢等杂质。由于钛合金极易吸氧、氢而变脆[14]，从而使 TMCs 又表现出非常大的室温脆性[8, 9]，严重制约了非连续增强钛基复合材料的开发及应用[15]。

最近几年，钛基复合材料的研究者逐渐开展通过改变组织结构以改善机械性能的工作[8, 15, 16]。根据 H - S 理论，设计制备一种增强相包围在球形基体周围形成的具有连续增强相的胶囊结构复合材料能达到理论强度的上限[17-19]。然而要保证设计的复合材料具有一定的室温塑性，一方面要保证胶囊结构内部基体单元的完整性，另一方面还要保证基体单元之间的连通性。近些年来人们制备出了"双连通"和"内连通"铝基复合材料组织结构[20,21]，这种增强相准连续的组织结构对提高复合材料综合性能非常有效[22-25]。

综合以上分析，设计制备一种增强相呈准连续网状结构钛基复合材料可以在保证提高强度水平的同时，保证其塑性水平。值得提出的是，增强相网状分布可以看作是在钛合金晶界上引入陶瓷增强相，从而有效克服钛合金材料高温晶界弱化的缺陷，在较大程度上提高其高温强度水平。因此探索制备增强相呈准连续网状结构钛基复合材料可以实现以下突破：

（1）解决粉末冶金法制备钛基复合材料的瓶颈问题——室温脆性；

（2）进一步提高钛基复合材料的室温与高温增强效果及强度水平；

（3）降低制备钛基复合材料的生产周期及简化制备工艺；

（4）通过调整基体种类及增强相含量与分布来实现组织结构及力学性能的可调控性。

为此，对增强相准连续网状分布钛基复合材料的研究，不仅可以解决粉末冶金法制备钛基复合材料塑性差的缺陷，还将进一步提高其增强效果，特别是提高以高温应用为背景的钛基复合材料的高温性能，对推动钛基复合材料的应用具有非常重大的意义。另外，增强相准连续网状分布钛基复合材料的研究，还将对通过"材料设计"思想优化非连续增强金属基复合材料组织结构，以有效提高金属基复合材料力学性能研究提供理论基础与借鉴指导。这也完全符合卢柯院士近期提出的"通过可控的方法改变强化相分布结构，可以进一步提高金属材料的力学性能"的指导意见[26]。

1.2　钛基复合材料国内外研究现状与分析

钛基复合材料的研究最早始于 20 世纪 70 年代的美国[9]。最初以连续纤维增强钛基复合材料为主，并于 80 年代成功应用到航空发动机轴上。随后开展了外加法制备非连续颗粒与/或晶须增强钛基复合材料。直至 1990 年前后，原位反应自生技术制备非连续增强钛基复合材料开始逐渐受到人们的关注[7,10,27]。美国 Dynmet 公司将 DTMCs 应用到火箭壳、导弹尾翼和飞机发动机零件。荷兰

2

SP 宇航开发的钛基复合材料起落架下部后撑杆已经安装到 F16 战斗机上。日本丰田发动机公司于 1998 年首次将非连续增强的 TiBw/Ti 合金基复合材用于发动机进气阀与排气阀,由于采用粉末冶金技术,与原来使用的 21 - 4N 热强钢相比,不仅提高了强度,还大大降低了成本[28]。2000 年前后原位合成的 TiBw 与 TiCp(TiB:TiC = 1:1)被广泛认为是钛基复合材料最优的增强相[27, 29]。随着增强相的确定,近几年更多研究重点逐渐转向高温钛合金基体的使用方面,以期进一步提高 TMCs 高温力学性能。其中,重点是熔铸法制备的非连续增强高温钛合金基复合材料,如 Ti6242[29] 与 Ti1100[30,31] 为基体的钛基复合材料。

长纤维增强钛基复合材料有严重的各向异性、不可二次加工、塑性较差的特点;采用熔铸法制备增强相均匀分布的非连续增强钛基复合材料时难以控制缩孔等铸造缺陷,且增强效果不佳;而采用粉末冶金法制备时严重的室温脆性。上述原因使得钛基复合材料在 2003—2008 年研究越来越少,国内只有上海交通大学、西北工业大学、哈尔滨工业大学等仍在继续研究。甚至在国外,自 2000 年以后,欧美发达国家在粉末冶金制备钛基复合材料已经鲜有报道。值得关注的是,哈尔滨工业大学黄陆军博士于 2008 年成功设计并制备出增强相呈准连续网状分布的钛基复合材料,不仅解决了粉末冶金法制备 TMCs 室温塑性低的瓶颈问题,还进一步提高了其室温及高温强度水平。

(1)在国内钛基复合材料研究方面。上海交通大学张荻、吕维洁等人利用传统的自耗电弧炉熔炼钛合金的方法制得了 TiC/Ti[32]、TiB/Ti[33]、(TiB + TiC)/Ti[29, 30, 34, 35]、(TiB + Nd$_2$O$_3$)/Ti[9]、(TiB + TiC + Y$_2$O$_3$)/Ti[36] 及 (TiB + TiC + La$_2$O$_3$)/Ti[37] 等一系列非连续增强钛基复合材料,并详细研究了增强相的形态及生长机制。由于熔铸法难以克服缩孔等铸造缺陷,必须进行后续锻造等变形加工以提高其致密度。在此基础上制备的(TiB + TiC)/Ti6242[29]、(TiB + TiC)/Ti1100[30] 等高温钛合金基复合材料,通过锻造加工获得了 1330MPa/2.7% 较好的综合力学性能[9]。

中科院金属研究所马宗义及香港城市大学 Tjong 等人采用反应热压法(RHP)制备了系列钛基复合材料,由于较高的室温脆性,只进行了高温压缩试验[38]。另外还通过外加法结合热压烧结及热挤压制备了 TiCp/TC4 复合材料,并对组织及高温蠕变性能进行了详细研究,计算出不同温度下的应力指数及基体激活能[39]。

中南大学粉末冶金国家重点实验室[40,41]、西北有色金属研究院[35, 42]、西北工业大学[6]、北京有色金属研究院[43]、北京航空材料研究院[44]、北京理工大学[45]、北京航空航天大学[46]也都在钛基复合材料方面开展了卓有成效的研究工作。哈尔滨工业大学的冯海波等人利用 SPS 技术制备了 TiB/Ti - 4.0Fe - 7.3Mo 复合材料,探讨了烧结温度对组织及力学性能的影响[47],并深入研究了 TiB 晶须的生长机制及其与钛的界面结构[48,49]。另外魏尊杰等人[50]多年来一直致力于熔铸法制备钛基复合材料方面的研究。哈尔滨工业大学耿林教授课题组,深入研究了应用原位反应自生技术结合粉末冶金的方法制备非连续增强钛基复合材料的制备工艺、组织结构及性能变化规律[7, 12, 51]。

(2) 在国外钛基复合材料研究方面。日本宇航研究所 Kawabata 等人[52]通过粉末冶金技术,采用冷等静压、烧结、锻造等工艺制备了 TiBw 定向分布的 5vol.%、15vol.%、20vol.% TiBw/Ti 复合材料,并对其蠕变性能进行测试及表征,发现 TiBw/Ti 复合材料高温蠕变性能较纯基体有较大程度的提高。日本东京大学 Yamamoto 等人[53]研究了制备工艺对 TiBw/Ti 致密度的影响。另外,日本机械工程研究所[54]、国家材料科学研究所[55]等也都对 TMCs 开展了深入的研究。

美国 Panda 与 Chandran[8, 15]针对粉末冶金 DRTMCs 塑性低的问题,使用大尺寸高塑性 β–Ti 作为基体制备了 20% TiBw/β–21S(体积分数)复合材料。由于增强相含量较高,加上非均匀分布,使得 β–21S 基体颗粒周围形成网状的类陶瓷层以及大尺寸的陶瓷聚集区,使得裂纹极易形核与扩展,以致 β–21S 基体的高塑性难以发挥。他们通过理论计算得到斜方晶系的单晶体 TiB 各向异性的弹性模量值,以及多晶体 TiB 的理论弹性模量值,对后续 TiB–Ti 复合材料力学性能研究起到很好的理论指导作用[56]。另外美国的 Gorsse 等人[57]利用机械合金化及粉末冶金法制备了 20% 和 40% 的烧结态及挤压态复合材料,然而制备的烧结态 20vol.% TiB/Ti6Al4V 复合材料抗拉强度仅为 1018MPa,且延伸率只有 0.1%,挤压态的抗拉强度提高到 1215MPa,而延伸率仍只有 0.5%。密西根州立大学 Boehlert 与 Chen 等人[58-60]在 TiBw 增强钛基复合材料高温蠕变及疲劳断裂方面做了深入研究。美国西北大学[61]、Dynamet 公司[62]、俄亥俄州立大学[63]等也都在钛基复合材料方面做了深入研究。

英国伯明翰大学 Wang 等人[64]利用 100~300μm 大尺寸的 Ti6Al4V 粉与 5~50μm 的 TiB$_2$ 粉混合,在 Ti6Al4V 板基底上,通过激光熔融 Ti6Al4V 与 TiB$_2$ 混合粉末制备出性能优异的 8.5 vol.% TiB/Ti6Al4V 复合材料,其抗拉强度达到 1090MPa,且延伸率达到 6.6%。此外,还有德国[65]、英国[66]、印度[67]及韩国[68,69]、荷兰[70]、乌克兰[71]等许多研究机构都在非连续增强钛基复合材料方面开展了大量的研究工作。

需要指出的是,在铝基复合材料增强相分布优化方面,有 Segurado 等人[72]论述了增强相的空间分布对金属基复合材料的屈服强度、抗拉强度、塑性、断裂韧性以及裂纹萌生都有着显著影响,并通过模拟与试验的方法得到增强相具有非均匀分布的复合材料的抗拉强度较均匀分布复合材料提高了 60%。Peng 等人[73]通过挤压铸造方法制备了 Al$_2$O$_3$ 短纤维增强 Al 基复合材料,其中增强相呈双连续分布,通过理论分析与实验测试显示,其强度、弹性模量以及断裂韧性都较传统的增强相呈均匀分布的铝基复合材料有较大提高。

综合前人研究结果可知,对 TMCs 性能起决定作用的主要是以下几个方面:
①基体本身的力学性能;②增强相及其含量;③制备方法;④增强相分布状态;
⑤后续变形及热处理。其中增强相分布状态优化,在铝基复合材料中已经开展了
较多的研究,而在钛基复合材料中研究较少。

1.3 非连续增强钛基复合材料原位自生反应制备方法

原位自生反应合成技术始于20世纪80年代,虽然只经历了30年,但发展
极为迅猛,有着很大的发展前景。该技术提供了一种有效的制备金属基复合材
料、金属间化合物及金属间化合物基复合材料的途径,用此方法制备的复合材料
中增强相与基体材料具有很好的热力学稳定性、增强相界面洁净、结合牢固、且
尺寸与分布状态可以在某些制备方法中得以控制,而且具有优良的机械性能。
这种技术比较简单,在制备铝基、镁基、铜基、钛基等多种金属基复合材料中都表
现出了很大的潜力[10]。尤其和传统的铸造方法或粉末冶金方法相结合,原位自
生反应合成技术已经成为制备非连续增强钛基复合材料的主要制备方法。非连
续增强钛基复合材料原位自生反应制备方法可以分为:气—固反应法,固—液反
应法,固—固反应法。不同的制备方法各有其优缺点,下面就几种研究较多、发
展较快的方法进行简单介绍与对比。

1.3.1 气—固反应法

气—固反应法是由韩国 Kim 等人于 1998 年提出[68, 69],即通过可控的 C – H
化合物气体(如 CH_4),与钛合金粉末在高温环境中发生反应,然后进行真空热
压烧结得到 TiCp 增强的钛基复合材料。Kim 等人采用的具有 Ti6Al4V 名义成
分的混合粉末,使用 650MPa 压力得到致密度为 82% 的坯料;然后以 283cm^3/min
的速度通入 CH_4 气体进行气—固反应以获得 TiCp 增强相。反应阶段发生如下
反应,即

$$Ti + CH_4 \longrightarrow TiC + 2H_2 \qquad\qquad (1-1)$$

$$Al_8V_5 + 11CH_4 \longrightarrow 2Al_4C_3 + 5VC + 22H_2 \qquad\qquad (1-2)$$

$$4Al_3V + 13CH_4 \longrightarrow 3Al_4C_3 + 4VC + 26H_2 \qquad\qquad (1-3)$$

$$Ti + H_2 \longrightarrow TiH_2 \qquad\qquad (1-4)$$

事实上,如果直接采用 Ti6Al4V,则可以省去前面的混粉过程,且成分更加
均匀,甚至可以直接将 Ti6Al4V 粉在特定条件下通入 CH_4 气体以制备 TiCp/
Ti6Al4V 复合材料。此时,反应式(1-2)与(1-3)也相应地简化为反应式(1-
5)与(1-6),即

$$4Al + 3CH_4 \longrightarrow Al_4C_3 + 6H_2 \qquad\qquad (1-5)$$

$$V + CH_4 \longrightarrow VC + 2H_2 \qquad\qquad (1-6)$$

在随后的烧结过程中，发生气—固反应，首先形成的 Al_4C_3 与 VC 将与 Ti 继续发生反应转化成 TiCp。反应方程式如式（1－7）与（1－8）所示。由于 TiH_2 相高温不稳定，当烧结温度超过 1100℃时，反应产物 TiH_2 将消失。

$$Al_4C_3 + 3Ti \longrightarrow 3TiC + 4Al \qquad (1-7)$$

$$VC + Ti \longrightarrow TiC + V \qquad (1-8)$$

由于气—固反应是靠气体与 Ti 合金粉末表面接触反应的，因此 Ti 合金原料颗粒比表面积具有非常重要的影响。Kim 等人首先对不同颗粒尺寸的 Ti 原料进行测试，发现颗粒越细，反应获得 TiCp 的速度越快，且形成的 TiCp 体积分数越高[68]。根据试验结果，制备得到 10wt.%、15wt.% 与 20wt.% TiCp 的反应条件分别为 700℃/30min、700℃/60min 与 750℃/30 min[69]。对经过 750℃/30min 反应的产物进行不同温度下烧结时，当固定烧结时间为 2h，随着烧结温度的提高，复合材料致密度提高，且 TiCp 尺寸增大。如图 1－1 所示为采用气—固反应法在经过 1200℃与 1300℃烧结及热等静压后获得的复合材料 SEM（Scanning Electron Microscopy）组织照片。

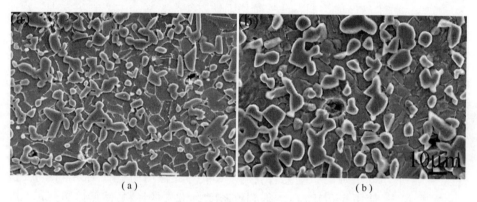

图 1－1　采用气—固反应法不同烧结温度制备的 20wt.% TiCp/Ti6Al4V
复合材料 SEM 组织照片[68]
（a）1200℃；（b）1300℃。

对气—固反应法制备的钛基复合材料进行性能测试结果显示，复合材料具有较高的屈服强度、抗拉强度、硬度、弹性模量，以及非常优异的耐磨性能，然而延伸率仍然较低。并且，气—固反应法只能制备 TiCp 增强钛基复合材料，且研究较少，工艺尚不完善。另外，对反应中 Ti 是否会因吸氧、氢而脆化降低机械性能尚不清楚。

1.3.2　固—液反应法

固—液反应法，主要指以金属合金熔炼技术为基础的复合材料熔铸法，即熔融状态的海绵钛、纯钛或钛合金中加入反应物原料，如 B 源或 C 粉，通过反应物与熔融状态下 Ti 之间的反应原位生成 TiB 或 TiC 增强相。此方法简单、经济、灵活,可以实现 TMCs 的批量生产,具有较大的应用前景[9]。另外,结合熔铸法,人们开发的快速凝固法[66]也属于固—液反应法的范畴。但由于冷却速度较快,成分与性能不均匀,以及制备方法困难、成本较高,因此虽然具有较高的力学性能潜力,但难以推广。

上海交通大学[9]金属基复合材料国家重点实验室做了大量的研究与探索,制备出了 TiCp、TiBw 单一增强与混杂增强,以及添加稀土元素增强的各种 TMCs,取得了较大的成果[9, 30, 36]。哈尔滨工业魏尊杰课题组、陈玉勇课题组长期以来一直致力于熔铸法制备钛基复合材料工艺的探索与研究,并成功制备了 TiCp 与 TiBw 单一增强与混杂增强的 TMCs[50, 74, 75]。

美国 Tamirisakandala 等人与 Flowserve 公司以及印度科学院 Ramamurty 等人合作,长期以来一直都以 B 为原料,通过电弧熔炼技术成功制备出不同 TiBw 含量的"Ti - B 合金",即 TiBw 增强的钛基复合材料,取得了显著的成效[76 - 78]。Crucible 研究所对通过在熔融 Ti - 6Al - 4V 中加入 B 与 C,制备出了 TiBw/Ti - 6Al - 4V 与(TiBw + TiCp)/Ti - 6Al - 4V 复合材料。其制备工艺不仅包括电弧熔炼过程,还包括对复合材料铸锭进行高纯氩气保护下的雾化制粉及热压烧结工艺,并进行热挤压得到棒材。日本 Tanaka 等人与美国 Wang 等人合作[55],对其进行了原位拉伸性能测试,获得了抗拉强度接近 1400MPa、延伸率约 7% 的优异综合性能。

然而,由于钛合金熔点较高,且活性较高,熔铸法制备复合材料条件要求较为苛刻,因此大大提高了操作难度及成本。另外,熔铸法由于无法避免在熔炼过程中出现的烧损、气孔以及其他铸造缺陷,必须对铸锭进行后续锻造或挤压变形以消除铸造缺陷,来提高复合材料性能[9, 78]。这不仅增加了操作难度,提高了生产成本,而且大大约束了其适用范围,原料浪费严重。因此通过熔铸法制备钛基复合材料具有一定优势,也存在较大缺陷。

1.3.3 固—固反应法

所谓固—固反应法,即基于原位反应自生技术结合粉末冶金的制备复合材料方法,包括反应热压法、放电等离子烧结法、机械合金化法、自蔓延高温合成法[9, 79, 80]。根据 Morsi[8]的统计结果,1984—2005 年,通过粉末冶金技术制备钛基复合材料的文献报道占所有钛基复合材料文献报道的 91% ,充分说明了其普适性及重要性。其中:放电等离子烧结技术具有升温速度快、烧结时间短,有利于控制烧结体的细微结构获得高致密度的材料,但是只能制备较小尺寸的样品,因此难以推广使用;机械合金化法可以获得非常细小的增强相,然而由于要求较高的球磨能量,使得工艺复杂,危险性大,且球磨过程中氧化严重,因此难以推广及实现工业化生产;自蔓延高温合成法制备金属基复合材料虽然具有生产过程简单、反应迅速等优点,然而其反应温度高、反应难以控制、产品孔隙率高等缺点限制了该工艺在制备非连续增强钛基复合材料中的应用[9]。

反应热压法(Reactive Hot Pressing, RHP)是将基体与增强相原料粉末混合均匀,然后对混合物进行真空除气、冷等静压成型、热压烧结等工序,使得混合物粉末基体中的 Ti 与增强相原料之间在烧结过程中发生反应生成增强相,同时进行致密化压制。它把放热反应和随后的致密化过程相结合,在一个工序中完成了非连续增强钛基复合材料的制备。与其他固—固反应法相比,具有工艺简单、易于操作等优点;而与熔铸法相比,具有烧结温度低、组织可控、可以实现近净成型等优点。因此,反应热压法制备非连续增强钛基复合材料的研究最多,也是发展前景最好的方法[9, 27]。

前面已经叙述的中国科学院金属研究所马宗义等人[38]、香港城市大学Tjong 等人[10]、哈尔滨工业大学倪丁瑞和耿林等人[7, 12]、中南大学黄伯云等人[40]都是采用反应热压法制备各种非连续增强钛基复合材料,在制备工艺以及复合材料组织与性能方面有较深的研究。美国[15, 57]、印度[67]等国的研究机构也都大量采用反应热压技术制备非连续增强钛基复合材料。

通过总结长期的探索研究工作发现,传统反应热压技术,由于过度追求增强相在基体中的均匀分布,总是力求将原料粉末球磨得非常细小,如此便不可避免地引入大量杂质。特别是氧、氢元素的引入,大大增加了钛基复合材料的脆性,即使后续再进行二次加工,也难以获得优异的综合性能,甚至由于高脆性无法进行二次加工成型,因此大大限制了其实际应用。

1.4　非连续增强金属基复合材料组织结构优化

在传统的制备复合材料工艺中,人们总是在追求制备增强相在基体中均匀分布的复合材料[10]。然而,越来越多的研究表明,增强相均匀分布的非连续金属基复合材料虽然较单一的金属材料具有许多优异的性能,然而却很难获得理想的增强效果[81]。为此,在铝基复合材料方面,自 20 世纪 90 年代就展开了增强相分布状态优化的工作,实现增强相增强效果的突破,以期进一步提高复合材料综合性能[20, 82-85]。

近些年来,增强相非均匀分布对复合材料力学性能的影响受到越来越多的关注,特别是对于颗粒增强铝基复合材料,被广泛地研究[83, 84]。Kamat 等人[86]指出,降低增强相颗粒之间的空间距离,可以增加复合材料的屈服强度;并且断裂韧性也受到局部增强相体积分数及增强相最近距离的影响。Corbin 等人[87]设计出一个有条理的模型,用于预测含有非均匀颗粒分布的复合材料的弹、塑性行为。与具有相同整体增强相含量的均匀复合材料相比,在一定范围内,随着增强相团聚程度增加,初始应变强化速率增加,因此复合材料整体流变强度增加。不过,当团聚程度超过一个最佳程度后,流变强度反而降低。

Conlon 等人[88]通过实验证明,对于以 $CuAl_2$ 为强化相的 $Al-CuAl_2$ 复合材料,当整体增强相体积分数相同时,具有团聚结构的复合材料压缩强度明显高于完全均匀的复合材料。因此,增强相的增强效果不仅与整体增强相的含量有关,而且还与增强相的形状、尺寸分布、空间分布及取向有关。

根据 Yin[89]的总结,非均匀复合材料中,增强相团聚可以分为如图 1-2 所示的 4 种情况。其中:图 1-2(a)所示为增强相团聚区在基体中被基体分开,相互孤立;图 1-2(b)所示为增强相团聚区域是连续的,以棒状、层状或环状存在,形成一维或二维连通;图 1-2(c)所示为增强相团聚区形成三维连通,而增强相贫化区被孤立;图 1-2(d)所示为在三维方向上增强相贫化区与增强相团聚区都形成了内连通结构。对于图 1-2(a)、(c)与(d)所示的三种情况,虽然微观上是非均匀的,但宏观上属于均匀的;对于图 1-2(b)所对应的组织,宏观与微观都属于非均匀结构。

Peng 等人[90]采用球磨的方法首先获得 Al_2O_3 短纤维团聚体,然后通过挤压铸造的方法制备了如图 1-3 所示的双连续铝基复合材料。根据三点弯曲试验测试结果,具有这种双连续结构的铝基复合材料较传统的均匀结构的复合材料具有更高的断裂韧性。

结合铝基复合材料 20 年来的研究成果,设计一种增强相呈非均匀状态分布的钛基复合材料,以改善目前钛基复合材料性能缺陷是非常必要的。事实上,在21 世纪初,钛基复合材料中就出现了非均匀分布的组织结构[8, 15]。然而当时只是为了解释在复合材料中 TiBw 不同形态而建立的,并不是以改善复合材料力学性能而设计。真正为了制备具有非均匀组织结构的钛基复合材料而进行的工作直到 2008 年才真正开始[16, 91]。如图 1-4 所示为 Patel 等人[16]设计的 TiBw 增强钛基复合材料非均匀组织结构示意图。其中包含离散分布的 TiBw 晶须团及连通的软基体相,这种模型与图 1-2(a)所示类似。然而这种复合材料,并没有获得优异的力学性能结果。

以上工作,由于没有考虑到粉末冶金带来的污染问题,虽然增强相分布状态不同于传统的均匀分布,却没有对钛基复合材料性能起到有效的改善。尽管如此,仍然是钛基复合材料增强相分布状态优化工作的开始。本书将在此基础上,通过对原料选择、制备工艺、增强相分布等三个方面进行改进,不仅提高 TMCs 的强度水平,还要较大程度上提高 TMCs 的塑性水平,解决粉末冶金法制备TMCs 的瓶颈问题,并实现力学性能的可调控性。

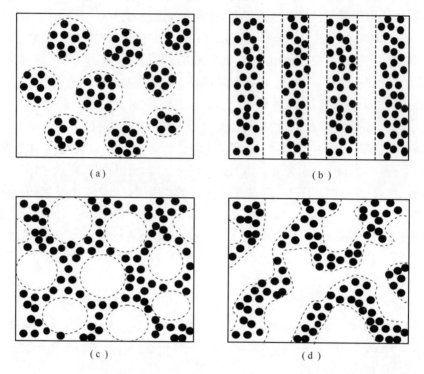

图1-2 具有颗粒团聚现象的微观非均匀组织结构4种形式示意图[87,89]

(a) 形式A:增强相团聚区离散分布;(b) 形式B:增强相团聚区以棒状/层状/环状分布;

(c) 形式C:增强相团聚区以网状分布而增强相贫化区离散分布;

(d) 形式D:增强相团聚区与贫化区均以双连通网状分布。

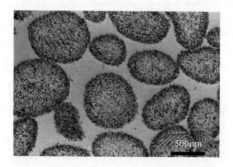

图1-3 通过纤维团聚制备双连续的复合材料组织照片[90]

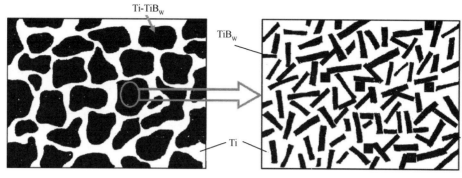

图 1-4 双基体非连续钛基复合材料示意图[16]

1.5 非连续增强钛基复合材料的力学性能

1.5.1 复合材料协同效应概念

对于复合材料的性能,如韧性、强度和弹性模量,主要是来源于不同相之间的协同作用。而这些不同的力学性能,往往表现出较大的差异,且对应着不同的协同机制[92]。图 1-5 所示为两相材料混合后所表现出的性能随加入相含量变化的示意图,分别为正协同效应、混合效应、负偏离效应[92]。一般而言对应于正协同效应或负偏离效应的材料,要么发生了整体组织结构的改变,要么界面增强相分布不均匀、界面结合不好、超出弹性变形范围。满足以上任何一点,性能都有可能出现正协同效应或负偏离效应。以 Ti – TiB$_2$ 体系为例,通过原位反应制备 TiBw/Ti 复合材料,不仅增强相从颗粒状变成了增强效果更好的晶须状TiBw,且相对原料 TiB$_2$ 颗粒含量,增强相 TiBw 体积分数较 TiB$_2$ 体积分数提高到 1.7 倍。这样双重作用,使原位自生反应技术制备的 TiBw/Ti 复合材料强度与弹性模量相对原来 Ti – TiB$_2$ 体系实现了正协同效应。对于传统的连续 SiCf/Ti 复合材料,由于 SiC 与 Ti 之间发生严重的界面反应,使得制备的复合材料强度相对纤维增强相与基体性能都降低,即上述的负偏离效应。

对于线性混合效应,如图 1-5 所示,其混合材料性能从左至右,随增强相含量的增加呈线性增加,其线性关系遵循下式规律[92],即

$$P_c = \sum_i^n P_i V_i \qquad (1-9)$$

式中:P_i 为复合材料中第 i 相材料性能;V_i 为复合材料中第 i 相体积分数。

如果多相材料混合后,各相独自的整体结构保持不变,且界面结合达到理想状态,那么式(1-9)所描述的即是其混合后复合材料的最理想性能值。复合材料性能除了与各相性能与体积分数有关外,弹性模量还与增强相团聚、取向、分布与几何形状有关。假设增强相均匀分布、界面结合完好、且在线弹性变形范围

内,复合材料弹性模量表现出上述线性关系。

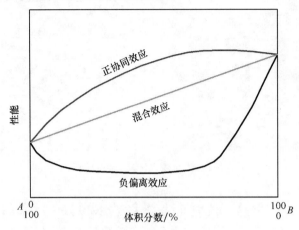

图 1-5　复合材料性能随增强相体积分数变化关系[92]

　　然而对于复合材料的强度在大多条件下,至今还不能像弹性模量一样通过增强相体积分数来进行预测,还没有固定的规律可循。这是因为强度主要依赖于在断裂之前瞬间局部变形,而弹性模量则对应于在加载之初整体变形。要想实现复合材料强度预测,首先要对断裂机制进行深入研究。

　　对于本书研究的非连续增强钛基复合材料,因为其主要作为工程结构材料使用,因此最为主要的性能指标为室温与高温拉伸性能,包括拉伸强度及延伸率。因此,本书主要研究经过组织结构优化及制备工艺优化后制备的 TMCs 的拉伸性能及组织演变规律。

1.5.2　非连续增强钛基复合材料的室温拉伸性能

　　用静拉伸试验得到的应力—应变曲线,可以获得许多重要性能指标。例如:弹性模量 E,主要用于零件的刚度设计;材料的屈服强度 $\sigma_{0.2}$ 和抗拉强度 σ_b 则主要用于零件的强度设计,特别是抗拉强度和弯曲疲劳强度有一定的比例关系,这就进一步为零件在交变载荷下使用提供参考;而材料的塑性、断裂前的应变量,主要是为材料在使用过程中的安全性或者冷热变形时的工艺性能提供参考。

　　对于非连续增强钛基复合材料,虽然反应热压法被认为是最有前景的制备方法,但是却只有熔铸法结合后续变形制备出了具有优异拉伸性能的非连续增强钛基复合材料。因此对于制备方法与工艺还有待进一步改进与开发。在表 1-1 中列出了不同体积含量 TiBw 与 TiCp 单一增强或混杂增强不同基体的非连续钛基复合材料的拉伸性能。此表中所列均为主要的,也是较为优异的拉伸性能。事实上,在大量的文献中,由于较高的脆性,采用粉末冶金法制备的复合材料难以获得拉伸性能。

从表 1-1 中看出,影响 DRTMCs 力学性能的因素主要包括增强相种类及含量、基体种类、制备与加工工序。然而,增强相含量的改变对复合材料力学性能的贡献并不是特别大,最主要的原因是弹性模量随增强相含量的增加而增加。从表 1-1 数据及以上分析也可以给出启示,即基体的作用更为直接与重要,如用于高温结构件的可以采用 Ti6242、Ti1100、IMI834 和 Ti60 等近 α 钛合金。然后,应考虑制备工艺及加工工艺,如挤压变形与热处理能有效地改善钛基复合材料的力学性能。

表 1-1 原位反应法制备的非连续增强钛基复合材料拉伸性能

RV/%	RS	Matrix	Process	Properties				Ref.
				$\sigma_{0.2}$/MPa	σ_b/MPa	δ/%	E/GPa	
0	—	Ti	VAR + HS	164	179	20.7	109	93
5	B	Ti	VAR + (MACS) + HS	639	787	12.5	121	93
10				706	902	5.6	131	
15				842	903	0.4	139	
20	TiB$_2$	Ti	PM	—	673	0.0	148	94
0	—	Ti	PM + RHP + E	—	800	11.6	105	51
10	BC$_4$ + C			—	1175	1.5	130	
0	—	Ti	VAR + CS	393	467	20.7	109	95
10	C			651	697	3.7	—	
0	—	Ti6Al4V	C + E + H	986	1035	—	110	96
3.1	B			1040	1156	—	129	
11	TiB$_2$	Ti6Al4V	GA + HIP/E	1315	1470	3.1	144	94
20			MA + HIP	1170	—	2.5	154	
20	TiB$_2$	Ti6Al4V	MA + HP	—	1018	0.1	145	57
0			MA + HP + E	1181	1215	0.5	170	
40				—	864	0.0	210	
10.5	B + C	Ti6Al4V	VAR + GA + E	1100	1300	5	—	55
0	—	Ti6Al4V	DLF + Anneal	853	938	11.5	97	64
8.5	TiB$_2$			1050	1094	6.6	138	
0	—		DLF + HIP	829	900	16	95	
8.5	TiB$_2$			958	1040	10.3	122	
10	CH$_4$	Ti6Al4V	PM + GS + HIP	1090	1140	2.0	134	69
15				1090	1110	1.1	145	
0	—	Ti6242	VAR + F	844	914	10	110	9, 29
8	BC$_4$ + C			1244	1330	2.7	131	

RV/%	RS	Matrix	Process	Properties				Ref.
				$\sigma_{0.2}$/MPa	σ_b/MPa	δ/%	E/GPa	
0	—	Ti1100	VAR + F	903	1020	8.4	—	30
1	C			1072	1166	11.5	—	
1	BC$_4$ + C			1056	1152	9.2	—	
2				1094	1199	7.5	—	

注:RV = 增强相体积份数,RS = 增强相原料,Ref. = 参考文献,PM = 粉末冶金,F = 锻造,GA = 氩气雾化制粉,MA = 机械合金化,H = 热处理,E = 热挤压,CS = 燃烧合成,SHS = 自蔓延高温合成,RHP = 反应热压烧结,HIP = 热等静压,PHIP = 准热等静压,SPS = 放电等离子体烧结,HP = 热压,HR = 热轧制,YS = 屈服强度,MACS = 熔体辅助燃烧合成,VAR = 真空电弧炉重熔,DLF = 直接激光制备,GS = 气固反应。

1.5.3 复合材料的弹性模量

根据应力的分布特点,复合材料可以分为各向异性复合材料与各向同性复合材料[79]。对于连续纤维增强的复合材料,在纤维方向上加载时,增强相纤维与基体承受相同应变,以此等应变模型可以获得复合材料沿纤维方向的弹性模量 E_L 计算公式(1-10)。在垂直纤维方向上加载时,增强相与基体承受相同的应力,以等应力模型可以获得复合材料沿垂直纤维方向的弹性模量 E_T 计算公式(1-11)。这就是典型的混合法则[97]。一方面,混合法则是适合于最理想状态下的单向纤维增强复合材料;另一方面,混合法则是所有复合材料最低阶或最大范围的弹性性能标准,即所有复合材料弹性性能都应该在混合法则规定的上限与下限以内。

$$E_L = fE_r + (1 - f)E_m \qquad (1-10)$$

$$E_T = \left[\frac{f}{E_r} + \frac{(1-f)}{E_m} \right]^{-1} \qquad (1-11)$$

式中:f 为增强相体积分数(%);E_r 为增强相弹性模量(GPa);E_m 为基体弹性模量(GPa)。

对于近些年来发展的短纤维或晶须增强的非连续增强复合材料,通常采用挤压使得增强相发生定向分布。因此,在变形方向上,复合材料的力学性能得到较大提高,相应地在垂直变形方向上,复合材料弹性模量降低。Halpin 与 Tsai 通过模型计算,得出了定向分布的短纤维或晶须增强的非连续复合材料弹性性能计算公式,如式(1-12)与式(1-14)所示。这就是著名的 Halpin - Tsai(H - T)方程[57, 97, 98]。

$$E_{C,L} = \frac{1 + 2\left(\frac{l}{d}\right)\eta_L f}{1 - \eta_L f} E_m \qquad (1-12)$$

$$\eta_L = \frac{E_{r,L} - E_m}{E_{r,L} + 2\left(\dfrac{l}{d}\right)E_m} \qquad\qquad (1-13)$$

$$E_{C,T} = \frac{1 + 2\eta_T f}{1 - \eta_T f}E_m \qquad\qquad (1-14)$$

$$\eta_T = \frac{E_{r,T} - E_m}{E_{r,T} + 2E_m} \qquad\qquad (1-15)$$

式中:$E_{C,L}$、$E_{C,T}$ 为短纤维或晶须增强金属基复合材料沿增强相方向与垂直增强相方向的弹性模量;$E_{r,L}$、$E_{r,T}$ 为短纤维或晶须沿长轴方向与垂直长度方向上的弹性模量;l 为短纤维或晶须长度;d 为短纤维或晶须直径。

对于各向同性复合材料,Hashin 与 Shtrikman[13,99] 于 20 世纪 60 年代就已经得到更加准确的弹性模量计算公式,被称为 H – S 方程。式(1 – 16)与式(1 – 17)分别给出了各向同性复合材料弹性模量上限($E_{\mathrm{HS-Upper}}$)与下限($E_{\mathrm{HS-Lower}}$),即

$$E_{\mathrm{HS-Upper}} = \frac{E_r(E_r f + E_m(2-f))}{E_m f + E_r(2-f)} \qquad\qquad (1-16)$$

$$E_{\mathrm{HS-Lower}} = \frac{E_m(E_m(1-f) + E_r(1+f))}{E_r(1-f) + E_m(1+f)} \qquad\qquad (1-17)$$

因此,可以根据复合材料增强相不同形态及分布,选用不同的弹性模量计算公式,计算出复合材料理论弹性性能范围。针对非连续增强钛基复合材料,根据增强相分布情况,选择 H – T 或 H – S 方程进行分析。

对于各向同性的非连续增强复合材料,根据式(1 – 16)与式(1 – 17),将其理论弹性性能上限与下限绘制如图 1 – 6 所示。图中弹性性能的上下限分别被

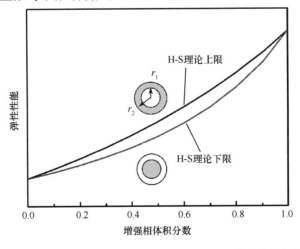

图 1–6　复合材料 H – S 理论上下限随增强相体积分数变化
（灰色区域为硬相白色区域为软相）[89]

称为 H–S 上下限,分别对应于图中不同的两种模型[13,89]。图中模型所示,H–S 上限对应于球形软相被硬相包围形成的胶囊结构;下限则对应于球形硬相被软相包围形成的胶囊结构。由此叙述可以看出,对于传统的增强相在基体中完全均匀分布形成的复合材料,当增强相含量较低时(一般低于 20%),则相当于增强相在相互连通的基体中完全孤立的存在,也就对应于软相包围硬相的模型,因此完全均匀的复合材料结构则对应于 H–S 下限模型。事实上,增强相的分布不仅影响复合材料的弹性性能,而且还较大程度上影响其他性能,包括屈服强度、抗拉强度、塑性、韧性等[81]。这也就解释了近年来发现的增强相均匀分布的复合材料表现的力学性能总是不能达到预期效果的原因。

1.6 非连续增强钛基复合材料变形及热处理

对于金属基复合材料,特别是钛基复合材料,由于其特殊的组织结构、性能特点及制备工艺,基本上都是在制备过程中进行热变形,实现一定程度上改善力学性能的目的。通过传统固—固反应或固—液反应法制备的非连续钛基复合材料,都局限于通过热变形如挤压、锻造、轧制等来提高致密度、均匀组织以提高其强度。对于热处理方面的研究,仅限于热处理对基体组织及增强相形态的影响。

1.6.1 热变形对非连续增强钛基复合材料性能的影响

目前为止,非连续增强钛基复合材料在制备过程中都包含一个热变形的过程,以起到致密化的效果。事实上,在热变形过程中,复合材料力学性能也得到较大程度的提高。这不仅是由于致密度的提高,更主要是由于改变了基体组织,如变形亚结构、晶粒细化等。另外因变形引起的增强相定向分布以及团聚消除都会有利于改善力学性能。对于粉末冶金制备的非连续增强钛基复合材料,热变形还有利于破坏原颗粒表面的氧化层,增加基体之间的连接,对提高塑韧性有较大的作用。

马凤仓与吕维洁等人[100]深入研究了锻造对 5vol.%(TiB + TiC)(4:1)/Ti–1100 复合材料组织和高温性能的影响。性能测试显示,在 500～650℃ 范围内,铸态的复合材料为脆性断裂,而锻造后复合材料为韧性断裂。锻造后复合材料的强度和铸态相比有 200～300MPa 的提高,而延伸率提高了近两倍。也就是说,锻造不仅提高了复合材料的强度,而且还大大提高了复合材料的塑性。这是由于锻造使 TiB 晶须定向排列,因此在拉伸方向上的长径比大大超过其临界长径比,在拉伸过程中更多的晶须有效承载。而基体由于变形,形成锻造织构及晶粒细化,从而改善复合材料塑性。

Tanaka 等人[55]对通过电弧炉熔炼技术、惰性气体雾化制粉、1000℃热等静压烧结制备的(6.75vol.% TiBw + 3.75vol.% TiCp)/Ti6Al4V 复合材料,在

1095℃下挤压成复合材料板材。挤压后的 SEM 组织照片如图 1 - 7 所示,TiBw 增强相呈定向分布,等轴状 TiCp 没有变化。对挤压态复合材料进行原位拉伸实验。结果显示,挤压态复合材料屈服强度达到 1200MPa,抗拉强度达到 1400MPa,这较 Ti6Al4V 合金峰时效抗拉强度 1100MPa 有了较大程度的提高,特别是还保持了约 7% 的延伸率。

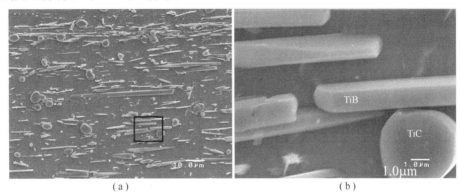

图 1 - 7　TiBw 与 TiCp 混杂增强 Ti6Al4V 基复合材料挤压后 SEM 组织照片[55]
(a) 低倍;(b) 高倍。

　　倪丁瑞等人[51]对通过反应热压法制备的 10vol. % (TiBw + TiCp)/Ti 复合材料在 1100℃下进行热挤压变形,可以将烧结过程中形成的晶须团有效地分散,同时形成沿挤压方向定向分布。挤压后的钛基复合材料抗拉强度可以达到 1175MPa,较相同状态下纯 Ti 抗拉强度 800MPa 提高了 47% ,且延伸率达到 1.5% 。

　　从以上分析可以看出,无论是熔铸法还是粉末冶金法制备的钛基复合材料,无论采取热锻造还是热挤压变形,均能有效地提高变形方向上的强度与塑性,获得优异的综合性能。

1.6.2　热处理对非连续增强钛基复合材料组织与性能的影响

　　热处理对非连续增强钛基复合材料的组织影响包括对增强相的影响与基体的影响。对于以强化为目的的热处理工艺,由于热处理温度较低,且原位反应制备的增强相相对稳定,因此强化热处理对复合材料中增强相的尺寸及形貌几乎没有影响。

　　Gorsse 等[57]利用 Ti 与 TiB_2 之间的原位反应制备了 20vol. % 和 40vol. % TiBw/Ti - 6Al - 4V 复合材料,并进行了热处理。研究表明,经过热处理后,Ti - 6Al - 4V 合金组织由针状 α 集束和晶间 β 相组成,复合材料中基体表现为等轴状 α 相和晶间 β 相。得出结论,在热处理过程中 TiBw 的存在对基体的晶粒长大和形态有重要影响。

张廷杰等人[101]对采用熔铸工艺制备的10vol.% TiC/Ti合金基复合材料进行了形变热处理研究。研究表明,在相同的热处理条件下,形变热处理后,未增强钛合金显示出粗大的初始β晶粒,晶粒内为α+β全片层组织;而在钛基复合材料的基体中,晶粒尺寸显著减小,且大约只有一半的β晶粒内包含α+β片层组织。这说明由于增强相的存在影响了复合材料基体的热处理显微组织,使其与未增强的钛合金材料热处理显微组织明显不同。

曾泉浦等人[102]研究了热处理对锻造态熔铸工艺制备的TiCp/TP-650复合材料组织与性能的影响。结果表明,TiCp增强相在热处理过程中有较好的稳定性,形态没有明显变化,但由于TiCp的存在,基体钛合金的再结晶及晶粒聚集长大明显受到阻碍。得出结论,增强相的加入有效细化了基体钛合金的显微组织。除此之外,TiCp/TP-650复合材料的基体显微组织随热处理条件变化规律与传统两相钛合金类似。因此与传统双相钛合金一样,可以通过热处理改善钛基复合材料力学性能。

综上所述,一方面,变形及热处理可以有效改善钛基复合材料力学性能;另一方面,虽然已经开展了一些钛基复合材料变形及热处理的工作,但是非常有限,而且热处理工艺尚不健全,缺乏专门的研究,尤其是强化热处理方面更少。因此,如何通过适当的热处理工艺实现非连续增强钛基复合材料力学性能的进一步提高,显得尤为重要。通过以上分析,热处理强化主要是对基体组织的强化,因此对非连续增强钛基复合材料热处理强化机制可以参考相应基体的热处理机制进行探索研究。

参 考 文 献

[1] 益小苏,杜善义,张立同. 复合材料手册[M]. 北京:化学工业出版社,2009.

[2] 赵玉涛,戴起勋,陈刚. 金属基复合材料[M]. 北京:机械工业出版社,2007.

[3] 陶杰,赵玉涛,等. 金属基复合材料制备新技术导论[M]. 北京:化学工业出版社,2007.

[4] 于化顺. 金属基复合材料及其制备技术[M]. 北京:化学工业出版社,2006.

[5] 李荣久. 陶瓷-金属复合材料[M].2版. 北京:冶金工业出版社,2004.

[6] 毛小南. 颗粒增强钛基复合材料在汽车工业上的应用. 钛工业进展,2000,2:5-12.

[7] 耿林,倪丁瑞,郑镇洙. 原位自生非连续增强钛基复合材料的研究现状与展望. 复合材料学报,2006,23:1-11.

[8] Morsi K, Patel V V. Processing and Properties of Titanium - Titanium Boride (TiBw) Matrix Composites - A Review. J. of Materials Science, 2007, 42: 2037-2047.

[9] 吕维洁,张获. 原位合成钛基复合材料的制备、微结构及力学性能[M]. 北京:高等教育出版社,2005:1-5.

[10] Tjong S C, Ma Z Y. Microstructural and Mechanical Characteristics of In Situ Metal Matrix Composites. Materials Science and Engineering: R, 2000, 29: 49 – 113.

[11] 刘咏, 汤慧萍. 粉末冶金钛基结构材料[M]. 长沙: 中南大学出版社, 2012.

[12] Geng L, Ni D R, Zhang J, et al. Hybrid Effect of TiBw and TiCp on Tensile Properties of In SituTitanium Matrix Composites. J. of Alloys and Compounds, 2008, 463: 488 – 492.

[13] Hashin Z, Shtrikman S. A Variational Approach to the Theory of the Elastic Behaviour of Multiphase Materials. J. of the Mechanics and Physics of Solids, 1963, 11: 127 – 140.

[14] Hull D, Clyne T W. An Introduction to Composite Materials. 2th ed. UK: Cambridge University Press, 1996: 30 – 36.

[15] Panda K B, Ravi Chandran K S. Synthesis of Ductile Titanium – Titanium Boride (Ti – TiB) Composites with a Beta – Titanium Matrix: The Nature of TiB Formation and Composite Properties. Metallurgical and Materials Transactions A, 2003, 34: 1371 – 1385.

[16] Patel V V, El – Desouky A, Garay J E, et al. Pressure – less and Current – Activated Pressure – Assisted Sintering of Titanium Dual Matrix Composites: Effect of Reinforcement Particle Size. Materials Science and Engineering A, 2009, 507: 161 – 166.

[17] Corbin S F, Wilkinson D S. The Influence of Particle Distribution on the Mechanical Response of a Particulate Metal Matrix Composite. Acta Metallurgica et Materialia, 1994, 42: 1311 – 1318.

[18] Cichocki F R. Microstructure Design and Processing of Aluminum – Alumina Composites[D]. Purdue University, 2000.

[19] Park J S. Effect of Contiguity on the Mechanical Behavior of Co – continuous Ceramic Metal Composites [D]. Purdue University, 2003.

[20] Peng H X, Fan Z, Evans J R G. Bi – continuous Metal Matrix Composites. Materials Science and Engineering A, 2001, 303: 37 – 45.

[21] Peng H X, Fan Z, Mudher D S, et al. Microstructures and Mechanical Properties of Engineered Short Fibre Reinforced Aluminium Matrix Composites. Materials Science and Engineering A, 2002, 335: 207 – 216.

[22] Sinclair I, Gregson P J. Structural Performance of Discontinuous Metal Matrix Composites. Materials Science and Technology, 1997, 13: 709 – 726.

[23] Qin S, Zhang G. Preparation of High Fracture Performance SiCp – 6061Al/ 6061Al Composite. Materials Science and Engineering A, 2000, 279: 231 – 236.

[24] Pandey A B, Majumdar B S, Miracle D B. Laminated Particulate – Reinforced Aluminum Composites with Improved Toughness. Acta materialia, 2001, 49: 405 – 417.

[25] Wilkinson D S, Pompe W, Oeschner M. Modeling the Mechanical Behaviors of Heterogeneous Multi – phase Materials. Progress Material Science, 2001, 46: 379 – 405.

[26] Lu K. The future of metals. Science, 2010, 328: 319 – 320.

[27] Tjong S C, Mai Y W. Processing – Structure – Property Aspects of Particulate – and Whisker – Reinforced Titanium Matrix Composites. Composite Science and Technology, 2008, 68: 583 – 601.

[28] Saito T. The Automotive Application of Discontinuously Reinforced TiB – Ti Composites. JOM, 2004, 56: 33 – 36.

[29] Lu W J, Zhang D, Zhang X N, et al. Microstructure and Tensile Properties of In Situ (TiB + TiC)/Ti6242 (TiB:TiC = 1:1) Composites Prepared by Common Casting Technique. Material Science and Engineering A, 2001, 311: 142 – 150.

[30] Wang M M, Lv W J, Qin J N, et al. Effect of Volume Fraction of Reinforcement on Room Temperature Tensile Property of In Situ (TiB + TiC)/Ti Matrix Composites. Materials and Design, 2006, 27:

494 – 498.

[31] Ma F C, Lv W J, Qin J N, et al. Hot Deformation Behavior of In Situ Synthesized Ti – 1100 Composite Reinforced with 5 vol. % TiC Particles. Materials Letters, 2006, 60(3): 400 – 405.

[32] 吕维洁, 杨志峰, 张荻, 等. 原位合成钛基复合材料增强相 TiC 的微结构特征. 中国有色金属学报, 2002, 12: 511 – 515.

[33] 覃业霞, 吕维洁, 徐栋, 等. 原位合成 TiB/Ti 基复合材料的氧化行为. 中国有色金属学报, 2005, 15: 352 – 357.

[34] Zhang X N, Lv W J, Zhang D, et al. In Situ Technique for Synthesizing (TiB + TiC)/Ti Composites. Scripta Materialia, 1999, 41: 39 – 46.

[35] 杨志峰, 吕维洁, 覃业霞, 等. 石墨添加对原位合成钛基复合材料高温力学性能的影响. 复合材料学报, 2004, 21: 1 – 6.

[36] 吕维洁, 徐栋, 覃继宁, 等. 原位合成多元增强钛基复合材料(TiB + TiC + Y2O3)/Ti. 中国有色金属学报, 2005, 15: 1727 – 1732.

[37] Yang Z F, Lv W J, Zhao L, et al. Microstructure and Mechanical Property of In Situ Synthesized Multiple – reinforced (TiB + TiC + La2O3)/Ti Composites. J. of Alloys and Compounds, 2008, 455: 210 – 214.

[38] Ma Z Y, Tjong S C, Gen L. In Situ Ti – TiB Metal – Matrix Composite Prepared by a Reactive Pressing Process. Scripta Materialia, 2000, 42: 367 – 373.

[39] Ma Z Y, Mishra R S, Tjong S C. High – Temperature Creep Behavior of TiC Particulate Reinforced Ti – 6Al – 4V Alloy Composite. Acta Materialia, 2002, 50: 4293 – 4302.

[40] 汤慧萍, 黄伯云, 刘咏, 等. 粉末冶金颗粒增强钛基复合材料研究进展. 粉末冶金技术, 2004, 22: 293 – 296.

[41] 陈丽芳, 刘咏, 汤慧萍, 等. 原位生成 TiC 颗粒增强 Ti 基复合材料的显微组织. 稀有金属材料与工程, 2005, 34: 1609 – 1612.

[42] 曾立英, 毛小南, 戚运莲, 等. TiC 粒子增强钛基复合材料的显微组织与性能研究. 稀有金属, 2004, 28: 5 – 8.

[43] 蔡海斌, 樊建中, 左涛, 等. 原位合成 TiB 增强钛基复合材料的微观组织研究. 稀有金属, 2006, 36: 808 – 812.

[44] 李四清, 雷力明, 刘瑞民. 钕对颗粒增强钛基复合材料组织和性能的影响. 材料工程, 2004, 9: 23 – 26.

[45] Zhang Z H, Shen X B, Wen S, et al. In situ reaction synthesis of Ti – TiB composites containing high volume fraction of TiB by spark plasma sintering process. J. of Alloys and Compounds, 2010, 503: 145 – 150.

[46] Liu D, Zhang S Q, Li A, et al. High temperature mechanical properties of a laser melting deposited TiC/TA15 titanium matrix composite. J. of Alloys and Compounds, 2010, 496: 189 – 195.

[47] Feng H B, Zhou Y, Jia D C, et al. Microstructure and Mechanical Properties of In Situ TiB Reinforced Titanium Matrix Composites Based on Ti – FeMo – B Prepared by Spark Plasma Sintering. Composites Science and Technology, 2004, 64: 2495 – 2500.

[48] Feng H B, Zhou Y, Jia D C, et al. Stacking Faults Formation Mechanism of In Situ Synthesized TiB Whiskers. Scripta Materialia, 2006, 55: 667 – 670.

[49] Meng Q C, Feng H B, Chen G C, et al. Defects Formation of the In Situ Reaction Synthesized TiB Whiskers. J. of Crystal Growth, 2009, 311: 1612 – 1615.

[50] 金云学, 曾松岩, 王宏伟, 等. 硼化物颗粒增强钛基复合材料研究进展. 铸造, 2001, 50:

711 –716.

[51] Ni D R, Geng L, Zhang J, et al. Fabrication and Tensile Properties of In Situ TiBw and TiCp Hybrid – Reinforced Titanium Matrix Composites Based on Ti – B4C – C. Materials Science and Engineering A, 2008, 478: 291 –296.

[52] Kawabata K, Sato E, Kuribayashi K. High Temperature Deformation with Diffusional and Plastic Accommodation in Ti/TiB Whisker – Reinforce In Situ Composites. Acta Materialia, 2003, 51: 1909 –1922.

[53] Yamamoto T, Otsuki A, Ishihara K, et al. Synthesis of Near Net Shape High Density TiB: Ti Composite. Materials Science and Engineering A, 1997, 239 –240: 647 –651.

[54] Kobayashi M, Funami K, Suzuki S, et al. Manufacturing Process and Mechanical Properties of Fine TiB Dispersed Ti – 6Al – 4V Alloy Composites Obtained by Reaction Sintering. Materials Science and Engineering A, 1998, 243: 279 –284.

[55] Tanaka Y, Yang J M, Liu Y F, et al. Surface Nanodeformation of Discontinuously Reinforced Ti Composite by In Situ Atomic Force Microscope Observation. J. of Material Research, 2007, 22: 3098 –3106.

[56] Panda K B, Ravi Chandran K S. First Principles Determination of Elastic Constants and Chemical Bonding of Titanium Boride (TiB) on the Basis of Density Functional Theory. Acta Materialia, 2006, 54: 1641 –1657.

[57] Gorsse S, Miracle D B. Mechanical Properties of Ti – 6Al – 4V/TiB Composites with Randomly Oriented and Aligned TiB Reinforcements. Acta Materialia, 2003, 51: 2427 –2442.

[58] Boehlert C J, Tamirisakandala S, Curtin W A, et al. Assessment of In Situ TiB Whisker Tensile Strength and Optimization of TiB – Reinforced Titanium Alloy Design. Scripta Materialia, 2009, 61: 245 –248.

[59] Chen W, Boehlert C J. The Elevated – Temperature Fatigue Behavior of Boron – Modified Ti – 6Al – 4V (wt. %) Castings. Materials Science and Engineering A, 2008, 494: 132 –138.

[60] Chen W, Boehlert C J. The 455℃ Tensile and Fatigue Behavior of Boron – Modified Ti – 6Al – 2Sn – 4Zr – 2Mo – 0.1Si(wt. %). International J. of Fatigue, 2010, 32: 799 –807.

[61] Schuh C, Dunand D C. Load Transfer during Transformation Superlasticity of Ti – 6Al – 4V/TiB Whisker – Reinforced Composites. Scripta Materialia, 2001, 45: 631 –638.

[62] Abkowitz S, Abkowitz S M, Fisher H, et al. Cerme – Ti Discontinuously Reinforced Ti – Matrix Composites: Manufacturing, Properties and Applications. JOM, 2004, 56: 37 –41.

[63] Soboyejo W O, Lederich R J, Sastry S M L. Mechanical Behavior of Damage Toleant TiB Whisker – Reinforced In Situ Titanium Matrix Composites. Acta Metallurgica et Materialia, 1994, 42: 2579 –2591.

[64] Wang F, Mei J, Wu X H. Direct Laser Fabrication of Ti6Al4V/TiB. J. of Materials Processing Technology, 2008, 195: 321 –326.

[65] Antonio A M, Santos F, Strohaecker R. Microstructural and Mechanical Characterisation of a Ti6Al4V/TiC/10p Composite Processed by the BE – CHIP Method. Composites Science and Technology, 2005, 65: 1749 –1755.

[66] Fan Z, Miodownik A P. Microstructural Evolution in Rapidly Solidified Ti – 7.5Mn – 0.5B Alloy. Acta Materialia, 1996, 44: 93 –110.

[67] Radhakrishna Bhat B V, Subramanyam J, Bhanu Prasad V V. Preparation of Ti – TiB – TiC & Ti – TiB Composites by In Situ Reaction Hot Pressing. Materials Science and Engineering A, 2002, 325: 126 –130.

[68] Kim Y J, Chung H, Kang S J. In Situ Formation of Titanium Carbide in Titanium Powder Compacts by Gas – Solid Reaction. Composites Part A, 2001, 32: 731 –738.

[69] Kim Y J, Chung H, Kang S J. Processing and Mechanical Properties of Ti – 6Al – 4V/TiC In Situ Com-

posite Fabricated by Gas - Solid Reaction. Materials Science and Engineering A, 2002, 333: 343 - 350.

[70] Kooi B J, Pei Y T, De Hosson J Th M. The Evolution of Microstructure in a Laser Clad TiB - Ti Composite Coating. Acta Materialia, 2003, 51: 831 - 845.

[71] Bilous O O, Artyukh L V, Bondar A A. Effect of Boron on the Structure and Mechanical Properties of Ti - 6Al and Ti - 6Al - 4V. Materials Science and Engineering A, 2005, 402: 76 - 83.

[72] Segurado J, Gonzalez C, Llorca J. A Numerical Investigation of the Effect of Particle Clustering on the Mechanical Properties of Composites. Acta Materialia, 2003, 51: 2355 - 2369.

[73] Peng H X, Fan Z, Evans J R G. Factors Affecting the Microstructure of a Fine Ceramic Foam. Ceramics International, 2000, 26: 887 - 895.

[74] Zhang E L, Zeng S Y, Wang B. Preparation and Microstructure of In Situ Particle Reinforced Titanium Matrix Alloy. J. of Materials Processing Technology, 2002, 125: 103 - 109.

[75] Cao L, Wang H W, Zou C M, et al. Microstructural Characterization and Micromechanical Properties of Dual - phase Carbide in Arc - melted Titanium Aluminide Base Alloy with Carbon Addition. J. of Alloys and Compounds, 2009, 484: 816 - 821.

[76] Tamirisakandala S, Bhat R B, Tiley J S, et al. Grain Refinement of Cast Titanium Alloys via Trace Boron Addition. Scripta Materialia, 2005, 53: 1421 - 1426.

[77] Boehlert C J, Cowen C J, Tamirisakandala S, et al. In Situ Scanning Electron Microscopy Observations of Tensile Deformation in a Boron - Modified Ti - 6Al - 4V Alloy. Scripta Materialia, 2006, 55: 465 - 468.

[78] Sen I, Tamirisakandala S, Miracle D B, et al. Microstructural Effects on the Mechanical Behavior of B - Bodified Ti - 6Al - 4V Alloys. Acta Materialia, 2007, 55: 4983 - 4993.

[79] Lu J Q, Qin J N, Lv W J, et al. In Situ Preparation of (TiB + TiC + Nd_2O_3)/Ti Composites by Powder Metallurgy. J. of Alloys and Compounds, 2009, 469: 116 - 122.

[80] Zhang Z H, Shen X B, Wen S, et al. In Situ Reaction Synthesis of Ti - TiB Composites Containing High Volume Fraction of TiB by Spark Plasma Sintering Process. J. of Alloys and Compounds, 2010, 503: 145 - 150.

[81] Frari G A D. The Influence of the Microstructural Shape on the Mechanical Behavior of Interpenetrating Phase Composites [D]. University of Saskatchewan, 2005.

[82] Nan C W. Physics of Inhomogeneous Inorganic Materials. Progress in Material Science, 1993, 37: 1 - 116.

[83] Weissenbek E, Pettermann H E, Suresh S. Elasto - Plastic Deformation of Compositionally Graded Metal - Ceramic Composites. Acta Materialia, 1997, 45: 3401 - 3417.

[84] Geni M, Kikuchi M. Damage Analysis of Aluminum Matrix Composite Considering Non - uniform Distribution of SiC Particles. Acta Materialia, 1998, 46: 3125 - 3133.

[85] Wilkinson D S, Pompe W, Oeschner M. Modeling the Mechanical Behaviour of Heterogeneous Multi - phase Materials. Progress in Material Science, 2001, 46: 379 - 405.

[86] Kamat S V, Hirth J P, Mehrabian R. Mechanical Properties of Particulate - Reinforced Aluminum - Matrix Composites. Acta Metall Materialia, 1989, 37: 2395 - 2402.

[87] Corbin S F, Wilkinson D S. Influence of Particle Distribution on the Mechanical Response of a Particulate Metal Matrix Composite. Acta Metall Materialia, 1994, 42: 1311 - 1318.

[88] Conlon K T, Wilkinson D S. Effect of Particle Distribution on Deformation and Damage of Two - phase Alloys. Material Science and Engineering A, 2001, 317: 108 - 114.

[89] Yin L. Composites Microstructures with Tailored Phase Contiguity and Spatial Distribution[D]. University

of Bristol, 2009: 2 – 25.

[90] Peng H X, Fan Z, Evans J R G. Novel MMC Microstructure with Tailored Distribution of the Reinforcing Phase. J. of Microscopy, 2001, 201: 333 – 338.

[91] Huang L J, Geng L, Li A B, et al. In situ TiBw/Ti – 6Al – 4V Composites with Novel Reinforcement Architecture Fabricated by Reaction Hot Pressing. Scripta Materialia, 2009, 60(11): 996 – 999.

[92] Shonaike G O, Advani S G. Advanced Polymeric Materials: Structure Property Relationships [M]. America: CRC press, 2003: 440 – 443.

[93] Tsang H T, Chao C G, Ma C Y. Effects of Volume Fraction of Reinforcement on Tensile and Creep Properties of In – Situ TiB/Ti MMC. Scripta Materialia, 1997, 37: 1359 – 1365.

[94] Chandran K S R, Panda K B. Titanium Matrix Composites with TiB Whiskers. Advanced Materials and Processes, 2002, 160: 59 – 62.

[95] Tsang H T, Chao C G, Ma C Y. In Situ Fracture Observation of a TiC/Ti MMC Produced by Combustion Synthesis. Scripta Materialia, 1996, 35: 1007 – 1012.

[96] Soboyejo W O, Shen W, Srivatsan T S. An Investigation of Fatigue Crack Nucleation and Growth in a Ti – 6Al – 4V/TiB In Situ Composite. Mechanics of Materials, 2004, 36: 141 – 159.

[97] Clyne T W, Withers P J. An Introduction to Metal Matrix Composites. UK: Cambridge university press, 1993: 12 – 16.

[98] Gorsse S, Petitcorps Y L, Matar S, et al. Investigation of the Young's Modulus of TiB Needles In Situ Produced in Ttanium Matrix Composite. Materials Science and Engineering A, 2003, 340: 80 – 87.

[99] Peng H X. A Review of "Consolidation Effects on Tensile Properties of an Elemental Al Matrix Composite". Materials Science and Engineering A, 2005, 396: 1 – 2.

[100] 马凤仓, 吕维杰, 覃继宁, 等. 锻造对(TiB + TiC)增强钛基复合材料组织和高温性能的影响. 稀有金属, 2006, 30: 236 – 240.

[101] 张廷杰, 曾泉浦, 毛小南, 等. TiC 颗粒强化钛基复合材料的高温拉伸特性. 稀有金属材料与工程, 2001, 30: 85 – 88.

[102] 曾泉浦, 毛小南, 张廷杰. 热处理对 TP – 650 钛基复合材料组织与性能的影响. 稀有金属材料与工程, 1997, 26: 18 – 21.

第2章 网状结构钛基复合材料的设计

粉末冶金法制备金属基复合材料的一大优势就是具有可设计性,包括:基体种类、尺寸,增强相的种类、含量、尺寸,增强相的分布状态,制备工艺等。这几个方面也是决定非连续增强钛基复合材料(DRTMCs)力学性能的主要因素。除此以外,决定 DRTMCs 力学性能的因素还包括增强相与基体之间的界面特性,其界面特性主要取决于基体和增强相的种类及制备方法,本章全部采用原位反应自生技术(In-situ)制备增强相,所以界面结合良好且无需设计。事实上,自 20 世纪 80 年代 DRTMCs 出现以来,这些方面的设计与优化工作已经积累了较多的成果。因此,本章将在前人成果的基础上,针对粉末冶金法制备高性能网状结构钛基复合材料的基体种类、尺寸,增强相的种类、含量、尺寸,增强相的分布状态等进行设计。另外,为了制备新颖的网状结构,需要对制备工艺进行特别的设计。网状结构钛基复合材料设计工作的完善,可为进一步指导通过组织结构设计提高金属基复合材料力学、物理、化学性能等奠定基础。

2.1 钛基复合材料基体与增强相材料的设计

2.1.1 基体材料的设计

TMCs 之所以具有高的比强度、比刚度和耐高温等性能,与基体钛合金所具有的优异性能密不可分,合理选取钛基体材料对制备钛基复合材料的整体性能起着决定性作用。根据其组织结构及其力学性能特点,钛合金可以分为 α 型、近 α 型、(α+β)型、β 型和亚稳 β 型钛合金[1]。相比较而言,α 型纯钛具有优异的塑性水平,近 α 型钛合金具有优异的高温性能,(α+β)型钛合金具有优异的综合性能,β 型钛合金具有较高的室温强度但高温强度较低[2]。作为钛基复合材料的基体材料,主要根据基体材料本身的特性及制备钛基复合材料的目的及最终需要获得的性能指标进行设计。

作为基础研究,为了避开其他合金元素、复杂相结构及含量的影响,一般在研究开始,总是选择纯钛,即 α 型钛作为基体,以更好地研究钛基复合材料中增强相的形成机理、影响因素及强韧化机理等。另外,值得指出的是,当需要获得较高弹性模量的钛基复合材料时,需要利用纯钛优异的塑性,即较高的塑性可以克服增强相的割裂作用及制备过程中的污染因素,制备增强相含量较高(超过

24

20%)的纯钛基复合材料,以获得较高的弹性模量及适中的其他力学性能。考虑到本书的目的是通过调整增强相分布状态提高钛基复合材料力学性能,开辟一条全新的改善金属基复合材料力学性能的研究思路,跳出传统增强相均匀分布的漩涡,因此在研究开始,为了排除其他因素的影响,仍选纯钛作为基体。

然而纯钛本身较低的强度水平,使得制备的纯钛基复合材料强度水平只能达到相同状态的 TC4 钛合金的水平,而塑性水平又低于 TC4(Ti6Al4V)钛合金的水平。因此,为了进一步提高其比强度及高温性能,达到最终应用的目的,选择合适的钛合金作为基体就显得尤为重要。另外,值得指出的是,由于钛合金具有热处理及热变形改性的特性,可以针对性能要求,对钛基复合材料构件进行合适的热处理或热变形加工,以进一步提高其力学性能[3,4]。

TC4 钛合金是典型的(α + β)型双相钛合金,具有优异的综合性能,且应用最为广泛,所以在纯钛之后,TC4 钛合金无疑被广泛选择作为基体制备钛合金基复合材料,用以获得优异的综合性能。然而,在传统的研究中,特别是通过粉末冶金法制备的钛基复合材料中,由于 TC4 钛合金本身较纯钛更低的塑性水平,及制备过程中的污染因素(如吸 O、H 等),使得制备的 TC4 钛合金基复合材料普遍存在脆性大的问题,甚至难以加工试样[5,6]。本书的主要目的就是克服钛合金基复合材料室温脆性大的瓶颈问题。因此,在后续的章节中将重点介绍 TC4 基复合材料的设计、制备、组织、性能及后续热处理与热变形等研究工作。

开发钛基复合材料的一个主要目的,就是在钛合金的基础上,进一步提高其使用温度及高温力学性能。所以,如果只选用 TC4 钛合金作为基体,制备的 TC4 基复合材料的使用温度只能达到 600℃的水平。而某些近 α 型钛合金,如中国的 Ti60、英国的 IMI834、美国的 Ti1100、俄罗斯的 BT36,使用温度已能达到 600℃[7,8]。因此,在成功制备具有优异性能 TC4 钛合金基复合材料的基础上,将进一步开展近 α 型钛合金如 Ti60 基体复合材料的研究工作。

如果单纯追求室温较高强度,可以设计 β 型钛合金作为基体,如 TB8、TB10 等。通过粉末冶金法制备钛基复合材料,配合后续高温塑性变形及合适的热处理工艺,可以获得超高强度钛基复合材料。然而,高强 β 型钛合金由于较高的合金元素含量,使得其对烧结制备工艺要求苛刻。

综上所述,作为最初理论研究或追求高弹性模量时应选择 α 型纯钛作为基体;追求优异的综合性能,如室温强韧性、耐磨性等,可以选择(α + β)型双相钛合金作为基体,如 TC4 等;追求更高的使用温度及更高的高温性能,可以选择近 α 型钛合金作为基体,如 Ti60、Ti1100 等;如果追求室温或中低温超高强度则选择 β 型钛合金作为基体,如 TB8、TB10 等。事实上,与熔铸法制备钛基复合材料可以同时设计调控基体合金的成分不同,粉末冶金法则需要使用成熟的合金粉末,受制于制粉企业。因此,本书中只采用纯钛、TC4 钛合金、Ti60 钛合金三种典型材料作为基体,制备网状结构钛基复合材料,以研究网状结构钛基复合材料组织结构特征及力学行为。

2.1.2 增强相的设计

作为增强相的材料,除了要具有优异的刚度、强度、硬度等机械性能外,还要求与基体具有稳定的物理和化学性能适配性[6,9],即与基体具有相近的热膨胀系数,并且在制备和高温使用条件下不会与基体发生反应,而生成有害界面产物,从而导致材料在服役中出现失效行为。

在钛基体中,TiBw 被认为是最佳增强相[6,10],不仅因为其高弹性模量、高硬度以及与钛之间良好的相容性或稳定性;还因为其与基体钛之间非常相近的密度和热膨胀系数,降低复合材料中残余应力[5],从而给复合材料带来优异性能及延长使用寿命。TiB 晶体属于斜方晶系的 B27 结构,其中:$a = 6.12$Å,$b = 3.06$Å,$c = 4.56$Å[11,12]。钛原子与硼原子之间是电子结合的化学键连接,而硼原子之间属于共价键连接。由于硼原子的电离电势较低,且其原子半径较氮和碳的大,因此硼原子之间容易结合成共价键,而且容易以单键形式形成独立的结构单元,即硼原子容易以 Z 字形方式排列形成平行于 b 轴方向的单链。当过渡族金属钛原子与非金属硼原子形成 TiB 相时,硼原子 p 层电子多数消耗在 B - B 的共价键上,少部分转入在具有金属键的电子中。如此,每 6 个钛原子组成一个独立的三角棱晶,而每个三角棱晶中心分布着一个硼原子[12]。

图 2 - 1 所示为 TiB 相生长示意图[11,13,14],说明了由于 TiB 相沿[010]方向 Ti - B 原子键能高于沿[100]与[001]方向 Ti - B 原子键能。因此,TiB 相沿[010]方向生长速度最快,沿[100]方向生长速度最慢,沿[001]方向生长速度居中,从而导致 TiB 相一般生长成短纤维或者晶须状。如图 2 - 1 所示[12],晶须横截面呈[100]方向长度较小而[001]方向长度较大的非等边六边形。

在非连续增强钛基复合材料中,除最优异的增强相 TiBw 之外,TiCp 也因在热力学上与钛及钛合金相容性较好,密度和膨胀系数相差不大,且力学性能优异,特别是某些特性如抗氧化、高温抗蠕变等性能优于 TiBw,被认为是较好的增强相,特别是可以通过使用 B₄C 作为原料,同时获得 TiBw 与 TiCp 混杂增强相,或者通过 Ti 与廉价的碳粉反应获得[15],也常被选作非连续增强钛基复合材料的增强相,尤其是与 TiBw 共同作用形成的混杂增强效果更佳。大量研究结果证实[11],TiC 为 NaCl 型结构,在固相烧结过程中,形核时易形成等轴的球形粒子,最终容易长成等轴状或近似等轴状陶瓷增强相。

作为原位合成增强相 TiBw 晶须的原料被称为 B 源。根据现有文献及研究报道,最常作为 B 源的原料有 B,TiB₂,B₄C,BN[5,16]。其中,BN 对于钛合金的"惰性"较好,虽然 BN 也会与钛合金发生反应,并生成氮化钛和硼化钛这两种硬度非常高的化合物,但反应条件太苛刻。另外因为其与石墨相似的层片状结构,常用作钛、钛基复合材料及其他含钛中间合金制备过程中磨具壁上的润滑剂/脱

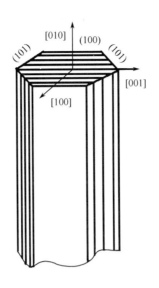

图 2 - 1　原位合成 TiBw 生长示意图[14]

模剂,而很少用作制备钛基复合材料的 B 源。B 作为钛基复合材料的 B 源是最直接也是最先使用的,并已经通过许多方法及不同基体种类得到 TiBw 增强相。然而单质 B 超高的价格却非常不利于其工业使用的推广。近些年来,TiB$_2$ 与 B$_4$C 作为 B 源以低廉的价格、较低的反应条件被越来越多的研究者使用。TiB$_2$ 作为 B 源制备出 TiBw 在钛基复合材料中起到很好的增强效果,特别是提高其抗拉强度及蠕变性能,在各种制备方法、各种基体中都有使用。B$_4$C 作为 B 源的使用,近些年来也是很多,尤其同时生成 TiCp,形成晶须与颗粒混杂增强效果。在部分研究中,还发现以 B$_4$C 作为 B 源时,出现 TiBw 与 TiCp 共生现象[17],这一现象对力学性能是有利的。然而,由于 B$_4$C 中所有的 B 原子与 C 原子都能生成增强相,因此 B$_4$C 作为原料更容易形成增强相的团聚现象,必须使用非常细小的 B$_4$C 原料才能避免[18]。而使用 TiB$_2$ 原料则可以避免这一情况;另外,使用 TiB$_2$ 原料还可以避免 TiCp 的影响,以更好地研究网状结构特有的强韧化效果。因此,本书主要采用 TiB$_2$ 作为 B 源制备 TiBw 增强的钛基复合材料。

作为原位合成 TiCp 增强相的原料被称为 C 源。除上述 B$_4$C 之外,最常被作为 C 源的就是石墨碳粉。近年随着碳纳米管(CNT)的兴起,最初有研究者希望获得 CNT 增强的钛基复合材料[19],然而由于 Ti 与 C 之间严重的反应,即使对 CNT 进行涂覆以及采用短时致密化烧结方法,也难以抑制 Ti 与 CNT 之间的反应[20],难以获得优异的 CNT 增强的钛基复合材料。而最近两年,日本大阪大学研究者则把 CNT 作为 C 源,利用 Ti 与 CNT 之间的反应,在制备的钛基复合材料中使 CNT 与 Ti 彻底反应生成 TiCp 增强相,对制备的复合材料进行大变形量的变形后,也获得了非常优异的增强效果[21]。然而如果仅仅作为 C 源而言,与石墨碳粉相比,成本太高,且不易分散。如前所述,虽然 B_4C 作为原料容易形成 TiBw 与 TiCp 共生现象及混杂增强效应[17,22],但也容易形成增强相的团聚现象。因此,本书选择石墨碳粉作为 C 源获得 TiCp 增强相。

除上述 TiBw 与 TiCp 增强相之外,SiCp 作为低廉的增强相最初被作为外加法制备 DRTMCs 的增强相[23],然而严重的界面反应使其逐渐被淘汰作为钛基复合材料的增强相。考虑到其较低的成本、较低的密度及热膨胀系数,本书再次以"反其道而行之"的思路,利用 Ti 与 SiC 之间的反应,在制备的过程中,让 SiCp 与 Ti 完全反应生成 TiCp 与 Ti_5Si_3 增强相。尝试制备($TiCp + Ti_5Si_3$)/Ti 复合材料,其中 TiCp 是钛基复合材料中优异的增强相,且 Ti_5Si_3 具有良好的高温拉伸强度和抗蠕变强度以及很强的高温抗氧化能力。根据 TiC/Ti_5Si_3 复合材料比纯 Ti_5Si_3 强度提高近 6 倍的研究结果[24],它们作为混杂增强相或许可以克服各自的不足。Ti_5Si_3 晶体结构属复杂六方 $D8_8$ 结构,具有金属键和共价键共存的原子键合性质,其熔点为 2130℃。

由上述分析可知,本书增强相均是采用设计的原位反应自生技术获得,设计的反应是否能够顺利进行,往往需要通过热力学进行验证。反应 Gibbs 自由能 ΔG 是一个非常重要的热力学参数,它决定了化学反应能否自发进行,因此可以判断在恒温恒压条件下反应过程进行的方向性。如果 ΔG 为负,则反应过程可以自发地进行;ΔG 为正则反应不能自发进行,或者反应向相反方向自发进行。因此首先必须通过 ΔG 对设计体系的可行性进行验证。

本书在降低成本及简化体系的前提下,设计体系 Ti 与 TiB_2 反应生成最佳增强相 TiB 晶须,即使后面用到 TC4 合金作为基体,在烧结制备复合材料过程中,仍然只发生 Ti 与 TiB_2 反应。另外涉及低成本的 Ti 与 C 反应体系与 Ti 与 SiC 反应体系。而此三种体系近几年已经有较多研究,为此本书仅对此三种反应 ΔG 进行简单计算讨论,说明设计可行性。本书涉及的三个反应方程式如式 (2-1)、(2-3)与(2-5)所示,其相应 ΔG 计算式分别为式(2-2)、(2-4)与 (2-6)[25,26]。经过计算,三个反应 ΔG 随温度变化趋势如图 2-2 所示。从图中可以看出,500℃ ~1500℃范围内,三个反应的 ΔG 均为负值。说明此三种反应在热压烧结过程中都能自发进行。

$$Ti(s) + TiB_2(s) = 2TiB(s) \tag{2-1}$$

$$\Delta G = -182765 + 12.55T \tag{2-2}$$

$$Ti(s) + C(s) = TiC(s) \tag{2-3}$$

$$\Delta G = -186600 + 13.22T \tag{2-4}$$

$$8Ti(s) + 3SiC(s) \rightarrow 3TiC(s) + Ti_5Si_3(s) \tag{2-5}$$

$$\Delta G = -184096 + 12.145T \tag{2-6}$$

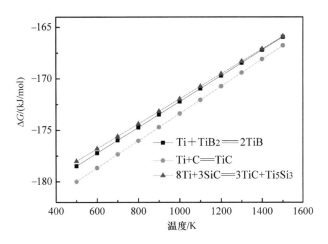

图 2 - 2　3 个反应的吉布斯自由能 ΔG 随温度的变化

2.2　钛基复合材料网状结构及结构参数的设计

2.2.1　网状结构的设计

对于钛基复合材料组织结构设计应满足以下 4 个方面的要求：① 根据 H - S 理论（图 1 - 6），在独立单元上，增强相应呈胶囊状包裹在基体周围，而在整体上，增强相应呈连续的网状结构均匀地分布在基体周围；② 根据复合材料增强相与基体之间协调变形机制，设计钛基复合材料中应保留较大钛基体单元及较大钛基体之间的连通；③ 根据钛基体极易吸氧与吸氢变脆的特性，在制备钛基复合材料过程中应保持钛基体的完整性，而不受破坏；④ 根据目前对高温材料设计的要求，要么通过增加基体颗粒尺寸，如制备单晶构件，要么在晶界处加入陶瓷相以增加晶界的强度，最终克服高温下晶界弱化的缺陷。按照以上 4 个方面对钛基复合材料组织结构的要求，设计一种增强相呈准连续网状分布钛基复合材料，实现钛基复合材料组织与性能的最优化。

如图 2 - 3（a）所示，设计反应体系中 TiB_2 原料细小颗粒，首先以均匀的非连续方式镶嵌到大尺寸球形钛粉周围。在后续热压烧结过程中，TiB_2 原料与周围钛按照式（2 - 1）所示化学反应生成晶须状 TiBw 相，且 TiBw 相由于特殊的晶须状而贯穿于相邻大颗粒基体之间，起到有效的连接作用。而原料球形钛粉由于热压致密化，变形为多边形，最终形成 TiBw 相连接着相邻的基体颗粒，又以均匀的准连续网状分布方式包围在大颗粒基体周围，如图 2 - 3（b）所示。

2.2.2　网状结构参数的设计

对于本书设计的网状结构中涉及的网状结构参数，包括网状尺寸、网中增强

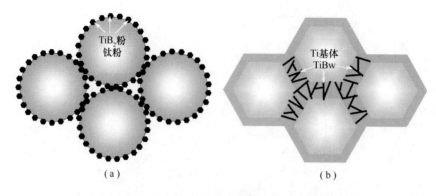

图 2 - 3 增强相准连续网状分布示意图
(a) 反应前；(b) 反应后。

相含量及网状界面宽度，这三者共同决定了钛基复合材料整体增强相含量。根据观察发现，网状界面宽度由增强相本身性质决定，因此无需设计。根据上述分析可知，网状尺寸的大小主要取决于原料钛粉的尺寸，或者说是近似等于原料钛粉的尺寸。结合已有大量研究结果可知，TiBw 的长度一般为 $10 \sim 20 \mu m$。因此，钛粉尺寸必须大于 $40 \mu m$ 才能保证获得网状结构。再结合制粉企业的实际情况，本书选择尺寸为 $45 \sim 220 \mu m$ 的钛粉作为原料，具体分为 $45 \sim 85 \mu m$、$85 \sim 125 \mu m$、$180 \sim 220 \mu m$。

根据以上准连续网状结构设计，TiB_2 原料颗粒的加入量存在一定限制。即对应于相同钛粉基体颗粒尺寸，当 TiB_2 原料加入量较多，容易形成部分甚至全部连续的网状结构，如此便违背了基体连通的设计理念，也将因此大大增加烧结难度及降低复合材料的塑性指标。然而当 TiB_2 原料加入较少时，随后生成的 TiBw 增强相也较少，其在网状界面处所能起到增强效果必定较弱。根据以上分析，设计出如图 2 -4 所示的两种临界状态[27]。如图 2 -4(a)所示，TiB_2 颗粒正好占据每一个 Ti 粉颗粒一半的表面积，在热压烧结以后，在致密化之后反应之前，TiB_2 原料正好形成一层连续的分布，而反应之后，由于 TiBw 特殊的晶须形貌可以向基体内部生长，可以实现 TiBw 准连续网状分布的设计理念。而随着 TiB_2 原料加入量的降低，原位自生反应生成的 TiBw 量也降低，如此网状界面处增强相含量降低，而基体连通程度增加。相反，随着 TiB_2 加入量的增加，将形成部分 TiBw 分布的连续性，将降低复合材料的塑性水平。当 TiB_2 原料加入量达到完全占据 Ti 粉表面时，如图 2 -4(b)所示，由于相互接触处均为陶瓷接触，使得烧结致密化过程类似于陶瓷烧结，大大增加烧结致密的难度。在随后的原位反应之后，形成连续的 TiBw 网状结构，将大大降低复合材料的室温塑性。而 TiB_2 原料加入量继续增加，难以实现 TiB_2 原料在 Ti 粉表面的均匀分布。因此，按照图 2 -4(a)所示设计增强相含量，将获得最佳的综合力学性能，即优异的强度水平及塑性水平的结合；增强相含量降低，则塑性水平提高，增强效果降低。

而按照图2-4(b)所示设计增强相含量,将获得最大的增强相含量,而表现出较差的室温塑性。

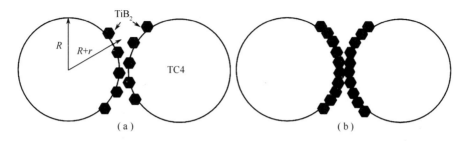

图2-4 大尺寸的TC4球形粉与细小的TiB$_2$粉相互均匀混合后示意图[27]

(a)适中的TiB$_2$加入;(b)最大的TiB$_2$加入。

按照以上设计,增强相准连续网状分布钛基复合材料最佳增强相含量及最大增强相含量,将随着原料钛粉尺寸(网状尺寸)的增加而降低,而随着TiB$_2$颗粒尺寸的增加而增加。对于复合材料力学性能,随着增强相含量的增加,复合材料塑性降低,然而抗拉强度将出现一最大值。而后,继续增加增强相含量,由于增强相连续而使复合材料脆化,使得抗拉强度反而降低。如此便可以根据TC4颗粒尺寸及TiB$_2$原料颗粒尺寸设计网状结构钛基复合材料中TiB$_2$原料最佳与最大加入量,并可以实现一定的组织与性能预测。

由于TiB$_2$原料粉末尺寸相对于TC4球形粉尺寸小得多,为了方便计算,也将TiB$_2$粉近似成球形颗粒。结合以上分析,以及图2-4示意图所示,可以获得TiB$_2$原料与TC4原料之间的最佳质量比。最大质量比即是最佳质量比的2倍,如式(2-7)所示,经过简化得到式(2-8)[27]。这一示意图以及计算公式将适合于两种尺寸相差较大的粉末体系最佳混合比例计算,即Ti粉颗粒尺寸与TiB$_2$颗粒尺寸相差至少15倍。

$$\frac{m}{M} = \frac{\frac{4}{3}\pi r^3 \cdot \rho_1 \cdot \frac{1}{2} \times \frac{4\pi(R+r)^2}{\pi r^2}}{\frac{4}{3}\pi R^3 \cdot \rho_2} \qquad (2-7)$$

$$= \frac{2(R+r)^2 \cdot r \cdot \rho_1}{R^3 \cdot \rho_2} \qquad (2-8)$$

式中:m为加入TiB$_2$质量;M为TC4的质量;r为TiB$_2$平均半径;R为TC4平均半径;ρ_1为TiB$_2$密度;ρ_2为TC4密度。

当然也可以根据式(2-1)得出加入的TiB$_2$的质量百分比与完全反应后形成的TiBw体积分数之间的关系式为

$$\text{Vol.} \% \text{ TiB} = 1.7 \times \text{wt.} \% \text{ TiB}_2 \qquad (2-9)$$

将式(2-8)代入式(2-9)中,即可得到最佳增强相体积分数计算公

式[27,28]为

$$V_{TiB} = \frac{3.4(R+r)^2 \cdot r \cdot \rho_1}{R^3 \cdot \rho_2 + 2(R+r)^2 \cdot r \cdot \rho_1} \tag{2-10}$$

从式(2-10)中可以看出,最佳增强相体积分数不仅与两种原料粉末半径有关,还与其各自密度有关。对于 Ti-TiB$_2$ 体系,因两者密度相近,因此主要由原料粉末粒径决定。

对于本书已经选用的 Ti、TC4 颗粒尺寸为 110μm,TiB$_2$ 平均粒径为 3μm 的体系,将相应参数 $R \approx 55μm$,$\rho_1 = 4.45g/cm^3$;$r \approx 1.5μm$,$\rho_2 = 4.52g/cm^3$ 代入式(2-8)或者式(2-10)可得,最佳 TiB$_2$ 颗粒加入量为 5.3wt%,或者 TiBw 增强相体积含量为 9.0vol.%。同理可得 TC4 颗粒尺寸为 200μm 的体系,最佳 TiB$_2$ 颗粒加入量为 3wt.% 或者最佳增强相含量为 5vol.%。同理还可以设计其他原料尺寸体系的最佳及最大增强相含量。后面将通过实验数据对这一设计进行验证。

在式(2-8)或(2-10)关于最佳 TiB$_2$ 颗粒加入量或者 TiBw 体积分数的基础上,需要特别指出两点:①由于随着基体 Ti 粉颗粒尺寸的降低,基体大尺寸增加塑性的效应将降低,为此必须通过适度降低增强相含量来保证其一定的塑性水平。随着选用 Ti 粉粒径降低,要获得优异的综合性能,实际加入 TiB$_2$ 颗粒量要较式(2-8)计算得到的理论值要适当降低。②这种网状结构复合材料塑性指标还与基体塑性水平有关,即基体塑性水平提高,整体复合材料塑性提高。因此,随着基体塑性的提高,为保证优异的综合性能,实际加入 TiB$_2$ 颗粒量要较式(2-8)计算得到的理论值可以适当提高。

2.3 网状结构钛基复合材料制备工艺设计与优化

如前所述,根据 H-S 理论、基体变形协调机制、晶界强化理论、钛合金基体吸氧变脆特性等,设计制备一种增强相呈准连续网状结构钛基复合材料,不仅可以有效改善钛基复合材料的塑性,还可以有效提高钛基复合材料的室温及高温强度水平。因此本节通过设计,调整原料及制备工艺参数,尝试制备增强相呈准连续网状分布的 TiBw/Ti 复合材料,并与增强相呈均匀分布复合材料进行比较,以验证制备增强相呈准连续网状分布钛基复合材料的可行性及潜力。

2.3.1 网状结构 TiBw/Ti 复合材料制备工艺设计

在传统的粉末冶金法制备钛基复合材料工艺中,为了获得增强相的均匀分布,一般采用高能球磨将原料粉末球磨得非常细小。而为了制备网状结构钛基复合材料,必须使用钛粉尺寸较大的原料及低能球磨,在低能球磨过程中尽量保持钛粉不被磨碎[29]。然而,制备增强相均匀分布的钛基复合材料可以采用非常细小的 Ti 粉原料,通过长时间球磨使原料混合均匀;也可以通过高能量球磨将大尺寸 Ti 粉原料球磨得非常细小,达到均匀的效果。

综上所述,制备网状结构的钛基复合材料,一方面需要原料成本较低的大尺寸 Ti 粉,另一方面只需较低的球磨能量,如 150 ~ 200r/min,较短的球磨时间,如 5 ~ 8h,较低的球料比,如 3∶1 − 5∶1。最终设计制备网状结构钛基复合材料制备工艺如图 2 − 5 所示[27],其中包括三个关键环节:①大尺寸钛粉的选择,为了获得网状结构钛基复合材料必须选择较大尺寸球形钛粉原料。②低能球磨,在低能球磨过程中,只是将细小的 TiB₂ 粉均匀地镶嵌到较大的球形 Ti 粉表面,并且 Ti 粉仍然保持原来的尺寸与球形,不至于将钛粉磨细,这是制备增强相网状分布钛基复合材料最关键的一步,如图 2 − 5(c) − (e)所示。由于没有把 Ti 粉磨细,因此可以在变形过程中充分发挥其塑性水平。另外,也因此没有新鲜表面裸露出来,一方面降低了污染,另一方面粗大的 Ti 粉不会因为球磨而粘到球磨介质上,不存在取粉困难的问题,不必加入过程控制剂,这也为后续烧结过程省去了排气的过程。由于 Ti 粉粒径较大,可以省去冷等静压预成型的过程。③固态烧结,只有在固态下烧结,TiB₂ 颗粒难以进入到 Ti 基体颗粒内部,才能保证钛粉表面的 TiB₂ 与 Ti 发生原位自生反应,生成的 TiBw 增强相仍然分布在钛粉颗粒周围,经过致密化后最终形成三维网状结构,如图 2 − 5(f)所示,由于反应放热及高温,Ti 基体软化,松散的混合粉末被热压成致密的复合材料,同时球形 Ti 粉被压缩成多边形,因此分布在 Ti 粉表面的 TiBw 便以三维网状形式分布在 Ti 基体周围。

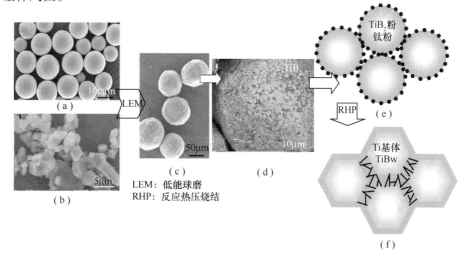

图 2 − 5　网状结构 TiBw/Ti 复合材料制备工艺及流程图
(a)大尺寸球形钛粉;(b)TiB₂ 粉;(c)低倍下 TiB₂ 与 Ti 混合粉末;
(d)高倍下显示 TiB₂ 被镶嵌在 Ti 粉表面;(e)TiB₂ 与 Ti 分布示意图;(f)网状结构示意图。

图 2 - 6 所示为选用不同球磨工艺球磨后混合粉末 SEM 形貌照片。从图中可以看出,与图 2 - 5(c)相比,即使球磨速度较低,但球磨时间过长,容易使得部分球形钛粉砸碎或者变形成薄片状。从图 2 - 6(b)与(c)对比可以看出,随着球磨速度的增加,钛粉被砸碎的越来越严重,这违背了制备网状结构钛基复合材料的宗旨。因此,过长的时间或者更高的球磨速度都不适合制备网状结构钛基复合材料。然而,对于更低的时间与更低的球磨速度,当球磨时间更短时,TiB_2 在钛粉表面分布不均匀,容易造成团聚现象从而降低钛基复合材料的力学性能;而球磨速度更低时,球磨罐中的钢球与钛粉不容易转动起来,原料粉末容易沉底,不易混合均匀,且不能将 TiB_2 牢固地镶嵌到钛粉表面,造成的后果也是团聚现象及力学性能下降。

因此,综合以上分析,对于制备网状结构钛基复合材料,在选择较大尺寸钛粉的基础上,应选择合适的球磨工艺。本研究针对纯钛粉或 TC4 钛合金粉与 TiB_2 粉原料,以及单个行星式球磨罐容积为 500mL 的条件,选择球磨速度 200r/min,球磨时间 8h,球料比 5:1。这里需要说明的是,不同钛基体,如纯钛、TC4 钛合金、Ti60 合金,随着钛粉硬度的提高,可以适当提高球磨能量。随着球磨罐尺寸的增加,必须适当提高球磨速度,否则钛粉容易沉底。当球磨罐中大球尺寸较少时,可以适当提高球磨转速。当钛粉粒径分布不均匀时,应适当降低球磨速度并延长球磨时间,才能保证 TiB_2 在钛粉表面分布均匀。

根据上述分析及图 2 - 5 所示,本书为了对比设计的准连续网状分布钛基复合材料与传统增强相均匀分布钛基复合材料的增强及增韧效果,采用相同原料的 Ti 粉,平均粒径为 110μm,相同的 TiB_2 粉,尺寸为 1 ~ 8μm,相同的 TiBw 增强相设计体积含量为 8.5vol. %,以及相同的热压烧结工艺,1200℃/1.0h/25MPa,仅通过不同的球磨工艺,获得增强相不同分布状态的钛基复合材料,通过组织分析与性能测试进行比较。

传统工艺为了制备均匀结构的复合材料,需要将钛粉通过高能球磨磨成非常细小的粉末,如本书较高的转速 400r/min,较长的时间 15h,及较大的球料比 10:1。球磨后钛粉平均尺寸在 20μm 以下。由于球磨能量较高,为了较容易取粉,传统工艺中需要在混合粉末中加入过程控制剂(如酒精或硬脂酸等)以利于取粉及提高球磨效率。另外,高能球磨得到的粉末不仅尺寸细小且形状不规则,这就大大增加了钛粉裸露的表面积,极易吸收 O、H、N、C 等杂质而降低钛基复合材料性能。并且,由于球磨能量较高,球磨罐及钢球或陶瓷球表面容易脱落,形成杂质而引入到混合粉末。还需指出的是,由于 Ti 较高的活性,高能球磨存在较大的潜在危险,如发生爆炸、自然等。随后,在传统的制备工艺中,首先将球磨混合粉末进行冷等静压成型,然后再进行热压烧结,其中热压烧结过程中,为了排除高能球磨过程中加入的过程控制剂,必须在烧结过程中加入排气的过程。由于烧结态复合材料较低的机械性能,必须进行后续热变形处理,如热挤压、锻

（a）

（b）　　　　　　　　　　　　　　　（c）

图 2 - 6　不同工艺参数球磨后的钛粉与 TiB$_2$ 粉混合物 SEM 形貌对比

（a）200r/min，12h；（b）250r/min，8h；（c）300r/min，8h。

造、轧制等，以改善复合材料力学性能。如前所述，设计制备增强相呈准连续网状结构钛基复合材料只需采用低能球磨，一步热压烧结，从而大大简化了制备工艺，缩短了生产周期。

2.3.2　增强相不同分布状态 TiBw/Ti 复合材料组织分析

图 2 - 7 所示为采用 TiB$_2$ - Ti 体系，利用真空热压烧结技术制备的增强相呈准连续网状分布的 8.5vol. % TiBw/Ti 复合材料 XRD（X - Ray Diffraction）分析结果[28]。从图中可以看到，只有 Ti 与 TiB 相存在，无 TiB$_2$ 相相应的衍射峰出现。这说明原 Ti 与 TiB$_2$ 原料按照式（2 - 1）完全发生反应，生成 TiB 相，实现了设计体系。增强相均匀分布的钛基复合材料表现出一样的结果，为此不多作叙述。

图 2 - 8 所示为具有相同增强相含量 8.5vol. %，不同增强相分布状态的两种复合材料 SEM 组织照片[28]。图 2 - 8（a）为采用高能球磨制备的增强相均匀分布的 TiBw/Ti 复合材料组织照片。从图中可以看出，TiB 呈晶须状，均匀地分布在基体中。这是传统思想认为的具有优异性能的均匀组织结构。图 2 - 8（b）为本书设计的增强相在基体中呈准连续网状分布的组织结构。从图中可以看

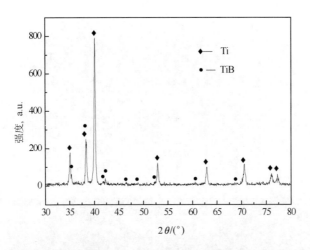

图 2-7 网状结构 TiBw/Ti 复合材料的 XRD 检测分析结果

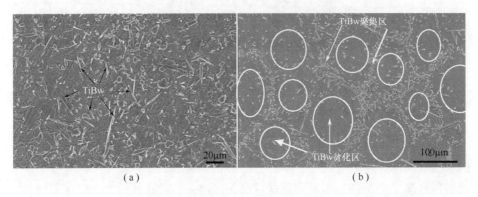

图 2-8 增强相不同分布状态的 TiBw/Ti 复合材料 SEM 显微组织对比

(a) 增强相均匀分布; (b) 增强相网状分布。

出,在烧结过程中成功地合成了 TiB 晶须,并且 TiB 晶须均匀地分布在大尺寸的 Ti 颗粒周围,形成网状结构,与图 2-3(b)示意图相符合。由于 TiB 晶须特殊的 B27 结构[11,12],大部分晶须生长到 Ti 颗粒内部,而起到非常有效的连接作用,将相邻的 Ti 颗粒连接起来。另外,由于 TiBw 有限的长度,只分布在网状界面附近有限的宽度内,因此网状结构可以分为 TiBw-rich 界面相与 TiBw-lean 基体相。如果将 TiBw-rich 界面相看成一个独立高体积分数复合材料相,而 TiBw-lean 中心区域看成内部基体相,则这种结构完全符合 H-S 理论提出的增强相包围软相基体的上限组织结构。而事实上,TiBw-rich 网状界面区域内,增强相并不是完全连通的,因此称为准连续。也就是由于这种不完全连通,才满足设计要求的基体连通,保证较高塑性的目标。

因此,通过设计原料、球磨工艺、热压烧结工艺,可以制备出准连续网状结构钛基复合材料。综上所述,形成三维准连续网状结构可以归结为以下 4 个方面[28]:① 低能球磨没有将大尺寸 Ti 磨细,只是将细小的 TiB_2 粉均匀的镶嵌到 Ti 粉周围;② 固态烧结使得生成 TiBw 的反应只能在 Ti 颗粒表面进行;③ 较大尺寸 Ti 粉的选用则是其前提条件;④ 增强相设计含量符合式(2 - 10)理论值。

2.3.3　增强相不同分布状态 TiBw/Ti 复合材料拉伸性能分析

图 2 - 9 所示为采用相同原料、相同烧结工艺制备的具有不同增强相分布状态的 8.5vol.% TiBw/Ti 复合材料及纯钛材料的拉伸应力—应变曲线对比[28]。从图中可以看出,不管增强相如何分布,复合材料的强度总是高于纯钛的强度,但塑性总是低于纯钛的塑性。增强相具有准连续网状分布的钛基复合材料,其强度明显高于增强相均匀分布的钛基复合材料,相对于纯钛抗拉强度提高了74.6%。更为重要的是,延伸率达到 11.8%,明显高于增强相均匀分布的钛基复合材料。增强相网状分布的设计,不仅实现了钛基复合材料增强效果的进一步提高,而且大幅度改善了粉末冶金法制备钛基复合材料的塑性水平,初步解决了粉末冶金法制备钛基复合材料的瓶颈问题。

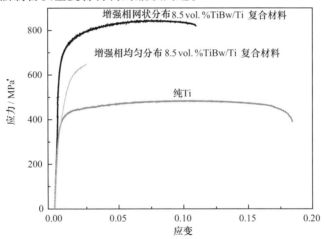

图 2 - 9　增强相均匀分布与网状分布 TiBw/Ti
复合材料及纯 Ti 拉伸应力—应变曲线[28]

增强相准连续网状分布的钛基复合材料表现出更高的增强效果,可以解释如下:一方面,增强相网状分布符合 H - S 理论中上限组织结构特点[30],即增强相包围基体相;另一方面,也符合增强相分布在界面相,相当于在"晶界"处引入陶瓷增强相,从而进一步提高了"晶界强化"的效应。较高的塑性水平可以归结为没被污染的大基体区域(TiBw - lean 区)的存在以及基体相的连通,其不仅可以起到阻碍裂纹扩展的作用,还可以起到承载应变的作用。相比均匀结构 TiBw/Ti 复合材料,网状结构 TiBw/Ti 复合材料强度和塑性指标都得到较大的提高。另外值得指出的是,这种具有优异综合性能的复合材料仅仅经历低能球磨及一步热压烧结而没有进行传统的后续变形处理,就表现出了较高的综合性能,这些都是来自于增强相网状分布的设计,并且可以肯定的是经过体系的调整及后续的变形还可以进一步提高其力学性能。

从以上分析可以看出,设计与制备网状结构钛基复合材料,不仅可以解决粉末冶金法制备钛基复合材料脆性大的瓶颈问题,而且可以进一步提高钛基复合材料的增强与增韧效果,还可以降低生产周期及生产成本。而制备网状结构钛基复合材料的关键在于大尺寸钛粉的选择、合适工艺参数的低能球磨及合适工艺参数的固态热压烧结。

参 考 文 献

[1] 黄伯云,李成功. 中国材料工程大典[M]. 北京:化学工业出版社,2006,4(7).

[2] 王晓敏. 工程材料学. 北京:机械工业出版社,1999:212-220.

[3] 马凤仓,吕维洁,覃继宁,等. 锻造对(TiB + TiC)增强钛基复合材料组织和高温性能的影响. 稀有金属,2006,30:236-240.

[4] Mceldowney D J, Tamirisakandala S, Miracle D B. Heat - Treatment Effects on the Microstructure and Tensile Properties of Powder Metallurgy Ti - 6Al - 4V Alloys Modified with Boron. Metall Mater Trans A, 2010, 41:1003-1015.

[5] Tjong S C, Mai Y W. Processing - Structure - Property Aspects of Particulate - and Whisker - Reinforced Titanium Matrix Composites. Composite Science and Technology, 2008, 68:583-601.

[6] Morsi K, Patel V V. Processing and Properties of Titanium - Titanium Boride (TiBw) Matrix Composites - A Review. J. of Materials Science, 2007, 42:2037-2047.

[7] 许国栋,王凤娥. 高温钛合金的发展和应用. 稀有金属材料科学与工程,2008,32(6):2-3.

[8] 蔡建明,李臻熙,马济民,等. 航空发动机用600高温钛合金的研究与发展. 材料导报,2005,19(1):50-53.

[9] Tjong S C, Ma Z Y. Microstructural and Mechanical Characteristics of In - Situ Metal Matrix Composites. Materials Science and Engineering:R, 2000, 29:49-113.

[10] Huang L J, Geng L, Li A B, et al. In situ TiBw/Ti - 6Al - 4V Composites with Novel Reinforcement Architecture Fabricated by Reaction Hot Pressing. Scripta Materialia, 2009, 60(11):996-999.

[11] 吕维洁,张荻. 原位合成钛基复合材料的制备、微结构及力学性能. 北京:高等教育出版社,2005:1-5.

[12] Panda K B, Ravi Chandran K S. First Principles Determination of Elastic Constants and Chemical Bonding of Titanium Boride (TiB) on the Basis of Density Functional Theory. Acta Materialia, 2006, 54:1641-1657.

[13] Meng Q C, Feng H B, Chen G C, et al. Defects Formation of the *In Situ* Reaction Synthesized TiB Whiskers. J. of Crystal Growth, 2009, 311:1612-1615.

［14］ Feng H B, Zhou Y, Jia D C, et al. Growth Mechanism of In Situ TiB Whiskers in Spark Plasma Sintered TiB/Ti Metal Matrix Composites. Crystal Growth and Design, 2006, 6(7): 1626 – 1630.

［15］ Geng L, Ni D R, Zhang J, et al. Hybrid Effect of TiBw and TiCp on Tensile Properties of *In Situ* Titanium Matrix Composites. J. of Alloys and Compounds, 2008, 463: 488 – 492.

［16］ Ma Z Y, Tjong S C, Gen L. In – situ Ti – TiB Metal – Matrix Composite Prepared by a Reactive Pressing Process. Scripta Materialia, 2000, 42: 367 – 373.

［17］ Ni D R, Geng L, Zhang J, et al. TEM characterization of symbiosis structure of in situ TiC and TiB prepared by reactive processing of Ti – B4C. Materials Letters, 2008, 62: 686 – 688.

［18］ Ni D R, Geng L, Zhang J, et al. Effect of B_4C Particle Size on Microstructure of In Situ Titanium Matrix Composites Prepared by Reactive Hot Processing of Ti – B4C System. Scripta Materialia, 2006, 55: 429 – 432.

［19］ Kuzumaki T, Ujiie O, Ichinose H, et al. Mechanical Characteristics and Preparation of Carbon Nanotube Fiber – Reinforced Ti Composite. Advanced Engineering Materials, 2000, 2: 416 – 418.

［20］ Feng X, Sui J H, Feng Y, et al. Preparation and elevated temperature compressive properties of multi – walled carbon nanotube reinforced Ti composites. Materials Science and Engineering A, 2010, 527(6): 1586 – 1589.

［21］ Li S F, Sun B, Imai H, et al. Powder metallurgy Ti – TiC metal matrix composites prepared by in situ reactive processing of Ti – VGCFs system. Carbon, 2013, 61: 216 – 228.

［22］ Xiao L, Lu W, Qin J, et al. Creep behaviors and stress regions of hybrid reinforced high temperature titanium matrix composite. Composites Science and Technology, 2009, 69: 1925 – 1931.

［23］ Poletti C, Balog M, Schubert T, et al. Production of titanium matrix composites reinforced with SiC particles. Composites Science and Technology, 2008, 68: 2171 – 2177.

［24］ 李建林, 江东亮, 谭寿洪. 原位生成 TiC/Ti_5Si_3 纳米复合材料的显微结构研究. 无机材料学报, 2000, 2: 337 – 340.

［25］ Zhang X N, Lv W J, Zhang D, et al. *In situ* Technique for Synthesizing (TiB + TiC)/Ti Composites. Scripta Materialia, 1999, 41: 39 – 46.

［26］ Cai L F, Zhang Y Z, Shi L K, et al. Research on development of in situ titanium matrix composites and in situ reaction thermodynamics of the reaction systems. J. of University of Science and Technology Beijing, 2006, 13: 551 – 557.

［27］ Huang L J, Geng L, Wang B, et al. Effects of volume fraction on the microstructure and tensile properties of in situ TiBw/Ti6Al4V composites with novel network microstructure. Materials and Design, 2013, 45: 532 – 538.

［28］ 黄陆军. 增强相准连续网状分布钛基复合材料研究[D]. 哈尔滨: 哈尔滨工业大学, 2010.

［29］ Huang L J, Wang S, Dong Y S, et al. Tailoring a novel network reinforcement architecture exploiting superior tensile properties of in situ TiBw/Ti composites. Materials Science and Engineering A, 2012, 545: 187 – 193.

［30］ Peng H X. A Review of "Consolidation Effects on Tensile Properties of an Elemental Al Matrix Composite". Materials Science and Engineering A, 2005, 396: 1 – 2.

第3章 网状结构 Ti 基复合材料组织与性能

为了进一步阐述网状结构钛基复合材料的制备、组织与性能,首先以纯钛基复合材料为例,包括增强相种类、含量、后续变形对其组织与性能的影响规律,以及制备方法与网状结构优势的进一步验证。本章首先对采用 Ti – TiB₂ 体系制备的网状结构 TiBw/Ti 复合材料进行组织与性能分析,揭示增强相含量对网状结构钛基复合材料组织与拉伸性能的影响规律,探索网状结构钛基复合材料优异的强韧化机理;然后研究热轧制变形对网状结构钛基复合材料组织与性能的影响规律,探索热变形塑性成形工艺;最后尝试使用廉价的 SiCp 作为原料制备网状结构钛基复合材料,研究原位反应产物组织形貌及形成机理,并揭示增强相含量对其组织结构及力学性能的影响规律,初步探索其强韧化机理。

3.1 网状结构 TiBw/Ti 复合材料组织与性能

根据第 2 章的设计理念,首先选择大尺寸球形纯 Ti 粉及细小 TiB₂ 为原料,尝试制备不同体积分数的网状结构 TiBw/Ti 复合材料。所购球形 Ti 粉尺寸为 $45 \sim 125\,\mu m$,TiB₂ 粉粒径为 $1 \sim 8\,\mu m$,呈六方棱柱状,如图 2 – 5(b)所示。设计增强相含量分别为 5vol. %、8. 5vol. % 与 12vol. % 。

3.1.1 网状结构 TiBw/Ti 复合材料组织分析

图 3 – 1 所示为具有不同增强相含量的网状结构 TiBw/Ti 复合材料 SEM 组织照片[1]。从图中可以看出,加入的颗粒状 TiB₂ 都已经与 Ti 发生了反应,生成了晶须状的 TiBw 增强相,分布在大尺寸基体周围形成网状结构。由于 TiBw 有限的长度,使得网状结构可以分为 TiBw – lean 的基体区与 TiBw – rich 的网状界面区。通过前面分析可知,这个对复合材料强韧化是有利的。网状结构尺寸与纯钛粉尺寸几乎相当,这是与采用低能球磨技术有关。因此说,可以通过控制基体颗粒尺寸大小来调控网状结构尺寸。网状界面处 TiBw 局部增强相含量随着复合材料整体增强相含量的提高而提高。这就意味着网状界面处增强相的连通度提高,而基体的连通度降低。根据 Wilkinson 的研究[2],随着增强相连通度的提高,增强相的增强效果增加,但相应基体连通度的降低使得基体的韧化效果减

弱。从图3-1(c)中还可以看出,由于过多的增强相,在高体积分数的12vol.% TiBw/Ti复合材料网状界面处,形成了增强相的团聚现象。这里可以肯定的是,即使增强相含量较高时,在网状界面处的增强相也不是完全连通的,或者说相邻的基体颗粒不是完全孤立的,这对复合材料的韧性是有益的。

网状结构8.5vol.%与12vol.% TiBw/Ti复合材料高倍SEM组织照片显示[3],在网状结构中,大部分TiBw晶须增强相都长入基体钛颗粒内部,像销钉一样连接相邻的基体颗粒,这种连接效果非常好,可以有效地提高钛基复合材料的增强效果及韧化效果[1,4]。另外,在8.5vol.% TiBw/Ti复合材料中,晶须之间都是相互独立的,且基体之间连通度较高,这对复合材料的塑性是有利的。然而,在12vol.% TiBw/Ti复合材料中发现许多的TiBw团聚现象。这个对复合材料强度可能有利,但对复合材料的塑性是肯定不利的。这种晶须团聚现象与Ni等人报道的TiBw团类似[5],TiBw团的形成是由于原料B$_4$C较大的尺寸造成的。因此,本书中TiBw团聚现象可能与网状界面处过高的增强相含量有关。

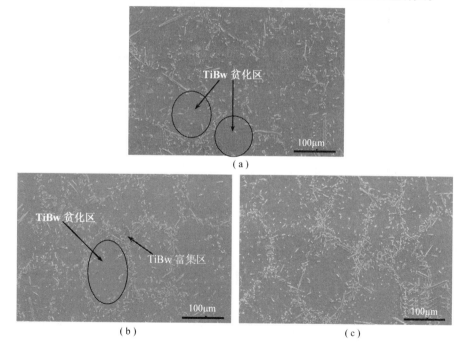

图3-1 不同增强相含量的网状结构TiBw/Ti复合材料SEM组织照片[1]

(a) 5vol.%;(b) 8.5vol.%;(c) 12vol.%。

图3-2所示为具有网状结构TiBw/Ti复合材料中,通过高倍SEM观察看到的TiB晶须特殊的结构特征[1]。从图中可以看出,原位合成的TiB晶须尺寸并不是统一的,有细小的,有粗大的;另外有单一平直晶须,还有树枝状晶须。这种现象的存在,与原料TiB$_2$尺寸及晶体类型有关。在原位反应过程中,由于是

固相烧结,每一个 TiBw 单元都是有原来一个 TiB$_2$ 颗粒或晶粒与其周围的 Ti 发生原位自生反应生成的。所以,如果原料 TiB$_2$ 尺寸较小,那么生成的 TiBw 尺寸就较为细小;相反,就会生成比较粗大的 TiBw。另外,如果原料 TiB$_2$ 一个颗粒就是一个单晶,那么在原位反应中更容易生成单一平直的 TiBw。如果 TiB$_2$ 一个大颗粒是一个多晶体,那么每个晶体都可能在与 Ti 接触后,按照各自的最优生长方向生成相应的 TiBw,这样就形成了具有树枝状结构的 TiBw。除此之外,特别是在较高体积分数情况下,还存在由于晶须相互接触后形成的自焊接结构,这种自焊接形成的树枝状结构与增强相的含量有关。如图 3-2 所示,随着增强相含量的提高,自焊接的树枝状结构数量明显增多。

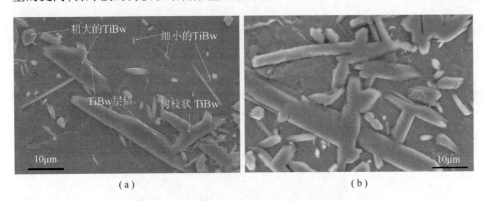

图 3-2 网状结构 TiBw/Ti 复合材料界面处树枝状 TiBw 结构高倍 SEM 照片

(a) 8.5vol.%;(b) 12vol.%。

这种树枝状的增强相结构将发挥出更高的增强效果。同时也因为这种结构,使得晶须之间存在连通,从而提高复合材料性能。然而在传统的制备增强相均匀分布的钛基复合材料过程中,由于采用的是高能球磨工艺,在原料 Ti 粉被磨细的同时,原料 TiB$_2$ 颗粒尺寸也大大降低,且均匀分布使得局部增强相含量较低。因此,均匀分布钛基复合材料中,TiB 晶须尺寸较小,且形成树枝状晶须的几率较低。相比之下,形成树枝状 TiB 晶须也是制备增强相网状分布钛基复合材料的特点之一。

除此之外,还发现明显的堆垛层错结构,这个结构已经在类似的体系中发现并得到很好的研究。层错的出现主要是由于 TiBw 特殊的 B27 结构,在生长过程中(100)面沿[100]$_{TiB}$ 方向堆垛速度不同造成的[6]。从图 3-2 中可以发现,具有堆垛层错的 TiBw 更容易生长成树枝状,或许堆垛层错与树枝状结构有一定的关系,但是这一点还没有得到很好的证实。

3.1.2 网状结构 TiBw/Ti 复合材料拉伸性能

图 3-3 所示为不同体积分数网状结构 TiBw/Ti 复合材料与采用相同烧结

工艺制备纯钛材料拉伸应力应变曲线[1]。首先,所有复合材料的强度都明显高于纯钛材料的强度,而延伸率都低于纯钛的延伸率。网状结构 12vol. %、8.5vol. % 与 5vol. % TiBw/Ti 复合材料的抗拉强度分别是 907MPa、842.3MPa 与 753.8MPa,明显高于纯钛材料的抗拉强度 482MPa。也就是说,网状结构 12vol. %、8.5vol. % 与 5vol. % TiBw/Ti 复合材料的抗拉强度分别较纯钛材料的抗拉强度提高了 88%、74.6% 与 56.3%。与具有均匀组织结构的复合材料相比,表现出了更优异的强韧化效果。当然,由于是采用粉末冶金法制备的钛基复合材料,并且没有经过任何后续变形的烧结态钛基复合材料,所以其拉伸延伸率只有 4.0%、11.8% 与 15.6%,低于纯钛材料的 17.8%。

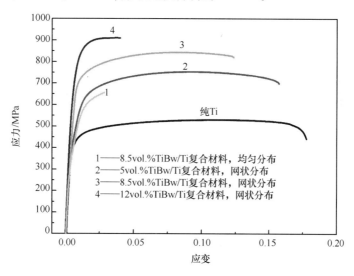

图 3-3　烧结态网状结构 TiBw/Ti 复合材料与纯钛材料的拉伸应力—应变曲线对比[1]

网状结构 TiBw/Ti 复合材料的强度与弹性模量都随着增强相含量的提高而提高,而塑性水平随之下降。特别是,12vol. % TiBw/Ti 复合材料的抗拉强度较纯钛材料的抗拉强度提高了 88%,这么高的增强效果目前为止算得上是非常高的。但强度增加的幅度明显没有塑性降低的幅度大。因此这种网状结构的钛基复合材料具有较高的力学性能,主要是和这种网状分布状态有关,而增强相的含量显得次要。如前所述,随着增强相含量增加,在网状结构中,钛基体的连通度会因为 TiBw 的连通度增加而降低。因此,基体之间的连通被阻断,从而降低复合材料的塑性。另外,通过应力—应变曲线还可以看出,应变硬化速率随着增强相含量的提高而降低,这可能与增强相连通度的提高有关。最后,作为采用粉末冶金法制备的烧结态 5vol. % 与 8.5vol. % TiBw/Ti 复合材料,表现出 15.6% 与 11.8% 的延伸率,与传统方法制备的钛基复合材料相比是非常大的改进,特别是考虑到 56.3% 与 74.6% 的增强效果。对于 12vol. % TiBw/Ti 复合材料表现出的

4% 的延伸率,作为烧结态材料及考虑到 88% 的增强效果,与均匀结构的钛基复合材料相比也可以看作是较大的改进[7,8]。综合考虑 74.6% 的抗拉强度提高与 11.8% 的拉伸断裂延伸率,对于本体系,8.5vol% 的增强相含量可以看作是最佳增强相含量,这个与式(2-10)设计结果是一致的。

特别指出的是,表现出如此优异力学性能的网状结构钛基复合材料只是经过简化的低能球磨工艺与一步热压烧结(省略了冷等静压与排气过程)工艺制备的,且没有经过任何后续的塑性变形,如挤压或轧制等。因此,网状结构非连续增强钛基复合材料优异的综合性能应该归因于其自身独特的组织结构,包括独特的网状结构(大尺寸 TiBw-lean 基体区与 TiBw-rich 网状界面区)、树枝状 TiBw 结构、销钉状 TiBw 结构及穿过网状界面处形成的基体之间的内连通结构。

综上所述,与传统粉末冶金法相比,制备增强相均匀分布的钛基复合材料需要经历高能球磨、冷等静压、两步烧结、热变形等复杂工序。而制备网状结构钛基复合材料只需要简化的粉末冶金工序,包括低能球磨与一步热压烧结。这表现出以下三个方面的优势:①使用大尺寸钛粉代替细小钛粉,不仅可以保证网状结构的形成,而且也降低了原料成本。②低能球磨代替高能球磨,不打碎钛粉,只是将 TiB$_2$ 颗粒镶嵌到大尺寸钛颗粒表面,这样可以大大降低钛粉污染程度以及更好地发挥基体的韧化效果,而且还降低了制备周期及成本,最关键的是降低了因高能球磨而发生爆炸、自燃等危险。③由于低能球磨及钛粉尺寸较大,不需要过程控制剂,因此后续省略了冷等静压及烧结过程中的排气过程,这样可以进一步缩短制备周期及成本[1]。另外,由于钛非常活泼,特别是新鲜表面,具有极强的吸氢、吸氧能力,吸氢、吸氧后塑性大大降低,脆性大幅提高[9]。这可能也是传统粉末冶金法制备均匀结构的钛基复合材料具有极大脆性的原因之一。在本书中,大尺寸球形钛粉及低能球磨工艺的采用,与不规则细小钛粉及高能球磨工艺相比,大大降低了吸氢、吸氧的程度,从而保证了钛基体本身的优势。因此,设计并制备网状结构 TiBw/Ti 复合材料,可以克服均匀结构 DRTMCs 脆性大的严重缺陷。最后,制备网状结构钛基复合材料的优势可以归结如下:大幅改善机械性能、降低制备成本、缩短制备周期、简化制备工序、调控组织、近净成形。

3.1.3 网状结构 Ti 基复合材料断裂与强韧化机理

图 3-4 所示为网状结构 5vol.% 与 12vol.% TiBw/Ti 复合材料拉伸断口 SEM 照片[1]。从图 3-4(a)与 3-4(c)中可以清楚地看出,断面都表现出高低不平、非常粗糙的特征,即较为曲折的裂纹扩展路径,体现了较好的机械性能[10]。其中,较软的基体颗粒没有断裂,且裂纹总是沿着网状界面处扩展。这充分说明了网状界面决定着网状结构 TiBw/Ti 复合材料的断裂行为[11],这种情况非常类似于晶界强化效果。这与增强相网状结构分布优异的增强效果是完全一致

的。然而,随着增强相含量的提高,增强相团聚区断裂增加而基体撕裂棱及韧窝减少,这是由于随着整体增强相含量的提高,网状界面处增强相的含量提高以及增强相团聚现象增加所致。这与复合材料延伸率随着增强相含量的提高而降低是对应的。另外,图3-4(c)中呈现的大量的增强相聚集区的断裂类似于陶瓷断裂,这与高体积分数使得加工硬化率降低及大量增强相团聚区域的存在是对应的。

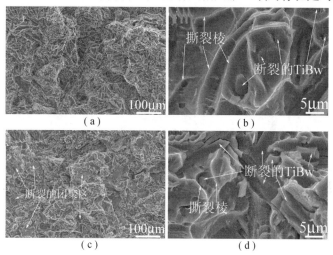

图3-4　网状结构不同体积分数 TiBw/Ti 复合材料 SEM 拉伸断口照片[1]

(a) 5vol.%,低倍;(b) 5vol.%,高倍;(c) 12vol.%,低倍;(d) 12vol.%,高倍。

从图3-4(b)中可以看出,断裂的晶须之间相距较远,这与体积分数较低有关。而明显的基体撕裂棱说明了在 TiBw 断裂产生微裂纹后,微裂纹并没有迅速聚集并扩展,而是被周围的基体钝化,进一步加载使得裂纹尖端基体承受更大的塑性变形后才发生聚集。这也证实了在网状界面区基体的内连通可以有效抑制裂纹的扩展并降低裂纹扩展速度,这对复合材料的塑性是非常有利的。因此,5vol.% TiBw/Ti 复合材料才能表现出15.4%的拉伸延伸率。相反,少量的基体撕裂棱及大量的 TiBw 陶瓷断裂与增强相聚集区的断裂则对应于12vol.% TiBw/Ti 复合材料较高的强度与较低的塑性。另外,在销钉状 TiB 晶须周围非常容易形成韧窝,且韧窝的尺寸与深浅依然与相邻晶须的距离有直接关系。这也体现了销钉状 TiBw 优异的强韧化效果及网状界面处增强相非连续的重要性。

图3-5为建立的一个简单的模型,用以更好地理解网状结构高效的强韧化机制[1]。这里把 TiBw-rich 网状界面区定义为 Phase-I 相,作为增强相;把 TiBw-lean 区定义为 Phase-II 相,作为基体相。这种情况下,这种网状结构就非常类似于 H-S 理论中的上限模型,即硬度较高的 Phase-I 相包围硬度较低的 Phase-II 相[12,13]。对于各向同性的双相复合材料,H-S 模型给出了其弹性

模量如式(1-16)与(1-17)。理论上限弹性模量可以通过式(1-16)计算获得。对于另一种均匀结构理想模型,即 TiBw 增强相均匀地分布于基体当中,这就相当于较硬的 TiBw 陶瓷相被较软的钛基体相包围。因此对应于理论下限弹性模量,可以通过式(1-17)计算获得。把纯钛的弹性模量 109GP、TiBw 的弹性模量 450GP[14] 与 TiB 相体积分数 5vol.% 代入式(1-16)与(1-17)中。得到该复合材料的理论上限与下限弹性模量分别为 121.6GPa 与 117.1GPa。因此,与增强相均匀分布的钛基复合材料相比,网状结构 TiBw/Ti 复合材料表现出了较高的弹性模量。

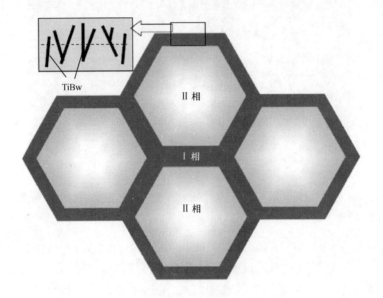

图 3-5 三维网状结构等效模型示意图

从较宏观角度看,呈三维连通的较硬的网状结构 I 相在加载初期,首先承担载荷,可以更有效地将增强效果发挥出来。从另一个角度看,设计制备的网状结构可以看作是将 TiBw 陶瓷增强相引入到了晶界处,这样可以进一步提高"晶界强化"效果。在更微观的角度看,TiBw 的销钉状结构以及 TiBw 与钛基体原位合成的界面,保证了 TiBw 可以有效地连接相邻的钛基体颗粒。另外,树枝状 TiBw 增强相也可以通过载荷交叉传递而进一步提高其增强效果。这些都有利于提高网状结构复合材料的增强效果。

对于网状结构钛基复合材料优异的塑性水平,从较宏观的角度看,呈三维连通的网状结构可以整体发生协调变形而承担应变,并且较大的 TiBw-lean 区可以承担更大的应变及限制裂纹的扩展。另外,相互贯通的界面结构可以降低裂纹扩展速度,销钉状 TiBw 结构也可以阻止裂纹的扩展,这些对网状结构钛基复合材料的塑性都是有利的。

3.2　热轧制变形对 TiBw/Ti 复合材料组织与性能的影响

　　轧制是金属发生连续塑性变形的过程,易于实现批量生产,生产效率高,是塑性加工中应用最广泛的方法。钢铁、有色金属、某些稀有金属及其合金均可以采用轧制方法进行加工。根据金属轧制时温度的不同,可以分为热轧和冷轧。在金属再结晶温度以上进行的轧制称为热轧,而在再结晶温度以下进行的轧制称为冷轧。其中轧制温度越高,被轧件塑性越高,变形越容易,表面越不易开裂,但是温度越高,表面氧化越严重。由于 Ti 较高的化学活性,在高于700℃时与氮发生反应;在 800 ℃以上时,氧化膜要分解,氧原子会进入晶格从而使其变脆。因此综合考虑,对钛基复合材料的轧制温度选择在 600℃ ~700℃之间。经过测试,在 650℃轧制会使得钛基复合材料变形容易,且氧化较轻,不易开裂,塑性较高。这些对钛基复合材料都是有利的。

　　对金属基复合材料进行轧制变形,不仅是塑性成形的一个重要手段,更是提高力学性能,检验成型能力的重要方法。因此研究轧制变形对 TiBw/Ti 复合材料宏观形貌及微观组织,以及力学性能的影响具有非常大的实际意义。图 3 – 6 所示为对 8.5vol. % TiBw/Ti 复合材料经历不同轧制变形量轧制后宏观形貌照片[3]。对应轧制变形量分别为30% 、55% 和80% 。上图为轧面图,下图为侧面图。从图中可以看出,轧制变形量达到55% ,表面仍无明显裂纹,直到80% 侧面才出现小的开裂,但表面仍较光滑,无明显氧化皮现象。对于网状结构12vol. % TiBw/Ti 复合材料进行轧制变形,其宏观形貌与 8.5vol. % TiBw/Ti 复合材料类似,也是变形量达到80% 时在边缘处出现小裂纹。这充分说明了此种钛基复合

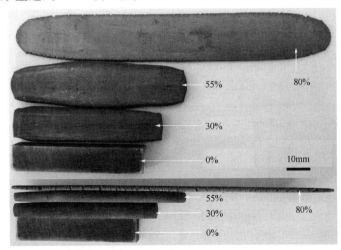

图 3 – 6　经过不同轧制变形量轧制变形后 TiBw/Ti 复合材料宏观形貌

材料具有非常好的变形成型能力,以及选择的轧制温度较为合理。

3.2.1　轧制变形对 TiBw/Ti 复合材料组织的影响

图 3-7 所示为 8.5vol. % TiBw/Ti 复合材料经不同轧制变形量变形后 SEM 组织照片[3]。从图中可以看出,当 TiBw/Ti 复合材料经过 30% 轧制变形量后,部分晶须在变形协调过程中发生断裂,产生微裂纹,不利于复合材料的性能。但是当随着变形量继续增大,原本断裂的晶须之间的距离就会增大而被变形的 Ti 基体填充,使裂纹消失,使原本一根较长的晶须增强相变成多个短小的晶须增强相,这可能对复合材料的性能是有利的。根据已有的金属合金研究结果可知,随着变形量的增加,基体强度会因晶粒细化及加工硬化而增加。

对比不同变形量的 SEM 微观组织照片,以及变形前的微观组织照片图 3-1、3-2、3-3,可以发现,随着变形量的增加,复合材料中,特别是晶须断裂处附近,会出现腐蚀坑(SEM 组织观察之前对试样进行轻微腐蚀),且相同腐蚀条件下,变形量越大,腐蚀坑越大。这在大量的复合材料及钛合金中已经有所研究,即应力腐蚀。随着变形量增大,复合材料中晶须附近会因晶须协调变形产生较大的应力,这也是基体加工硬化的一个佐证,从而说明:当复合材料经过较大变形之后,晶须断裂,基体产生加工硬化及残余应力。

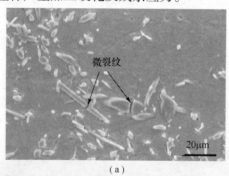

（a）

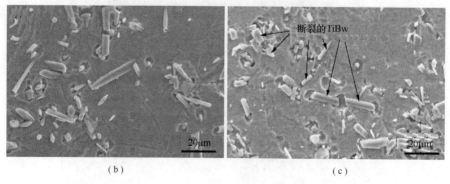

（b）　　　　　　　　　　　　　　（c）

图 3-7　8.5vol. % TiBw/Ti 复合材料经不同轧制变形量变形后 SEM 组织照片[3]

（a）30% ; （b）55% ; （c）80% 。

3.2.2 轧制变形对 TiBw/Ti 复合材料拉伸性能的影响

图 3 - 8 分别展示了 8.5vol.% 与 12vol.% TiBw/Ti 两种复合材料经不同轧制变形量变形后沿轧制面的拉伸性能变化[3]。从图 3 - 8(a)可以看出,随着变形量的增加,对于 8.5vol.% TiBw/Ti 复合材料,强度不断增大。这里有两种原因:①增强相发生协调变形后,产生一定的定向排列;②基体因变形蕴含大量的加工硬化。另外残余应力也会产生一定的作用。但随着轧制变形量的增加,拉伸延伸率先降低后增加。延伸率降低有两个方面的原因:①晶须断裂产生微裂纹成为变形过程中裂纹源;②加工硬化增加了基体本质硬度,降低了其自身的塑性。但当变形量继续增大时,基体晶粒明显细化,晶须长度的降低以及微裂纹被变形金属填充等作用起到更大的作用,所以继续增加变形会使塑性增加。但整体来看,8.5vol.% TiBw/Ti 复合材料经轧制变形后,塑性都低于烧结态网状结构钛基复合材料,这可能是由于网状结构的破坏、晶须断裂产生微裂纹以及基体加工硬化的原因。考虑变形后表面裂纹的产生,以及基体硬化严重带来塑性降低的可能,不易进行过高的轧制变形。如图 3 - 8(b)所示,12vol.% TiBw/Ti 复合材料拉伸强度也是随着变形量的增加而增加,这与 8.5vol.% TiBw/Ti 复合材料具有相同的规律。且 30% 变形量也使塑性降低,但随变形量继续增大,延伸率超过原本烧结态复合材料延伸率。这与 8.5vol.% TiBw/Ti 复合材料有所不同。如图 3 - 1 所示,当增强相含量较高时,在网状结构的 Ti 复合材料界面处,增强相含量过高,会形成 TiBw 之间的连通,从而阻断基体 Ti 之间的连通,降低复合材料总体延伸率。这与传统高碳钢或铸铁中形成网状渗碳体降低塑性一样。但是随着变形量的增加,基体因变形而表面积增加,从而降低 TiB 晶须在界面处的相对含量,即局部增强相含量降低,增加了基体之间的连通,从而使钛基

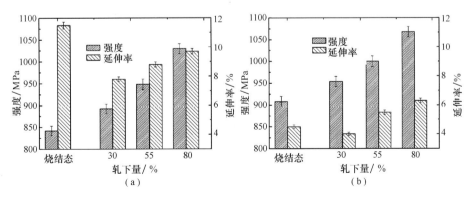

图 3 - 8 网状结构 8.5vol.% 与 12vol.% TiBw/Ti
复合材料随轧制变形量增加拉伸性能变化
(a) 8.5vol.%;(b) 12vol.%。

复合材料塑性增加。这对高体积分数增强相含量的钛基复合材料显得尤为重要。对于碳钢或铸铁中形成的网状结构渗碳体,也是采用变形消除,进而提高其塑性。因此低体积分数的网状结构 TiBw/Ti 复合材料,本身已经具有较高的塑性,可以通过变形来提高其强度,达到具有较高的综合性能。而高体积分数的网状结构 TiBw/Ti 复合材料,具有较高的强度,本身的塑性不高,可以通过塑性变形来提高其塑性,达到较高综合性能的目标。总之,对于具有网状结构的钛基复合材料而言,变形不仅能实现塑性成型,同时还可以进一步提高其力学性能。

3.3 网状结构($Ti_5Si_3 + Ti_2C$)/Ti 复合材料制备、组织与性能

为了尝试使用廉价的 SiCp 陶瓷增强相,利用 Ti 与 SiCp 之间的反应,采用 SiCp 替代前面 TiB_2 颗粒,其他制备工序一样,其中 SiCp 颗粒平均粒径为 $2\mu m$。如图 3 – 9 所示,将纯钛粉与 SiCp 装入行星式球磨机,通过低能球磨将 SiCp 颗粒镶嵌到大尺寸钛粉表面[15]。与使用 TiB_2 不同,SiCp 颗粒在使用之前要进行酸洗与干燥等预处理,主要是为了除去 SiCp 颗粒表面的 S、O、Ni 等杂质[16]。纯钛颗粒与 SiCp 颗粒也是经过低能球磨加热压烧结的工序以制备复合材料,球磨工艺为 150r/min、5∶1、6h,烧结工艺为 1200℃/1h/25MPa。

根据式(2 – 5),通过控制 SiCp 的加入量,设计并制备 1vol.%、3vol.% 与 5vol.%($Ti_5Si_3 + TiC$)/Ti 复合材料。为了比较,采用相同的烧结工艺制备纯钛材料。Duda 的研究显示[17],当 Ti 过量时,容易形成 Ti_2C 相,而当 C 过量时,则容易形成 TiC 相。Aksyonov 等人也指出[18],当 TiC 与 Ti 接触时,容易形成 Ti_2C 相。考虑到设计的网状结构中,只有较低体积分数的增强相[19],因此 Ti 与 SiC 之间的反应应该能顺利进行,可能形成 Ti_5Si_3 与 Ti_2C 相,而不是 TiC 相,这与设计生成 Ti_5Si_3 与 TiC 增强相有所变化,但并不影响结果分析。

3.3.1 网状结构($Ti_5Si_3 + Ti_2C$)/Ti 复合材料组织分析

图 3 – 10 所示为烧结态 5vol.%($Ti_5Si_3 + Ti_2C$)/Ti 复合材料 XRD 衍射图谱[14]。从图中可以看出,在烧结态材料中,只有 Ti_5Si_3 与 Ti_2C 相存在。没有 SiC 相与 TiC 相被检测出来。在随后的工作中,调整增强相含量 XRD 检测结果没有明显变化。这个结果说明了 Ti 与 SiC 之间的原位自生反应发生完全。因此,可以说成功制备出了($Ti_5Si_3 + Ti_2C$)/Ti 复合材料。

图 3 – 11 所示为网状结构($Ti_5Si_3 + Ti_2C$)/Ti 复合材料能谱分析结果[14]。从图中可以清晰地看出,存在两种不同形貌的增强相分布在网状界面处,一种为等轴颗粒状,另一种为短棒状。结合能谱分析结果及 XRD 结果,等轴颗粒状应

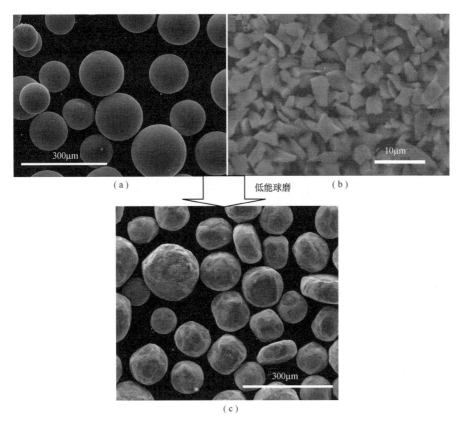

（a）

低能球磨

（b）

（c）

图 3 – 9　原料 Ti 粉与 SiCp 粉及混合后的混合粉末 SEM 形貌照片[14]
（a）纯 Ti 粉（45 ~ 125μm）；（b）SiC 颗粒（2μm）；（c）Ti 与 SiC 颗粒混合物。

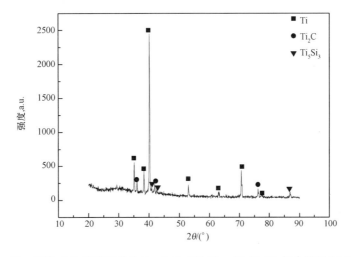

图 3 – 10　原位自生反应制备的 5 vol.%（Ti₅Si₃ + Ti₂C）/Ti 复合材料 XRD 图谱

为 Ti_2C 陶瓷相。形成等轴状的原因主要是由于 Ti_2C 相面心立方结构的原因。棒状增强相即为 Ti_5Si_3 相,这是因为 Ti_5Si_3 相复杂的 $D8_8$ 六方结构,使其容易长成短棒状形状。但是与前面 TiBw 生长不同的是,棒状的 Ti_5Si_3 增强相总是沿着网状界面生长,而不像 TiBw 一样向基体内部生长。这样就不能形成像 TiBw 那样的销钉状结构。然而 Ti_5Si_3 增强相仅仅沿网状界面生长,则可以大大提高增强相在网状界面处的连通度,从而提高其增强效果,考虑到 Ti_5Si_3 与 Ti_2C 增强相都是由原位自生反应制得,且都只存在于网状界面处,可能使得较少的增强相就能表现出较高的增强效果。从图中还可以看出,在一个网状单元内,存在多个基体等轴晶粒,这是由于网状增强相的存在造成的[20]。

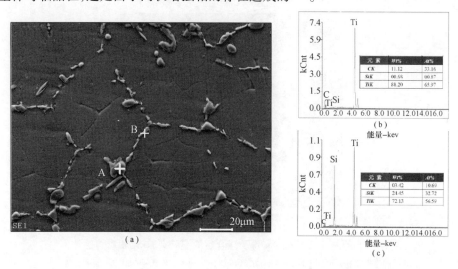

图 3-11　网状结构 $(Ti_5Si_3 + Ti_2C)/Ti$ 复合材料 SEM 形貌及 EDS 能谱分析结果
(a) SEM 形貌照片;(b) A 点 EDS 结果;(c) B 点 EDS 结果。

对烧结态不同增强相含量的网状结构 $(Ti_5Si_3 + Ti_2C)/Ti$ 复合材料与纯钛进行组织对比发现,当没有 Ti_5Si_3 与 Ti_2C 增强相存在的情况下,经过高温烧结及慢速炉冷后,纯钛形成了典型的魏氏体组织,且魏氏体组织尺寸远远大于使用的纯钛粉原料的尺寸($45 \sim 125 \mu m$),甚至超过 $600 \mu m$。这说明钛粉颗粒在热压烧结过程中通过合并被烧结致密,然后晶粒重新融合并长大。在冷却的过程中,新的 α 相从融合并长大的高温 β 相中析出并长大,大尺寸魏氏体组织的形成对纯钛的力学性能是不利的[14]。另外,通过组织观察发现,复合材料被烧结致密,没有可见的孔洞,原位反应合成的增强相均匀地分布在钛基体颗粒周围并形成网状结构,这点类似于前面的 TiBw/Ti 复合材料。结合图 3-10 XRD 结果可以得出结论,在热压烧结过程中,Ti 与 SiC 之间可以迅速反应完全,形成 Ti_5Si_3 与 Ti_2C 增强相,并成功制备出网状结构 $(Ti_5Si_3 + Ti_2C)/Ti$ 复合材料。

在每一个网状结构单元内,网状结构可以有效限制基体晶粒的长大,使得一个钛基体晶粒被限制在一个原钛粉尺寸内。而且，在每一个纯钛基体内部形成了多个细小的纯钛晶粒（图3－11）。也就是说，网状结构的存在明显细化了钛基体晶粒。因此，烧结态复合材料的晶粒尺寸明显小于烧结态纯钛材料的晶粒尺寸。另外，网状界面处的局部增强相含量随着整体增强相含量的提高而提高。在体积分数含量较高时，即5vol.%（$Ti_5Si_3 + Ti_2C$）/Ti复合材料中就形成了增强相的团聚现象[21]，这对复合材料的塑性也是不利的。与TiBw/Ti复合材料相比，这里形成的增强相为颗粒状及短棒状，且短棒状习惯于沿着界面生长，而不是向基体内部生长，这就使得增强相更容易在网状界面处聚集，而形成增强相的团聚，所以在增强相含量只有5vol.%时就形成了较多的增强相团聚现象。而在TiBw/Ti复合材料中，当增强相含量超过8.5vol.%时才形成类似的增强相团聚现象。

与前面TiBw/Ti复合材料类似，网状结构的（$Ti_5Si_3 + Ti_2C$）/Ti复合材料可以看作是在纯钛基体晶界处引入了陶瓷增强相，这样可以有效提高室温晶界强化的效果，特别是克服高温晶界弱化的效果。但是当增强相含量很低时，如1vol.%（$Ti_5Si_3 + Ti_2C$）/Ti复合材料，增强相虽然也是在晶界上分布，但看上去类似于增强相在基体中均匀离散地分布。当然，随着整体增强相含量的提高，增强相在晶界处的连通度提高。增强相连通度较低时，增强效果不高；随着连通度的提高，增强效果提高，但当连通度增加到一定值后，由于无法表现出塑性使得材料表现出明显的脆性，从而表现出较低的抗拉强度。因此，合适的连通度可以激发出优异的增强效果，并表现出优异的塑性指标。根据组织分析，本体系中3vol.%可能为较合适的增强相含量。

3.3.2 网状结构（$Ti_5Si_3 + Ti_2C$）/Ti复合材拉伸性能

图3－12所示为原位反应自生技术制备的烧结态（$Ti_5Si_3 + Ti_2C$）/Ti复合材料与烧结态纯钛的应力—应变曲线[14]。为了更好地评价其强韧化效果，在表3－1中列出了它们具体的拉伸性能数据[14]。结合图3－12与表3－1的数据可以看出，通过在网状界面处引入1vol.%、3vol.%与5vol.%的（$Ti_5Si_3 + Ti_2C$）混杂增强相，制备的相应的复合材料的屈服强度分别提高到了668MPa、789MPa与846MPa。与纯钛材料的436MPa相比，相当于其屈服强度分别提高了53.2%、81.0%与94.0%。考虑到仅有不到5vol.%的增强相，特别是1vol.%的增强相，应该算是最高的增强效果了。根据前面观察及TiBw/Ti复合材料分析结果[1, 10, 19]，如此优异的增强效果可以归结于以下几个方面，即网状结构的形成、基体晶粒的细化和原位反应合成的混杂增强相。增强相在网状界面处分布，可以有效提高晶界强化效果，这是因为在晶界处引入陶瓷增强相，可以有效提高晶界对位错的阻碍作用，使位错塞积开动晶界变得更加困难，从而提高拉伸变形过程中，晶界处位错的聚集密度加大，进而提高其强度水平。而且，混杂的增强相可以激发出优异的混杂增强效应[22,23]。另外，制备的复合材料的抗拉强度分

别提高到 852MPa、868MPa 与 858MPa,相对于纯钛的 530MPa,相当于分别提高了 60.8%、63.8% 与 61.9%。值得指出的是,仅仅通过引入 1vol.% 的增强相,就使得纯钛的抗拉强度提高到了相同状态的 TC4 合金(855MPa)的强度水平[11,24]。

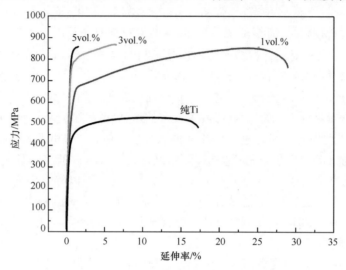

图 3 - 12　烧结态(Ti_5Si_3 + Ti_2C)/Ti 复合材料与烧结态纯钛的应力—应变曲线

从图 3 - 12 还可以看出,对于复合材料的拉伸断裂延伸率,1vol.% (Ti_5Si_3 + Ti_2C)/Ti 复合材料的延伸率明显高于纯钛材料的延伸率。相对于纯钛材料的延伸率 17.2%,复合材料的延伸率达到了 28.9%,相当于提高了 68%。这与传统复合材料延伸率总是低于纯基体材料的延伸率是不同的。对于抗拉强度达到 530MPa 的纯钛材料来说,延伸率 17.2% 是正常的,并不是偏低的。而考虑到前面 5vol.% TiBw/Ti 复合材料 15.6% 的延伸率,对于 1vol.% (Ti_5Si_3 + Ti_2C)/Ti 复合材料 28.9% 的延伸率也是可以接受的,并且是经过多次试验验证的。结合组织分析与机械性能测试分析,低体积分数网状结构复合材料表现出优异拉伸塑性的原因,可以归结为如下几个方面[14]:①复合材料网状结构本身通过改变变形机理而提高复合材料的塑性;②原位自生反应可以改善基体与增强相界面结合;③原位合成的混杂增强相对改善复合材料塑性也是有利的;④由于网状结构存在带来的晶粒细化也可以有效改善其塑性水平;⑤大的增强相贫化区的存在可以通过承担大的应变及降低裂纹扩展速度而提高复合材料塑性;⑥由于体积分数较低,分散开的增强相可以有效地钉扎变形产生的位错,这可以有效改善复合材料的塑性及应变硬化效果,如图 3 - 12 中应力—应变曲线所示。

然而,随着增强相含量从 1vol.% 增加到 3vol.% 然后继续增加到 5vol.%,复合材料的拉伸延伸率从 28.9% 迅速降低到 6.58% 继而降低到 1.53%。拉伸延伸率迅速地降低,主要是由于网状界面处局部增强相含量迅速增加导致的。

棒状的 Ti_5Si_3 相聚集在网状界面处,迅速提高了复合材料中增强相的连通度,或者说降低了基体的连通度[10]。特别是在 5vol.% $(Ti_5Si_3 + Ti_2C)$/Ti 复合材料中形成了增强相团聚区,对塑性的降低起着至关重要的作用,因此 5vol.% $(Ti_5Si_3 + Ti_2C)$/Ti 复合材料的延伸率只有 1.53%。这也是复合材料拉伸屈服强度随增强相含量提高而增加的原因。可以肯定的是,经过后续塑性变形,如轧制或热挤压,该复合材料的延伸率及强度将可以进一步得到改善。

表 3 – 1 还列出了制备的 $(Ti_5Si_3 + Ti_2C)$/Ti 复合材料的高温拉伸强度,充分体现出这种网状结构复合材料优异的高温增强效果。可以清楚地看出,随着增强相含量的提高,其高温拉伸强度提高。当然,也随着测试温度的提高而降低。优异的高温增强效果主要归因于这种特殊的网状结构增强效果,类似于消除了高温晶界弱化的局限,而产生了高温晶界强化效果。

表 3 – 1　烧结态 $(Ti_5Si_3 + Ti_2C)$/Ti 复合材料与
烧结态纯钛的室温及高温拉伸性能

试样	室温拉伸性能			高温抗拉强度/MPa		
	屈服强度 /MPa	抗拉强度 /MPa	延伸率 /MPa	300℃	400℃	500℃
Pure Ti	436 ± 11	530 ± 11	17.2 ± 0.5	—	—	—
1vol.%	668 ± 12	852 ± 12	28.9 ± 0.6	519 ± 8	395 ± 8	324 ± 6
3vol.%	789 ± 12	868 ± 12	6.58 ± 0.3	576 ± 10	477 ± 9	441 ± 7
5vol.%	846 ± 10	858 ± 10	1.53 ± 0.2	634 ± 10	586 ± 9	560 ± 7

图 3 – 13 所示为具有不同增强相含量的烧结态 $(Ti_5Si_3 + Ti_2C)$/Ti 复合材料的拉伸断口分析[14]。从图 3 – 13(a) 中可以清楚地看出,当增强相含量为 1vol.% 时,可以观察到非常多的基体撕裂棱及韧窝,但很少有陶瓷增强相断裂的痕迹。

另外,撕裂棱较短,韧窝尺寸较小,这应该归因于基体晶粒尺寸细小。这个结果与优异的拉伸延伸率是一致的。从图 3 – 13(b)、(c) 可以看出,基体撕裂棱与韧窝减少,相应的陶瓷增强相断裂增加,这都是增强相含量提高导致的。特别是对于 5vol.% $(Ti_5Si_3 + Ti_2C)$/Ti 复合材料,裂纹完全沿着网状界面扩展,这样可以更充分地发挥增强相的增强效果[10]。然而,这样也限制了大尺寸基体颗粒发挥其韧化效果的作用。因此,5vol.% $(Ti_5Si_3 + Ti_2C)$/Ti 复合材料表现出 94% 的拉伸强度增加效果,却只有 1.53% 的拉伸延伸率。也就是说,网状结构分布的增强相可以通过提高变形过程中晶界处临界位错密度而有效强化复合材料,而离散分布的复合材料(1vol.%)可以有效钉扎位错而有效提高复合材料的塑性水平。因网状增强相引入导致的晶粒细化,对改善复合材料强度及塑性都是有利的。

图 3 - 13　不同增强相含量的网状结构(Ti₅Si₃ + Ti₂C)/Ti 复合材料断口分析

（插图对应高倍断口分析）

（a）1vol. % ;（b）3vol. % ;（c）5vol. % 。

参 考 文 献

［1］Huang L J, Wang S, Dong Y S, et al. Tailoring a novel network reinforcement architecture exploiting superior tensile properties of in situ TiBw/Ti composites. Materials Science and Engineering A, 2012, 545: 187 - 193.

［2］Wilkinson D S, Pompe W, Oeschner M. Modeling the mechanical behaviour of heterogeneous multi - phase materials. Progress in Materials Science, 2001, 46: 379 - 405.

［3］HUANG Lu - Jun, CUI Xi - ping, GENG Lin, et al. Effects of rolling deformation on microstructure and mechanical properties of network structured TiBw/Ti composites. Transactions of Nonferrous Metals Society of China, 2012, 22: s79 - s83.

［4］Huang L J, Geng L, Peng H X, et al. High temperature tensile properties of in situ TiBw/Ti6Al4V composites with a novel network reinforcement architecture. Materials Science and Engineering A, 2012, 534(1): 688 - 692.

［5］Ni D R, Geng L, Zhang J, et al. Effect of B4C Particle Size on Microstructure of In Situ Titanium Matrix Composites Prepared by Reactive Hot Processing of Ti - B4C System. Scripta Materialia, 2006, 55: 429 - 432.

[6] Meng Q C, Feng H B, Chen G C, et al. Defects Formation of the In Situ Reaction Synthesized TiB Whiskers. J. of Crystal Growth, 2009, 311: 1612 – 1615.

[7] Tjong S C, Mai Y W. Processing – Structure – Property Aspects of Particulate – and Whisker – Reinforced Titanium Matrix Composites. Composite Science and Technology, 2008, 68: 583 – 601.

[8] Morsi K, Patel V V. Processing and Properties of Titanium – Titanium Boride (TiBw) Matrix Composites – A Review. J. of Materials Science, 2007, 42: 2037 – 2047.

[9] Clyne T W, Withers P J. An Introduction to Metal Matrix Composites. UK: Cambridge University Press, 1995.

[10] Peng H X, Fan Z, Evans J R G. Novel MMC Microstructure with Tailored Distribution of the Reinforcing Phase. J. of Microscopy, 2001, 201: 333 – 338.

[11] Huang L J, Geng L, Peng H X, et al. Room Temperature Tensile Fracture Characteristics of in situ TiBw/ Ti6Al4V Composites with a Quasi – continuous Network Architecture. Scripta Materialia, 2011, 64(9): 844 – 847.

[12] Hashin Z, Shtrikman S. A Variational Approach to the Theory of the Elastic Behaviour of Multiphase Materials. J. of the Mechanics and Physics of Solids, 1963, 11: 127 – 140.

[13] Peng H X. A Review of "Consolidation Effects on Tensile Properties of an Elemental Al Matrix Composite". Materials Science and Engineering A, 2005, 396: 1 – 2.

[14] Cao G J, Geng L, Naka M. Elastic Properties of Titanium Monoboride Measured by Nanoindentation. J. of American Ceramic Society, 2006, 89: 3836 – 3838.

[15] Huang L J, Wang S, Geng L, et al. Low volume fraction in situ ($Ti_5Si_3 + Ti_2C$)/Ti hybrid composites with network microstructure fabricated by reaction hot pressing of Ti – SiC system. Composites Science and Technology, 2013, 82: 23 – 28.

[16] Zhang H W, Geng L, Guan L N, et al. Effects of SiC Particle Pretreatment and Stirring Parameters on the Microstructure and Mechanical Properties of SiCp/Al – 6.8Mg Composites Fabricated by Semi – solid Stirring Technique. Materials Science and Engineering A, 2010, 528(1): 513 – 518.

[17] Duda C, Arvieu C, Fromentin J F, et al. Microstructural characterization of liquid route processed Ti6242 coating of SCS – 6 filaments. Composites part A, 2004, 35: 511 – 517.

[18] Aksyonov D A, Lipnitskii A G, Kolobov Y R. Ab initio study of Ti – C precipitates in hcp titanium: Formation energies elastic moduli and theoretical diffraction patterns. Computational Materials Science, 2012, 65: 434 – 441.

[19] Huang L J, Geng L, Wang B, et al. Effects of volume fraction on the microstructure and tensile properties of in situ TiBw/Ti6Al4V composites with novel network microstructure. Materials and Design, 2013, 45: 532 – 538.

[20] Huang L J, Geng L, Xu H Y, et al. In situ TiC Particles Reinforced Ti6Al4V Matrix Composite with a Network Reinforcement Architecture. Materials Science and Engineering A, 2011, 528(6): 2859 – 2862.

[21] Cui Xiping, Fan Guohua, Lin Geng, et al. Growth kinetics of TiAl3 layer in multi – laminated Ti – (TiB₂/Al) composite sheets during annealing treatment. Materials Science and Engineering A, 2012, 539: 337 – 343.

[22] Geng L, Ni D R, Zhang J, et al. Hybrid Effect of TiBw and TiCp on Tensile Properties of In Situ Titanium Matrix Composites. J. of Alloys and Compounds, 2008, 463: 488 – 492.

[23] Xiao L, Lu W, Qin J, et al. Creep behaviors and stress regions of hybrid reinforced high temperature titanium matrix composite. Composites Science and Technology, 2009, 69: 1925 – 1931.

[24] Huang L J, Geng L, Li A B, et al. In situ TiBw/Ti – 6Al – 4V Composites with Novel Reinforcement Architecture Fabricated by Reaction Hot Pressing. Scripta Materialia, 2009, 60(11): 996 – 999.

第4章　网状结构 TC4 基复合材料组织结构及其形成机理

在第 3 章成功设计并制备出准连续网状结构 TiBw/Ti 复合材料的基础上,本章根据准连续网状结构设计以及最佳增强相含量设计,制备增强相呈准连续网状分布 TiBw/TC4 复合材料,进一步提高钛基复合材料的力学性能,并验证设计的普适性。通过优化制备工艺,获得最佳的制备准连续网状结构 TiBw/TC4 复合材料的工艺参数。通过调整基体颗粒尺寸及增强相含量,评价基体颗粒尺寸及增强相含量对网状结构钛基复合材料组织的影响。最后对增强相网状分布钛基复合材料中产生的特殊组织结构形成机理进行分析,包括内部较大基体区域内等轴组织的形成,以及网状结构中 TiBw 销钉状结构及树枝状结构的形成,从而揭示增强相准连续网状分布 TiBw/TC4 复合材料组织结构形成机制。

4.1　准连续网状结构 5vol. % TiBw/TC4 复合材料的制备

为了进一步制备高性能增强相网状分布钛基复合材料,选用球形 TC4 钛合金粉作为原料,粒径为 $180 \sim 220\mu m$,平均粒径为 $200\mu m$,根据式(2 – 10)最佳增强相含量计算,本体系最佳增强相含量应为 5vol. % 。因此,首先设计制备网状结构 5vol. % TiBw/TC4 复合材料。采用球磨工艺为 200r/min/5:1/8h,烧结工艺为 1200℃/20MPa/1.0h,制备具有网状结构的 TiBw/TC4 复合材料。为了对比,用相同的原料及烧结工艺,制备出纯 TC4 钛合金进行比较。

4.1.1　烧结态 TC4 钛合金组织分析

图 4 – 1 所示为使用球形 TC4 粉(180 ~ 220μm)热压烧结制备的 TC4 钛合金的金相组织照片[1]。结合其 SEM 组织分析结果,从图 4 – 1(a)低倍照片中可以看出,TC4 钛合金粉经过热压烧结重新形成致密的块体钛合金。首先说明了此烧结工艺(1200℃/20MPa/1.0h)可以将钛合金在固态下重新烧结致密,烧结工艺是合理的。另外还可以看出,在烧结制备的 TC4 钛合金中初始 β 晶粒尺寸远大于 TC4 原料粉粒径,甚至达到 900μm 以上。这就说明:当温度超过相变点

时,多个 TC4 粉在烧结过程中,重新融合形成统一的 β 相,在炉冷过程中重新凝结形核长大成新的 β 晶粒。这更进一步说明了钛合金原料球形粉表面完全洁净。从高倍组织中可以看出,由于烧结温度在相变点以上,所以烧结制备的 TC4 组织为典型的魏氏体组织,即长条状或片状 α 相及片间 β 相。这一点符合双相钛合金相变点温度以上冷却组织的特点。根据已有工作经验,当晶粒尺寸长大到一定程度,由于非常低的塑性,将会降低其强度水平[2]。

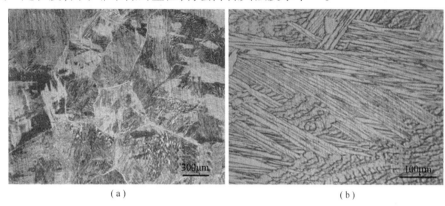

（a）   （b）

图 4-1   与制备复合材料采用相同原料及烧结工艺制备的烧结态 TC4 金相组织
（a）低倍；（b）高倍。

SEM 组织分析结果显示,烧结态 TC4 钛合金中形成了双相钛合金典型的初始 β 晶粒,晶界为 α 相[3],且晶粒尺寸远远大于 TC4 钛合金原料颗粒尺寸。在初始 β 晶粒内部,形成的是典型的 α + β 片层组织,属于典型的魏氏体组织[3]。如前所述,这是由于 TC4 颗粒在经过热压烧结之后,重新融合到一起,继而在降温的过程中,从统一的 β 相中重新析出初始 β 晶粒。其中,由于钛合金 α 相与 β 相特殊的晶体结构,使得 α 相从 β 相中析出的过程中,总是沿着最低应变能的方向生长形成片状组织。

4.1.2   准连续网状结构 5vol. % TiBw/TC4 复合材料组织分析

图 4-2 所示为烧结态网状结构 5vol. % TiBw/TC4 复合材料金相组织照片[3]。从图中可以看出,增强相均匀地分布在 TC4 基体颗粒周围,形成规则的网状结构,类似于金属晶粒的晶界结构。与传统的均匀分布相比,此网状分布属于非均匀分布。与烧结态 TC4 钛合金不同,增强相的存在,限制了 TC4 钛合金原始 β 晶粒尺寸最大只能是一个 TC4 颗粒尺寸;与 TC4 钛合金相比,大大降低了晶粒尺寸。不仅如此,从腐蚀后的照片可以看出,基体组织不再是片状的魏氏组织,而是类似等轴状或短片状的组织。这样较大程度上降低了基体晶粒中 α 相尺寸,且大量研究表明具有等轴组织的钛合金具有优异的综合力学性能[2]。因此,晶粒及内部相尺寸的降低以及等轴组织的形成,有利于改善 TiBw/TC4 复

合材料的综合性能。

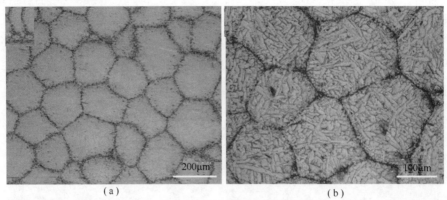

（a）　　　　　　　　　　　　（b）

图 4 - 2　网状结构 5vol. % TiBw/TC4 复合材料抛光后腐蚀前后金相照片
(a) 腐蚀前；(d) 轻微腐蚀后。

　　以上复合材料金相组织分析表明,成功制备了增强相网状分布的 TiBw/TC4
复合材料。下面通过 SEM 组织观察首先研究网状结构的具体特征,其次研究烧
结工艺、增强相含量及基体颗粒尺寸对网状结构 TiBw/TC4 复合材料组织的
影响。

　　图 4 - 3 所示为不同放大倍数下的 5vol. % TiBw/TC4 复合材料 SEM 组织照
片[3]。从不同的放大倍数,可以观察到网状结构的 TiBw/TC4 复合材料各种特
殊现象。从图 4 -3(a) 与(b) 可以看出,原位反应形成的 TiBw 均匀地分布在
TC4 钛合金基体颗粒周围,形成类似晶界的结构,从整体看形成一种规则的网状
结构,这与前面金相观察相同,且网状结构每一个单元的尺寸与 TC4 钛粉原料
尺寸几乎一样。从图 4 -3(b) 可以看出,在增强相网状包围的钛合金基体内部,
保留一个几乎没有晶须存在的纯基体区域。在这个区域内,形成了近似等轴状
的钛基体组织,这与纯钛合金形成的魏氏组织(图 4 -1)是完全不同的,而等轴
组织具有较好的综合性能,这正是钛合金基复合材料所欠缺的,因此在网状结构
钛合金基复合材料中形成等轴状基体组织对复合材料的塑性是有利的。图 4 -
3(c)所示在增强相聚集的网状结构中,TiBw 增强相像销子一样向相邻的钛合金
基体颗粒内部生长,深深地“扎根”于相邻基体颗粒之中,形成非常好的销子“内
连接”效果,这一“内连接”对提高粉末冶金制备的网状结构钛基复合材料机械
性能必定有很好的效果。从图 4 -3(c) 还可以看出,在界面处,增强相并没有完
全连通,即相邻基体之间存在一定的连通,这将对改善复合材料塑性起到较大作
用。图 4 -3(d)所示为在增强相聚集的网状区域内,除了有单一的棒状晶须外,
还发现了许多树枝状晶须,形成了增强相之间的相互连接,从某种意义上说相当
于提高了增强相的有效长度或连通度。在其他体系中许多研究者都在不断努力
制备增强相的自连接,而在本体系中原位反应制备了增强相的自连接结构,这对

提高网状结构钛基复合材料强度必定有很好的效果[3]。对上述特殊结构或形貌,在后面将逐一进行详细分析与阐述。

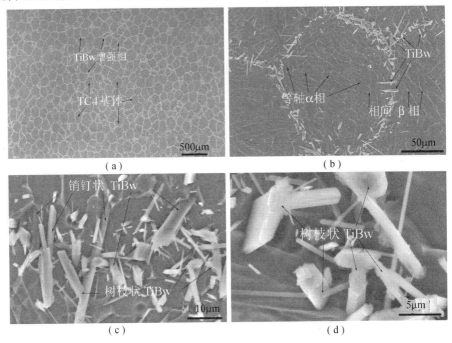

图 4-3   不同放大倍数 5vol. % TiBw/TC4 复合材料 SEM 照片

由于原位合成 TiBw 的同时,也消耗掉了合金中的 Ti,这可能会给合金成分带来变化,甚至造成成分不均匀,所以有必要通过计算及成分分析来说明钛合金基复合材料中成分的变化情况。经过反应方程式计算可知,假定原料 TC4 钛合金为标准的 Ti6Al4V,那么经过反应制备出 5vol. % TiBw/TC4 复合材料后,按照整体计算,合金元素 Al 的含量将从 6wt. % 增加到 6.12wt. %,而合金元素 V 将从 4wt. % 增加到 4.08wt. %。因此这两种合金元素含量的增加并不显著,完全属于允许范围,因此不会对性能造成太大影响。然而,必须考虑 Ti 的消耗只是发生在网状结构附近,这可能带来 Al 与 V 合金元素在界面处偏析。

图 4-4 所示为网状结构 5vol. % TiBw/TC4 复合材料面扫描成分分析[3],用以说明合金元素的分布状况。从图中可以看出:Ti、Al 和 V 在复合材料中分布非常均匀,没有发生偏析或贫化的现象;只有在网状结构处,因 TiBw 含量较大,基体含量较少,使得 Al 与 V 元素含量较低外,分布非常均匀。当然在这里需要指出,Al 是 α 相稳定元素,V 是 β 相稳定元素,所以在图 4-4(b)高倍成分分析中,在 β 相处 Al 元素含量会较低,而 V 元素含量会较高。这一结果说明了在发生原位反应消耗 Ti 以后,合金元素通过扩散,又重新实现了均匀化。结合以上理论计算,合金元素的微量改变将不会对基体性能造成较大的影响。

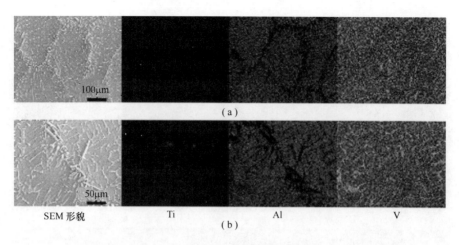

SEM 形貌   Ti   Al   V

图 4-4   5vol.% TiBw/TC4 钛基复合材料元素分布面扫描分析
(a) 低倍；(b) 高倍。

4.2   烧结工艺对网状结构 TiBw/TC4 复合材料组织的影响

为了进一步优化网状结构 TiBw/TC4 复合材料烧结工艺参数,以及揭示烧结工艺参数对其组织与性能的影响规律,采用不同烧结温度及不同烧结时间制备系列钛基复合材料以进行深入研究。结合已有研究结果[4],选择烧结温度为 1000℃、1100℃、1200℃ 和 1300℃,烧结时间为 0.5h、1.0h 和 1.5h,对网状结构 TiBw/TC4 复合材料最佳烧结工艺进行研究。下面通过 SEM 组织观察,评价烧结温度与时间对网状结构 5vol.% TiBw/TC4 复合材料组织及性能的影响[5]。

图 4-5 显示的是固定烧结时间为 1h,不同烧结温度下制备的网状结构 5vol.% TiBw/TC4 复合材料 SEM 组织照片[5]。图 4-5(a) 显示了在网状结构复合材料中较大的孔隙,这说明 1000℃ 热压烧结的复合材料,由于温度较低,钛合金还保持一定的强度,特别是对于这种网状结构,钛基体颗粒尺寸较大,施加的压力有限,还难以获得完全致密的复合材料。图 4-5(a) 还显示了因不完全反应而形成的增强相壳体,还有两个相邻单元之间的裂缝。这是由于粘附在 TC4 颗粒表面的 TiB$_2$ 颗粒与接触到的 Ti 发生反应生成细小的 TiBw,然而外侧的 TiB$_2$ 颗粒或 TiB$_2$ 颗粒的外侧由于变形小、温度低与 Ti 没有接触几乎没有发生反应,这样没有完全反应的混合物就形成了一层包裹在 TC4 基体颗粒外面的壳体。由于壳体的隔离,首先基体颗粒之间没有连通。同时,两个壳体接触处都属于没有反应的 TiB$_2$ 残留物,几乎没有连接作用,所以仍然属于各自独立的部分,就形成了裂缝。这对复合材料的强度都是不利的。另外,通过残留的孔洞还可以看出,这个壳体在制备致密复合材料发生变形过程中会被撕裂。这是因为较

大的颗粒具有较低的松装密度,在制备致密的复合材料过程中必然发生较大的变形以填充孔隙达到致密,而这一变形使得具有最小的比表面积的球形基体颗粒变成不规则颗粒,进而使得表面积增大,这样就降低了增强相在界面处的分布密度,进一步增加了基体之间的连通,而基体之间的连通对提高复合材料塑性有很大帮助。从图4-5(b)中可以看到,由于不完全反应,形成了前面所说的细小晶须与未完全反应的残留物组成的类似于带刺的墙壁一样。这种墙结构由于阻断了基体之间的连通将对复合材料的机械性能是非常不利的。

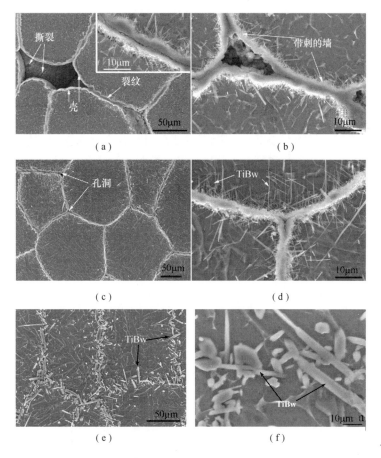

图4-5 不同烧结温度下烧结1h制备的TiBw/TC4复合材料的SEM照片
(a) 1000℃,较低放大倍数;(b) 1000℃,较高放大倍数;(c) 1100℃,较低放大倍数;
(d) 1100℃,较高放大倍数;(e) 1200℃,较低放大倍数;(f) 1300℃;较高放大倍数。

图4-5(c)、(d)与(a)、(b)相比可以看出,随着烧结温度从1000℃升高到1100℃,孔隙的尺寸和数量都大大降低[6],TiBw晶须的长度也大大增加,但晶须直径并没有明显变化。虽然晶须长度增加,结合处裂纹几乎消失,孔洞大大减小,然而仍然是不完全反应,形成了与1000℃时类似的带刺的壳体墙壁结构,也

阻断了基体之间的连通,因此 1100℃ 制备的网状结构钛基复合材料强度较 1000℃ 制备的复合材料强度将有所改善。这也说明了制备网状结构钛基复合材料应选用与制备均匀组织的钛基复合材料不同的烧结工艺。当温度升高到 1200℃ 时,如图 4-5(e)所示,孔隙、裂缝、带刺的墙结构都完全消失,取而代之的是致密的复合材料。一方面,升高温度软化了 TC4 基体;另一方面,升高温度增加了 Ti 与 TiB_2 反应速度,使得反应放出的热量迅速增加,导致界面处基体软化。上述两个方面大大降低了制备致密复合材料发生热变形的抗力。同时,TiBw 较为粗大,基体之间连通,这些都会带给网状结构 TiBw/TC4 复合材料一个优异的综合性能。然而烧结温度继续升高到 1300℃ ,如图 4-5(f)所示,基体、增强相形态、尺寸及结构都没有发生明显变化。因此可以说,制备具有网状结构的 TiBw/TC4 复合材料时,1200℃ 的烧结温度就已经满足,继续增加烧结温度并不能带来更优异的组织结构,只会增加制备成本。另外,上述组织分析还说明:制备网状结构,主要是依赖于较大尺寸的钛合金粉末与细小的 TiB_2 粉末的低能球磨,而烧结工艺只能影响晶须的形态及复合材料致密度与力学性能。

图 4-6 所示为烧结温度为 1200℃ ,但烧结时间分别为 0.5h 与 1.5h 制备的具有网状结构的 TiBw/TC4 复合材料 SEM 组织照片[5]。通过图 4-6(a)与图 4-6(b)比较,从网状结构以及增强相和基体的特征看,两者没有明显区别,都形成了近似等轴基体组织,明显的 TiBw 销钉结构。结合高倍组织,与烧结时间为 1.0h 制备的复合材料一样,烧结时间分别为 0.5h 与 1.5h 时制备的具有网状结构的 5vol.% TiBw/TC4 复合材料也形成了销钉连接、自焊接、爪子结构等特殊结构[5]。说明烧结温度一旦达到 1200℃ , TiB_2 原料就会迅速、完全地与 Ti 发生反应生成一定的 TiBw 增强相。因此只要烧结温度超过 1200℃ ,烧结时间超过 0.5h,相同体系所制备的网状结构 TiBw/TC4 复合材料就具有类似的组织结构。

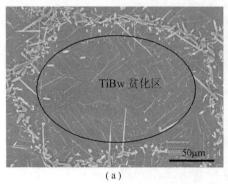
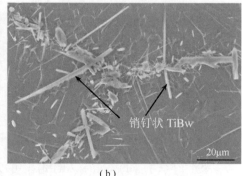

（a）　　　　　　　　　　　　（b）

图 4-6　相同烧结温度不同烧结时间制备的网状结构 TiBw/TC4
复合材料 SEM 组织照片
（a）0.5h；（b）1.5h。

4.3　网状结构参数对 TiBw/TC4
复合材料组织的影响

4.3.1　增强相含量对 TiBw/TC4 复合材料组织的影响

图 4-7 所示分别为 2vol.% 与 10vol.% TiBw/TC4 复合材料低倍 SEM 组织照片[7]。首先,与图 4-1 相比,无论增强相含量多少,都起到了限制钛合金基体形成较大晶粒的作用,这是由于增强相的存在阻碍了基体颗粒在相变点以上重新融合。其次,与图 4-1 相比,无论增强相含量多少,都没有形成由片状组织组成的魏氏体组织,而是 α 相与相间 β 相形成的近似等轴组织。然而不同的是,2vol.% TiBw/TC4 复合材料中致密度较高,无孔洞;而 10vol.% TiBw/TC4 复合材料在多个界面交汇处存在许多小的孔洞。一方面,对于 10vol.% TiBw/TC4 复合材料而言,在烧结温度达到 1200℃ 之前已经形成了较多的增强相,增加了变形抗力,加大了复合材料致密化的难度。这与传统增强相均匀分布钛基复合材料类似,随增强相含量增加,因变形抗力增大使得钛基复合材料致密度降低[8]。另一方面,由于设计体积含量为 10vol.% 时,对应 TiB₂ 加入量达到最大,每一个单元之间都完全属于 TiB₂ 陶瓷接触(图 2-4),由于烧结温度较低,完全陶瓷接触表面难以烧结致密,因此当设计增强相含量达到最大值时,复合材料难以完全实现致密化。

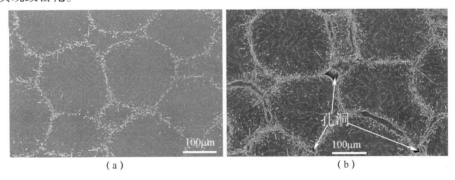

图 4-7　网状结构 2vol.% 与 10vol.% TiBw/TC4 复合材料低倍 SEM 组织照片
(a) 2vol.%%；(b) 10vol.%。

图 4-8 所示为设计 TiBw 增强相体积分数为 2~10vol.% TiBw/TC4 复合材料的 SEM 组织照片。首先,增强相含量的变化并没有改变空间网状结构的形成,TiBw 增强相都是分布在基体颗粒周围,形成网状分布结构。其次,在不同增强相含量的复合材料中,都形成了"销钉"结构的 TiBw。不同的是,TiB 晶须在界面处的局部含量随整体含量的增加而增加。在设计增强相含量低于 5% 时,形成的都是粗大的 TiBw,如图 4-8(a)、(b)、(c)所示。当增强相含量继续增加

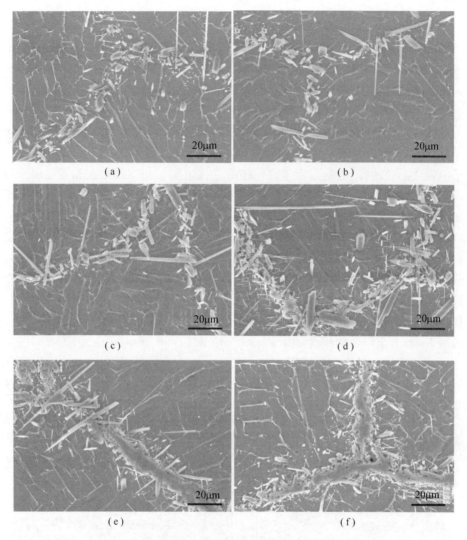

图 4-8　不同增强相含量网状结构 TiBw/TC4 复合材料 SEM 组织照片

(a) 2vol.%；(b) 3.5vol.%；(c) 5vol.%；(d) 6.5vol.%；(e) 8.5vol.%；(f) 10vol.%。

时,除了粗大的 TiBw 外,形成了越来越多的细小的 TiBw(图 4-8(d))。这是由于网状分布的特点,使得一旦 TiB$_2$ 加入量超过式(2-8)所设计的最佳值后,再随着 TiB$_2$ 加入量继续增加,将使得越来越多的外侧 TiB$_2$ 或 TiB$_2$ 的外侧不能与 Ti 直接接触迅速发生反应;而里侧的 TiB$_2$ 或 TiB$_2$ 的里侧与 Ti 反应形成 TiBw 后,又进一步限制了其与 Ti 的直接接触反应,因此不能实现设计反应或者只能与少量的通过扩散进来的 Ti 发生反应。

继续增加 TiB$_2$ 加入量,当达到设计 TiBw 增强相含量达到 8.5vol.% 时,出现了类似于没有发生完全反应的物质,这就是因为较多的 TiB$_2$ 没有与 Ti 接触,

没有机会发生反应。随着 TiB₂ 加入量继续增加到设计 TiBw 最大值 10vol. %
时，这种现象更加严重，甚至形成了一层厚厚的类似于"砂灰"的界面，这主要是因
为界面处许多 TiB₂ 没有与 Ti 反应或者不能充分反应。这一界面自身强度较低，
同时又隔绝了 Ti 合金的连通，这将使这种复合材料的强度大大降低。由于界面内
侧已形成 TiBw 的阻碍作用，即使增加烧结温度，对消除网状结构中这种"砂灰"界
面作用也不大，因此网状结构中增强相含量及基体颗粒尺寸的设计非常重要。

图 4-9 所示为在高倍下观察 2vol. % 与 10vol. % TiBw/TC4 复合材料增强
相形貌[7]。如图 4-9(a)所示，即使增强相含量较低时，也形成了类似"爪子"
的树枝结构 TiBw，因此"爪子"结构的形成与增强相的含量关系不大，主要受这
种网状分布、原料 TiB₂ 晶体类型以及大尺寸 TiB₂ 颗粒尺寸的影响。当加入
TiB₂ 较多时，如图 4-9(b)所示，过多的 TiB₂ 不能与 Ti 基体直接接触快速反应
形成粗大的 TiBw，反而形成了连续的网状界面，隔绝了基体单元之间的连接，这
将大大降低复合材料的强度与塑性。

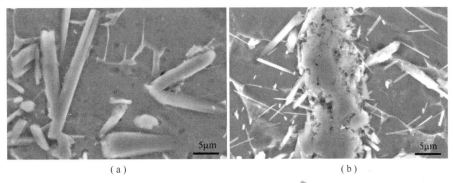

(a)   (b)

图 4-9　2vol. % 与 10vol. % TiBw/TC4 复合材料高倍 SEM 组织照片
(a) 2vol. %；(b) 10vol. %。

4.3.2　网状尺寸对 TiBw/TC4 复合材料组织的影响

由前面不同增强相含量的网状结构 TiBw/TC4 复合材料组织分析可以看
出，对应于平均颗粒尺寸分别为 200μm 和 3μm 的球形 TC4 钛粉与细小 TiB₂ 粉
体系，增强相含量不能超过 8.5vol. %，更不能超过最大值 10vol. %，否则难以获
得设计的准连续网状结构。其主要原因就是由于 TiBw 主要集中在 TC4 基体颗
粒周围，而 TC4 颗粒尺寸较大，表面积较小。因此，为了进一步提高最佳增强相
含量，从而提高网状结构复合材料的强度水平，必须通过提高基体颗粒比表面
积，即降低颗粒尺寸来提高增强相含量。然而，随着基体颗粒尺寸的继续降低，制
备得到的网状结构中，基体内部的塑性区域(TiBw - lean 区域)尺寸逐渐减小，这
一点对复合材料塑性是不利的。因此研究颗粒尺寸对网状结构复合材料的组织
与性能影响，对制备具有优异综合性能的钛基复合材料，具有很好的指导意义。

除了上述使用的颗粒尺寸为 $180 \sim 220 \mu m$ 的 TC4 粉原料之外,使用颗粒尺寸分别为 $85 \sim 125 \mu m$ 与 $45 \sim 85 \mu m$ 相同成分的 TC4 钛合金粉作为原料制备网状结构 TiBw/TC4 复合材料,其平均粒径分别为 $200 \mu m$、$110 \mu m$ 与 $65 \mu m$,设计增强相体积分数分别为 5vol.%、8.5vol.% 与 12vol.%。为了方便讨论,将使用 TC4 基体颗粒平均粒径为 $110 \mu m$ 的 8.5vol.% TiBw/TC4 复合材料简单记作 V8D110,其中 V 代表增强相整体体积分数,D 代表基体颗粒平均尺寸。同理,将 5vol.% TiBw/TC4($110 \mu m$)、8.5vol.% TiBw/TC4($65 \mu m$)、12vol.% TiBw/TC4($65 \mu m$)、5vol.% TiBw/TC4($200 \mu m$)与 8.5vol.% TiBw/TC4($200 \mu m$)复合材料分别记作 V5D110、V8D65、V12D65、V5D200 与 V8D200。

图 4-10 所示为相同增强相含量,但不同基体颗粒尺寸,8.5vol.% TiBw/TC4 复合材料 SEM 组织照片。从图中可以看出,即使整体增强相含量相同,但基体颗粒尺寸不同,则网状界面 TiBw-rich 区域局部增强相含量也不同。结合图 4-11(a)所示,相同整体增强相含量时,局部增强相含量随基体颗粒尺寸增加而增加。另外通过归纳,还可以看出,TiBw-rich 区域的宽度基本不受增强相含量及基体颗粒尺寸的影响,其宽度均在 $15 \sim 30 \mu m$ 之间,这主要是受 TiBw 增强相长度限制。定义一定宽度的 TiBw-rich 区域局部增强相含量为 V_L,因此 V8D200 复合材料具有最高的 V_L,这将对复合材料塑性是不利的。

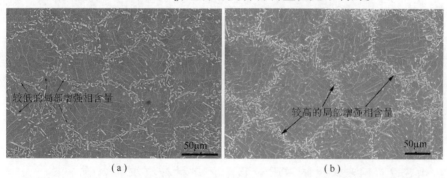

(a)　　　　　　　　　　　　(b)

图 4-10　不同基体颗粒尺寸的网状结构 8.5vol.% TiBw/TC4 复合材料 SEM 组织照片
(a) $65 \mu m$; (b) $110 \mu m$。

对比图 4-11(a)与(b)可以看出,即使增强相含量达到 12%,V12D65 复合材料的局部增强相含量仍然低于 V8D200 复合材料的局部增强相含量。同时可以看出,V8D200 复合材料具有最大的 TiBw-lean 区域尺寸,而 V12D65 复合材料中则体现出最小的 TiBw-lean 区域尺寸,这对复合材料塑性也是不利的。因此,对于这种具有网状结构的钛基复合材料,其力学性能可能不仅取决于整体增强相含量,还将较大程度上受局部增强相含量 V_L[9,10] 与 TiBw-lean 区域尺寸的影响。对于相同的 V_L,随 TiBw-lean 区域尺寸的降低,塑性必定降低。

为了更准确地评价网状结构界面处局部 TiBw 增强相含量,下面将 V_L 通过

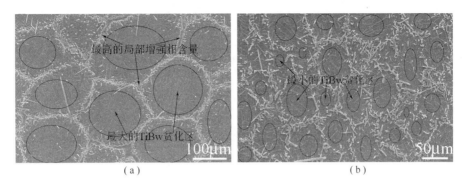

图 4 - 11　典型网状结构 SEM 组织照片

（a）复合材料 V8D200；（b）复合材料 V12D65。

方程式表达出来[9]。为了方便计算，我们仍然假定网状单元为球形，假定网状界面宽度为 30μm，界面区域局部 TiBw 增强相含量就可以表示为

$$V_L = \frac{\frac{4}{3}\pi\left(\frac{D}{2}\right)^3 \cdot V_C}{\frac{4}{3}\pi\left(\frac{D}{2}\right)^3 - \frac{4}{3}\pi\left(\frac{D}{2} - \frac{30}{2}\right)^3} = \frac{D^3}{D^3 - (D-30)^3} \cdot V_C \qquad (4-1)$$

式中：V_C 为整体增强相体积分数；D 为平均基体颗粒尺寸。

将不同复合材料所对应的 V_C 与 D 数值带入式（4 - 1），可以得出对应不同复合材料中界面处 TiBw 增强相局部体积分数。对于 V5D200 复合材料，如果按照式（4 - 1）计算，可得局部增强相含量为 13.2vol.%；综合以上组织分析，可以看出：绝大多数 TiBw 增强相都分布在界面 15μm 宽的范围内；以此计算，可得 V5D200 复合材料局部增强相含量高达 24.5vol.%。同理可以计算出其他复合材料的局部增强相含量值，这些值在表 5 - 2 中列出。为此，网状结构复合材料，虽然整体增强相含量较低，但决定其强度水平的局部增强相含量却相当高，如此必定能表现出较高的强度水平。在后续的工作中，将结合拉伸性能进一步分析网状结构局部增强相含量 V_L 与 TiBw - lean 区域尺寸对复合材料性能共同作用的影响规律。

4.4　网状结构 TiBw/TC4 复合材料特殊组织及形成机理

4.4.1　TiBw/TC4 复合材料网状结构形成机理

图 4 - 12 所示为一个典型的 5vol.% TiBw/TC4（200μm）复合材料网状结构[1]。结合图 4 - 3 可以清晰看出，通过设计反应，形成了均匀分布的 TiBw 增强

相网状结构。这一网状结构的形成,可以归结为以下几个原因[11]:① 最关键的就是两种原料粉末尺寸相差较大,为形成网状分布提供了前提条件。② 由于采用的只是低能球磨,在球磨混粉的过程中,不改变 TC4 原料的颗粒尺寸及形状,只是将细小的 TiB₂ 颗粒镶嵌到较大尺寸的 TC4 颗粒表面,这是形成网状结构的关键之一。③ 由于热压烧结是在钛合金的固相状态下进行,限制了 TiB₂ 原料进入到 TC4 钛合金基体颗粒内部,使得 TiB₂ 与 Ti 之间的反应只能发生在 TC4 钛合金颗粒表面。以上 3 个因素保证了 TiBw 只能分布在钛合金颗粒周围。④在热压烧结过程中,由于高温及界面处反应放热使得钛合金特别是界面处软化,钛合金颗粒很容易发生变形,填充颗粒空隙以达到致密的效果。这样就使得原本分散的钛合金颗粒界面连接起来,从而形成网状结构。⑤对应于一定的 TC4 颗粒尺寸,适量的 TiB₂ 原料加入量以及适当的球磨时间和球磨能量,保证了 TiB₂ 原料在 TC4 颗粒表面的均匀分布,从而保证了网状结构中 TiBw 的均匀分布。过多的 TiB₂ 加入会降低分布均匀性,并降低基体之间的连通度,不利于基体塑性的发挥。过高的球磨能量也会使得过早地将大量 TiB₂ 原料镶嵌到局部或者较深区域,造成网状结构中增强相分布均匀性降低。以上 5 个原因共同促进形成了 TiBw 均匀分布的规则准连续网状结构。

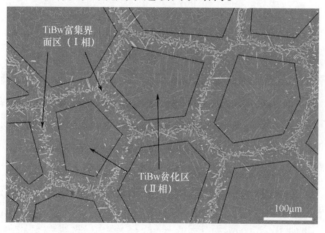

图 4 - 12　TiBw/TC4 复合材料中典型网状结构 SEM 照片

　　由图 4 - 12 可以看出,由于 TiBw 增强相有限的长度,使这种规则的网状结构可以根据 TiBw 增强相的分布划分为两个区域,即 TiBw - rich 网状界面区域与 TiBw - lean 基体中心区域,分别记作 Phase - I 与 Phase - II。这一结构类似于 H - S 理论上限对应的组织结构[12],即增强相包围基体相,其对力学性能的贡献将在后面阐述。基体颗粒尺寸及整体增强相含量影响着网间局部增强相含量;而网间晶须的销钉状及树枝状结构影响着增强相 TiBw 的增强效果;网内基体尺寸、基体等轴组织的形成及内部基体的连通影响着整体网状结构复合材料的塑性水平。下面将通过对以上参数及特征分析,优化准连续网状结构钛基复合材料的组织结构及性能指标,实现准连续网状结构钛基复合材料组织与性能的最优化。

4.4.2　网状结构中 TiBw 销钉状结构形成机理

如图 4 - 13 所示,在网状结构 TiBw/TC4 复合材料中的界面处[1],TiB 晶须并没有局限在 TC4 钛合金基体表面,而是大量的向基体内部生长,形成了类似于"销钉"的结构,图 4 - 6(b)也可以说明这一问题。这种"销钉"状结构在连接钛基体颗粒以及强化复合材料方面,必然会起到非常积极的作用。从图 4 - 13 中可以看出,这种 TiBw 销钉在整个网状结构中都有存在,只是生长的方向和长短存在差异。这一特殊结构的形成,主要是因为 TiBw 特殊的 B27 结构。TiBw 这种特殊的结构决定了 TiBw 在原位合成时总是沿着其[010]方向生长较快[4,13],如图 2 - 1 所示。TiBw 沿着[010]、[100]与[001]三个方向的生长速度共同决定了晶须的长径比。TiBw 生长速度又是由 B 原子的扩散速度与扩散距离所决定的,而 B 原子的扩散距离与扩散速度又主要受烧结温度影响。因此,原位合成的 TiBw 长径比(尺寸)或形貌特征主要取决于烧结温度。

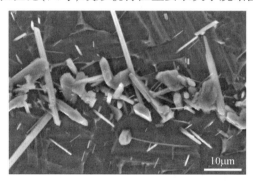

图 4 - 13　网状结构 TiBw/TC4 复合材料中形成的"销钉"结构 SEM 照片

由于基体内部没有 TiB$_2$ 原料介入,按照扩散理论,也使得 B 优先向内部扩散,以致长成销钉结构。当然这必然与原料 TiB$_2$ 颗粒在 TC4 颗粒表面镶嵌的晶面方向有关,当与钛合金表面接触的 TiB$_2$ 晶面优先形核生长出垂直于界面的 TiBw 时,最容易形成"销钉"结构。相反,当与钛合金表面接触的 TiB$_2$ 晶面不是优先形核晶面,则不宜形成"销钉"结构,而是形成纵贯网状结构的晶须。这种生长情况由于在网状界面处极易与其他晶须相碰,继续生长时易形成自焊接形式的树枝状结构,这将在下面分析。

4.4.3　网状结构中树枝状 TiBw 结构形成机理

除图 4 -3(d)以外,图 4 -14 显示了几种特殊的树枝状结构形态。图 4 -14(a)所示为典型的 TiBw 树枝状结构,甚至出现了三级树枝结构,这种现象在

Ti-TiBw体系中尚属首次发现。目前可以完全肯定的是,这一完美的树枝结构肯定是在热压烧结过程中原位反应形成的,在复合材料中必然能起到非常优异的增强效果。然而对于这一结构的形成机理尚没有很好的解释。如图4-14(b)所示,一根横方向独立的TiB晶须与相垂直的另一根晶须发生"自焊接"式的连接,在与观察面相互垂直的平面内形成一个"T"形自焊接连接结构;非常特殊的是,这同一根晶须又被第三根晶须紧紧扣住,形成类似"机械锁"连接结构。这两种特殊的链接方式,组成了一个典型的三维空间TiBw树枝状结构。③同时在图4-14(b)中还显示出像"爪子"一样的树枝状结构。除了与烧结温度有关外,这些结构的形成,还与增强相的网状分布及原料TiB$_2$颗粒晶体类型(多晶体或单晶体)与尺寸有关。无论怎样,这些特殊结构的形成也都是经过从晶须形成到B源完全消耗的过程,因此也要经过不同的烧结温度过程。

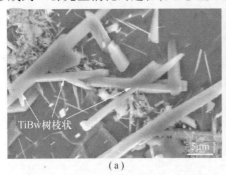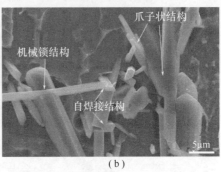

图4-14　网状结构TiBw/TC4复合材料中不同形貌TiBw树枝状结构SEM照片
(a)多级树枝结构;(b)自焊接、机械锁、爪子状结构。

　　图4-15所示为制备网状结构TiBw/TC4复合材料烧结过程中,原位合成TiBw在不同温度下的生长特征示意图[4]。图4-15(a)所示为细小TiB$_2$颗粒经过低能球磨镶嵌到大尺寸TC4钛合金颗粒表面。由于球磨后仍然是规则的球形结构,因此在松装情况下,相邻TC4颗粒之间仅是点与点的接触。图4-15(b)是假设在球形颗粒发生完全变形时TiB$_2$与Ti之间还没有发生反应。事实上由于TiB$_2$与Ti之间的反应在900℃时已经开始发生,而制备工艺是在800℃开始逐级加压,因此变形和反应是同时进行的。也就是说,在温度不断升高、变形不断进行的过程中,也会发生增强相在界面处的密度降低的变化。这和前面1000℃烧结制备的复合材料中发现的不完全反应壳体撕裂的现象是一致的。

　　由于热压烧结的特殊性,即使最后烧结温度不同,但在所选取1000℃～1300℃烧结温度范围内制备复合材料的过程,都要经历900℃～1000℃这一温度区间,在这一温度区间都有反应的进行。因此,在图4-15所描述的示意图中,生成TiBw的初始反应状态是相同的,如图4-15(c)、(d)和(e)。在反应之初,沿不同方向同时生长出多根TiBw,这种情况可能是从TiB$_2$晶粒的不同晶面生长出,这种情况生长出的多根 TiBw 属于同一 B 源,所以不同方向 TiBw 生长速度肯定不同,有快有慢;也可能是从多晶体 TiB₂ 不同晶粒优先生长晶面生长出的多根 TiBw,也属于同一 B 源,但沿不同方向生长 TiBw 的速度应该是相同的。前提是这些生长出的 TiBw 对应的晶面或晶粒必须是与 Ti 颗粒是直接接触的。事实上以上两种情况应该是同时存在的,这样才可以更好地解释上述观察到的带刺的 TiBw 墙、多级树枝状结构、爪子状结构、以及文献[14]中由于 B₄C尺寸较大形成的类似于刺猬的 TiBw 晶须球结构。

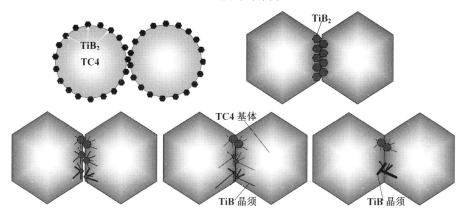

图 4-15　不同烧结工艺条件下原位合成 TiBw 生长示意图
(a) 烧结前;(b) 反应前;(c) 1000℃;(d) 1100℃;(e) 1200℃以上。

如图 4-15(c)所示,由于在 1000℃条件下 B 元素的扩散距离有限,因此即使形成的是晶须状 TiBw,但由于 B 元素沿[010]方向扩散距离有限,决定了TiBw 有限的长度。然而也正因如此,沿最优晶面生长的 TiBw 沿[010]方向生长很快停止或缓慢下来,而[100]与[001]方向生长仍然继续,因此在形成的晶须中出现很多长度较短但直径较 1100℃合成的晶须直径还粗的晶须。另外,沿最优晶面生长的晶须,在[010]方向生长停止也激发了沿其他次生晶面生长的晶须快速生长,近而形成了大量的细小 TiBw,构成了典型的 TiBw 刺墙结构,在整个网状结构中加上未完全反应的 TiB₂ 即是带刺的不完全反应的壳体,如图 4-5(b)所示。

当温度升高到 1100℃,B 元素沿[010]方向的扩散距离与速度发生跳跃式增加,而沿[100]与[001]方向生长速度与扩散距离增加较小。在充分的烧结时间与充足 B 源的情况下,这样就大大增加了 TiBw 的长度,而直径增加较小,因此大大提高了长径比,如图 4-5(d)所示。而在变形过程中,原来没有与 Ti 基体接触的 TiB₂ 颗粒部分由于变形或继续嵌入,开始与 Ti 基体接触并发生反应,或者因为优先生长晶面生长的 TiBw 消耗掉大部分 B 源,这样就造成了后续形成的或次生的 TiBw 因时间不足或 B 源不足而形成细小的 TiBw,综合起来形成了如图 4-5(d)的不同尺寸的 TiBw。

然而,当烧结温度超过 1200℃时,沿[100]与[001]方向生长速度发生跳跃式增加。因此快速形成了许多粗大的 TiBw 相,这些粗大的 TiBw 相消耗了全部或大部分的 B 源,因此也就抑制了晶须沿[010]方向继续生长,这就决定了形成的粗大 TiBw 有限的长度,同时也抑制了从次生晶面形成 TiBw 的生长。因此,这里形成了更多的独立 TiBw 增强相,这也就解释了在图 4-5 中观察到的现象:①1200℃、1300℃合成的 TiBw 长径比较 1100℃形成的 TiBw 长径比低;②1200℃、1300℃合成的 TiBw 具有类似的长径比及形貌。但是这并不影响个别镶嵌到 Ti 颗粒内部的大颗粒多晶体 TiB_2 沿不同晶粒形成 TiBw,最终形成爪子结构的 TiBw 结构,如图 4-14(b)、4-15(e)所示。

从以上分析可知,TiBw 沿[010]方向生长速度在 1100℃时发生跳跃式提高,而沿[100]与[001]方向生长速度在 1200℃时发生跳跃式提高,在其他温度范围内随温度升高提高不多,因此在 1200℃以上温度热压烧结制备的复合材料中 TiBw 具有相似的直径。特别是当温度超过 1200℃以后,沿[010]方向生长的速度与沿[100]和[001]方向生长的速度比值基本保持稳定,因此在 1200℃以上合成的 TiBw 不仅具有相似直径,还具有相似的长径比与结构。这甚至可以从熔铸法(1700℃)合成的 TiBw 得以验证[15,16]。另外,TiBw 形貌及尺寸还可能与多晶体 TiB_2 颗粒,及内部晶粒尺寸有关。

结合上述分析及参考文献[17,18]对比,对于类似"爪子"状的 TiBw 树枝结构,可以归结为两个可能的原因[4]:①沿 TiB_2 单晶体多个晶面均可以形核生长出 TiBw。而特殊的网状分布结构,使得 TiB_2 原料只分布在 TC4 颗粒表面,使得 TiB_2 颗粒不同侧面与 Ti 接触几率不同,这就造成反应形成 TiBw 速度不同,在一些 TiB_2 颗粒上恰好弱化了 TiB_2 颗粒转化为 TiBw 沿不同晶面生长速度的差异,最终从同一个原料 TiB_2 晶粒上生长出沿不同方向的多根 TiBw,形成"爪子"结构。②由于低能球磨,保留了较大尺寸的多晶体 TiB_2,TiB_2 原料本身为多晶体,在原位反应过程中,从一个多晶体颗粒中不同 TiB_2 晶粒上同时形成多根 TiBw,最终反应完,依然同属于一个母体,从而形成"爪子"结构。结合 Ni 等人[14]报道的 TiB 晶须"刺猬球"结构:一个较大的 B_4C 颗粒可以生长出许多根不同方向的 TiB 晶须,如此多的晶须不可能都是从单个晶粒上生长出来。因此以上两种可能同时存在才是合理的,结合网状结构内部 B 源非常少,才能更好地解释"爪子"结构的形成。而对于传统的高能球磨,由于 TiB_2 颗粒被磨得非常细小,因此只能形成细小的单根晶须,而难以形成树枝结构。

对于"自焊接"与"机械锁"结构,情况比较复杂。特殊的网状分布,使得在网状界面处 TiBw 体积分数较高;而 TiBw 的 B27 结构特点,使得在界面处形成的 TiBw 很容易接触到其他正在生长的晶须。当相互接触的晶须具有类似的位相关系,且又都在继续生长,此时两根接触的晶须就会在接触面处共同完成原子堆垛,形成一个共同的晶面,从而生长在一起形成"自焊接"结构。这种结构形成的晶须间的连接,也具有较高的结合强度。在图4-3(d)中显示的树枝结构也更倾向于这种情况。反之,当两根晶须相互接触,但是接触处两晶须的位相关系相差较大,就不会发生共同堆垛形成焊接现象,而是各自沿着原有的方式生长,这种情况就容易形成独立的晶须。而当晶须除了在[010]长轴方向生长,同时还在[100]与[001]方向上不断堆垛生长,这样就会形成典型的机械结合。由于在接触后仍在不断地生长,因此这种情况虽然是机械结合,却也具有较高的结合强度。对于多级树枝结构的形成机理尚不清晰。然而多级树枝结构增加了增强相的连通度,构成了增强相三维格架,从而可以更有效地发挥TiBw的增强效果,这是在传统钛基复合材料中没有发现的。

尽管这些特殊结构的形成机理,有些还需进一步验证。然而,这种网状结构、销钉结构以及树枝结构,在整个复合材料中共同构成了一个连通的三维TiBw空间格架。与工程上大量使用的空间格架类似,这种特殊的TiBw空间格架必定因晶须的相互支撑与连接,相互制约带来更加优异的增强效果,使得网状结构钛基复合材料表现出优异的综合性能[19]。众多研究工作者一直致力于制备树枝状增强相,也间接说明了其优越性[20,21]。

4.4.4 网状结构中基体等轴组织的形成机理

图4-16所示为在网状结构TiBw/TC4复合材料内部基体形成了较多的近似等轴组织。结合前面图4-3、图4-5、图4-7、图4-10中SEM组织照片分析,在网状结构TiBw/TC4复合材料基体中,由于TiBw的存在都形成了近似等轴α相组织,且等轴组织的形成受增强相含量、基体颗粒尺寸、烧结温度与烧结时间的影响较小。而相同条件下烧结制备的不含TiBw增强相的TC4钛合金则形成的是典型的条片状魏氏组织,因此等轴组织的形成一定是网状结构及TiBw存在带来的影响。

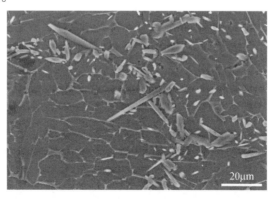

图4-16　网状结构TiBw/TC4复合材料基体中形成的近似等轴组织SEM照片

Sen 等人[16]在铸造态 Ti – 6Al – 4V – B 合金初始 β 晶界处发现，TiBw 可以作为 α 相的形核核心。Hill 等人[22]也发现当 TiBw/Ti 合金基复合材料从 β 相变点温度以上缓慢冷却过程中，α 相似乎容易以 TiB 相作为核心形核并长大成等轴组织。Cherukuri 等人[23]发现 TiBw 的存在可以起到阻碍 α + β 相片状组织生长的作用，从而限制 β 晶粒的长大。根据这些报道，等轴组织的形成应该归结为 TiBw 存在的影响。图 4 – 17(a) 显示了在许多等轴 α 相中心存在着 TiBw，说明在热压烧结过程中形成的 TiBw 相，在炉冷过程中可能发挥了作为 α 相形核核心的作用[3]。同时，如图 4 – 17(b) 所示，TiBw 的存在还起到了阻碍 α + β 片状组织生长的作用。另外，网状结构 TiBw – rich 界面还起到阻碍片状组织长大超过基体颗粒尺寸的作用。

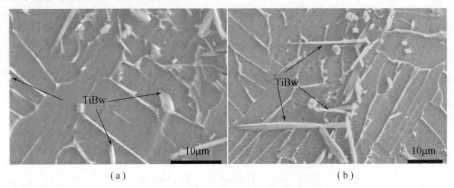

(a)　　　　　　　　　　　　　　　(b)

图 4 – 17　TiB 晶须增强相的存在对 TiBw/TC4 复合材料
基体中等轴组织形成 SEM 组织分析
(a) TiBw 作为 α 相形核质点；(b) TiBw 阻碍 α + β 相片层组织生长。

以上结果与前人的研究结果是一致的，似乎是合理的。事实上，在本书制备的网状结构 TiBw/TC4 复合材料中，TiBw 网状的存在确实将初始 β 晶粒限制在一个 TC4 基体颗粒以内，有效地限制了粗大初始 β 晶粒的形成，这对力学性能是有利的。然而在网状结构内部，即 TiBw – lean 区域的中心，并没有 TiBw 存在，却形成了等轴 α 相。而且，在图 4 – 5(a) 中显示的 TiBw/TC4 复合材料基体中也形成了等轴状组织。对于 1000℃ 烧结制备的网状结构复合材料，由图 4 – 5(b) 可知，TiBw 非常细小，并且长度较短。因此，上面提到的晶须作为 α 相形核核心的作用及阻碍片状组织生长的作用，都只能在靠近界面处；而中心处等轴 α 相的形成可能和 TiBw 增强相的存在有关，并不是最终形成等轴组织的根本原因。

对于钛合金从均一 β 相经过冷却后形成 α + β 相，无论是形成等轴组织还是片状组织，都属于固态相变的范畴。Rösler 等人[24,25]在高温下对 Ni 基合金加一拉应力，发现新相的形成及生长完全沿着拉应力的方向，因此证明了外加应力可以有效地约束新相的形核及长大。另外，由固态相变理论可知，固态相变时的阻力包括界面能和应变能。由于是相同的 TC4 钛合金组织，因此界面能相差不大,主要考虑应变能。固态相变时,因新相与母相的比容不同,新相形成时的体积变化将受到周围母相约束而产生弹性应变。由比容差引起的应变能与新相粒子的几何形状有关,如图4-18所示,形成圆盘形粒子所导致的应变能最小,其次是针状,而球形粒子引起的应变能最大[26]。从以上分析可知,钛合金发生相变时形成层片状组织所需的能量总是低于形成等轴状组织,即阻力较小,因此在没有外界条件介入的情况下,如纯TC4钛合金从相变点以上冷却时,新相很难形成等轴组织,而是更容易形成层片状组织,因此烧结态TC4钛合金炉冷后获得的是片状魏氏体组织。

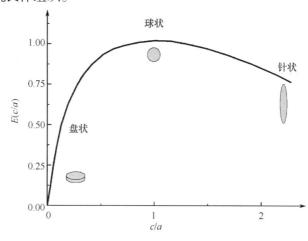

图4-18　新相粒子几何形状对应变能的影响[26]

在网状结构TiBw/TC4复合材料中,从微观上来看,TiBw是在热压烧结过程中原位反应形成的,即在β相变点以上,TiBw与β相具有非常好的匹配关系。而在降温过程中,一方面,TiBw增强相与TC4基体不同的热膨胀系数在冷却过程中对基体收缩起到一定的约束作用,从而产生一定的残余应力或弹性应变。另一方面,当发生β相转变为α相的相变时,在TiBw周围将产生较高的残余应力或弹性应变。图4-19显示的是经过深度腐蚀后的复合材料SEM照片。从中可以明显看出,在增强相周围存在较大的应力腐蚀坑,这足以说明了在TiBw周围存在一个较大的残余应力场或者弹性应变场。从宏观上看,硬度较高的TiBw增强相或者网状界面Phase-I相在相变点以上(1200℃)形成,在随后的降温过程中,等轴且坚硬的Phase-I网可以有效地约束与限制基体由于降温而发生的收缩,以及由体心立方的β相转变成密排六方的α相的收缩,即等轴且坚硬的Phase-I网状结构将在内部基体中产生一个较大的且各向同性的弹性应变能。由于这种各向同性的约束作用可以有效地抑制片状组织的形核与长大,从而促进等轴组织的形核与长大,即由于网状结构及TiBw的限制作用而带来的这一弹性应变能远大于因β相转变为α相产生的应变能。这一非常高的应变能能够充分地提供 TiBw/TC4 复合材料基体中形成近似等轴状组织所需的较高能量,从而促进了等轴组织的形成。另外,由于这种抑制作用降低了相变开始温度,使得基体相变过冷度增加,从而增加了形核率,在有限的空间内更容易形成近似等轴组织的细化晶粒。综合以上原因,网状结构钛基复合材料基体中更容易形成近似等轴状组织,有利于改善复合材料综合性能。

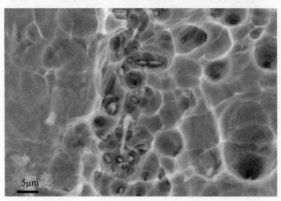

图 4 - 19　经过深度腐蚀后的网状结构 TiBw/TC4 复合材料 SEM 组织照片

由于烧结温度 1200℃ 远高于 TC4 钛合金相变温度 985℃,因此在降温到 985℃之前,由于基体降温收缩,在基体内部已经存在由于 Phase - I 约束基体相收缩而存在的限制作用。因此,在相变之初就有可能部分 α 相以等轴状形态析出。当然也有可能在相变之初,由于约束限制作用较小不足以引导 α 相以等轴状析出,而是仍以片层状析出,但是在随后温度继续降低,特别是部分相变的发生,由于降温、相变及不同热膨胀系数带来的约束作用不断增大,必然导致先以片状析出的 α 相发生球化生长,或者说片层相生长受阻;而此时才开始形核的 α 相,则直接以等轴状形核并长大。由前面低倍 SEM 组织照片可以看出,复合材料中基体并不是均匀的等轴组织,而是近似等轴组织,部分类似短片层组织,这说明上述分析的两种可能应该是同时存在的。基体中形成等轴组织有利于复合材料表现出优异的综合性能。

参 考 文 献

[1] Huang L J, Geng L, Peng H X, et al. High temperature tensile properties of in situ TiBw/Ti6Al4V composites with a novel network reinforcement architecture. Materials Science and Engineering A, 2012, 534(1): 688 - 692.

［2］ Huang L J, Geng L, Li A B, et al. Effects of Hot Compression and Heat Treatment on the Microstructure and Tensile Property of Ti – 6. 5Al – 3. 5Mo – 1. 5Zr – 0. 3Si Alloy. Materials Science and Engineering A, 2008, 489(1 – 2): 330 – 336.

［3］ Huang L J, Geng L, Li A B, et al. In situ TiBw/Ti – 6Al – 4V Composites with Novel Reinforcement Architecture Fabricated by Reaction Hot Pressing. Scripta Materialia, 2009, 60(11): 996 – 999.

［4］ Huang L J, Yang F Y, Guo Y L, et al. Effect of Sintering Temperature on Microstructure of Ti6Al4V Matrix Composites. International Journal of Modern Physics B, 2009, 23: 1444 – 1448.

［5］ Huang L J, Geng L, Peng H X, et al. Effects of Sintering Parameters on the Microstructure and Tensile Properties of in situ TiBw/Ti6Al4V Composites with a Novel Network Architecture. Materials and Design, 2011, 32(6): 3347 – 3353.

［6］ Wei Sai, Zhang Zhao – Hui, Wang Fu – Chi, et al. Effect of Ti content and sintering temperature on the microstructures and mechanical properties of TiB reinforced titanium composites synthesized by SPS process. Materials Science and Engineering A, 2013, 560: 249 – 255.

［7］ Huang L J, Geng L, Wang B, et al. Effects of volume fraction on the microstructure and tensile properties of in situ TiBw/Ti6Al4V composites with novel network microstructure. Materials and Design, 2013, 45: 532 – 538.

［8］ Feng H B, Meng Q C, Zhou Y, et al. Spark Plasma Sintering of Functionally Graded Material in the Ti – TiB2 – B System. Materials Science and Engineering A, 2005, 397: 92 – 97.

［9］ Huang L J, Geng L, Peng H X, et al. Room Temperature Tensile Fracture Characteristics of in situ TiBw/Ti6Al4V Composites with a Quasi – continuous Network Architecture. Scripta Materialia, 2011, 64(9): 844 – 847.

［10］ Park J S. Effect of Contiguity on the Mechanical Behavior of Co – continuous Ceramic Metal Composites [D]. America: Purdue University, 2003.

［11］ 黄陆军. 增强相准连续网状分布钛基复合材料研究[D]. 哈尔滨: 哈尔滨工业大学, 2010.

［12］ Peng H X. A Review of "Consolidation Effects on Tensile Properties of an Elemental Al Matrix Composite". Materials Science and Engineering A, 2005, 396: 1 – 2.

［13］ Feng Haibo, Zhou Yu, Jia Dechang, et al. Growth Mechanism of In Situ TiB Whiskers in Spark Plasma Sintered TiB/Ti Metal Matrix Composites. Crystal Growth and Design, 2006, 6(7): 1626 – 1630.

［14］ Ni D R, Geng L, Zhang J, et al. Effect of B4C Particle Size on Microstructure of In Situ Titanium Matrix Composites Prepared by Reactive Hot Processing of Ti – B4C System. Scripta Materialia, 2006, 55: 429 – 432.

［15］ Lu W J, Zhang D, Zhang X N, et al. Microstructure and Tensile Properties of In Situ (TiB + TiC)/Ti6242 (TiB:TiC = 1:1) Composites Prepared by Common Casting Technique. Material Science and Engineering A, 2001, 311: 142 – 150.

［16］ Sen I, Tamirisakandala S, Miracle D B, et al. Microstructural Effects on the Mechanical Behavior of B – Bodified Ti – 6Al – 4V Alloys. Acta Materialia, 2007, 55: 4983 – 4993.

［17］ Morsi K, Patel V V. Processing and Properties of Titanium – Titanium Boride (TiBw) Matrix Composites – A Review. J. of Materials Science, 2007, 42: 2037 – 2047.

［18］ Tjong S C, Mai Y W. Processing – Structure – Property Aspects of Particulate – and Whisker – Reinforced Titanium Matrix Composites. Composite Science and Technology, 2008, 68: 583 – 601.

［19］ Tao X, Liu J, Koley G, et al. B/SiOx Nanonecklace Reinforced Nanocomposites by Unique Mechanical Interlocking Mechanism. Advanced Materials, 2008, 20: 4091 – 4096.

［20］ Rodríguez – Manzo J A, Wang M S, Banhart F, et al. Multibranched Junctions of Carbon Nanotubes via

Cobalt Particles. Advanced Materials, 2009, 21: 4477 −4482.

[21] Peng H X, Fan Z, Mudher D S, et al. Microstructures and Mechanical Properties of Engineered Short Fibre Reinforced Aluminium Matrix Composites. Materials Science and Engineering A, 2002, 335: 207 −216.

[22] Hill D, Banerjee R B, Huber D, et al. Formation of Equiaxed Alpha in TiB Reinforced Ti Alloy Composites. Scripta Materialia, 2005, 52: 387 −392.

[23] Cherukuri B, Srinivasan R, Tamirisakandala S, et al. The Influence of Trace Boron Addition on Grain Growth Kinetics of the Beta Phase in the Beta Titanium Alloy Ti −15Mo −2. 6Nb −3Al −0. 2Si. Scripta Materialia, 2009, 60: 496 −499.

[24] Rösler J, Näth O, Jäger S, et al. Fabrication of nanoporous Ni −based superalloy membranes Mukherji. Acta Materialia, 2005, 53: 1397 −1406.

[25] Mukherji D, Pigozzi G, Schmitz F, et al. Nano −structured materials produced from simple metallic alloys by phase separation. Nanotechnology, 2005, 16: 2176 −2187.

[26] 徐洲, 赵连城. 金属固态相变原理 [M]. 北京: 科学出版社, 2004.

第5章 网状结构 TiBw/TC4 复合材料力学行为

由于钛基复合材料主要用于结构件,因此对准连续网状结构钛基复合材料制备成功与否的另一个关键指标就是力学性能指标。本章对前面制备的不同体系、不同工艺参数、不同增强相含量及基体颗粒尺寸的复合材料进行力学性能测试与分析,对网状结构钛基复合材料力学性能进行评价,并结合组织分析优化制备工艺及结构参数。同时,开发钛基复合材料的目的就是在钛合金的基础上,进一步提高其强度、弹性模量及使用温度。因此,除室温拉伸性能测试外,还对其进行高温拉伸性能测试,进一步评价其高温使用性能及潜力。另外,对于复合材料而言,其强度主要依赖于在断裂之前瞬间局部变形,因此要实现复合材料强度预测或者进一步优化综合性能,必须对其断裂及增强机制进行深入分析。

5.1 准连续网状结构 TiBw/TC4 复合材料微观性能

由于网状结构属于微观非均匀组织结构,因此对于非均匀结构微观性能特征进行表征是必要的,也将有利于进一步理解其强韧化机理,进而指导准连续网状结构钛基复合材料的组织与性能设计。微观性能中最方便最直接的就是显微硬度,并且可以根据硬度换算出强度水平。为此对非均匀网状结构 5vol. % TiBw/TC4 复合材料进行显微硬度测试,进而通过换算关系获得强度值,并根据局部增强相含量及 H–S 理论表达出微观相 Phase–I 与 Phase–II 的弹性模量。

5.1.1 网状结构 TiBw/TC4 复合材料显微硬度测试

如图 5–1 所示,从网状结构中心部位不断向网状界面处,以及网状交界处测试显微硬度。中心处显微硬度值 330,这只比烧结态纯 TC4 基体的平均硬度值 325 稍高,这可能只是由于晶粒细化或有少量的晶须长入的缘故。从中心处到网状界面之间,硬度增加缓慢,主要是基体颗粒尺寸较大、中心处晶须较少的缘故。网状边界处达到 470,而网状界面交界处甚至达到了 520。这既说明了网状结构非均匀的特征,也说明了网状界面与中心基体形成了梯度界面结合特征。考虑到大量销钉状 TiBw 的存在,这一梯度界面可以保证网状结构 TiBw/TC4 复合材料的界面结合强度,进而可以较大程度上改善复合材料的综合性能。

5.1.2　网状结构 TiBw/TC4 复合材料微观弹性模量

按照图 4-12 所示划分,网状结构 TiBw/TC4 复合材料符合 H-S 理论的上限模型[1,2],即硬相包围软相形成胶囊结构。为此获得 Phase-I 与 Phase-II 两相弹性模量可为后续力学行为分析提供参考。其中,Phase-II 由于增强相含量非常低,暂且视为纯 TC4 合金相。根据式(4-1)对网状结构 TiBw/TC4 复合材料局部增强相含量的计算可知,复合材料 V5D200 中,Phase-I 宽度分别取 $30\mu m$ 与 $15\mu m$ 时,Phase-I 局部增强相含量分别为 13.2vol.% 与 24.5vol.%,Phase-I 所占据整体体积分数分别为 38.6vol.% 与 20.9vol.%,如图 5-2 所示。

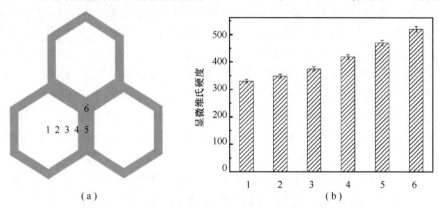

（a）　　　　　　　　　　　　　（b）

图 5-1　准连续网状结构 5vol.% TiBw/TC4 复合材料中不同位置处显微硬度变化
（a）硬度测试位置示意图；（b）硬度随测试位置变化。

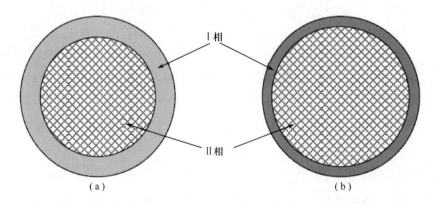

（a）　　　　　　　　　　　　　（b）

图 5-2　准连续网状结构 5vol.% TiBw/TC4 复合材料中增强相分布示意图
（a）Phase-I 宽度为 $30\mu m$ 示意图；（b）Phase-I 宽度为 $15\mu m$ 示意图。

按照基体 TC4 钛合金的弹性模量为 110GPa,TiBw 的弹性模量为 450GPa。按照 Phase-I 宽度分别取 $30\mu m$ 与 $15\mu m$ 时,Phase-I 局部增强相含量分别为

13.2vol.%与24.5vol.%,再结合 H-S 理论可以计算得到 Phase-I 的弹性模量分别达到 141.6GPa 与 171.5GPa,进而还可以根据此理论数据及 H-S 理论计算出网状结构 TiBw/TC4 复合材料的整体弹性模量分别为 121.3GPa 与 121.0GPa。因此,按照相同理论,选取 Phase-I 的宽度,只影响 Phase-I 的弹性模量,对整体弹性模量影响不大。

5.2 烧结工艺对 TiBw/TC4 复合材料室温拉伸性能的影响

前面已经介绍,准连续网状结构钛基复合材料具有较传统增强相均匀分布的钛基复合材料优异的综合力学性能。这里表 5-1 对比列出了不同制备工艺制备的网状结构 TiBw/TC4 复合材料拉伸性能[3,4],用以进一步研究制备参数对网状结构 TiBw/TC4 复合材料机械性能的影响。和前面通过组织观察预测的结果一致,在1000℃烧结制备的复合材料表现出了极差的拉伸性能,断裂强度只有318MPa。这是因为尺寸较大且数量较多的孔隙以及界面处因没有完全反应而存在裂纹,没有真正连接的 TiBw 壳体墙结构阻止了 Ti 基体的连通。然而,当烧结温度提高到1100℃时,虽然仍然是脆性断裂,断裂强度较基体低,但已经提高到736MPa。这最主要的原因是烧结温度升高,使得孔洞收缩、反应更加充分,导致裂纹减少。连接面的增加以及销钉结构的 TiBw 长度的增加,也起到了很好的作用,从而较大程度上提高了钛基复合材料拉伸性能。当烧结温度达到或超过1200℃时,制备的材料拉伸性能会有显著的提高,即:断裂强度超过1100MPa,这与基体 TC4 合金相比相当于提高了30%[5];断裂延伸率超过2.5%,甚至达到3.0%以上。这些都较传统粉末冶金钛基复合材料有较大的改善[6,7],并且温度、与烧结时间对性能几乎没有影响。这是因为一旦温度达到1200℃,有限的 B 源迅速反应形成相似的长径比与直径、钛基体连通度、高的致密度、有效的 TiBw 销钉、自连接及树枝状结构。其中,特殊的基体连通度、内部 TiBw-lean 区域的存在和特殊的销钉连接都对网状结构 TiBw/TC4 复合材料塑

表 5-1 不同烧结温度与烧结时间制备的 TiBw/TC4 复合材料拉伸性能比较

烧结温度/℃	保温时间/h	屈服强度/MPa	抗拉强度/MPa	延伸率/%	弹性模量/GPa
1000	1.0	—	318 ± 7	—	117.3 ± 0.5
1100		—	736 ± 5	—	122.1 ± 0.5
1200		970 ± 6	1112 ± 6	3.1 ± 0.5	123.1 ± 0.6
1300		973 ± 5	1101 ± 7	2.8 ± 0.4	
1200	0.5	969 ± 4	1116 ± 6	2.5 ± 0.6	
	1.5	976 ± 5	1120 ± 8	2.7 ± 0.5	

性的改善是有利的。另外，后面还将介绍，通过热处理、热变形，或者改变基体尺寸或增强相含量，都可以进一步较大程度地改善网状结构钛基复合材料的力学性能。

另外，还可以看到，烧结温度在1200℃以下时，随着烧结温度的提高，复合材料弹性模量提高。这主要是因为TiB_2与Ti生成TiBw增强相的反应，由于其特殊的网状分布还不能充分反应完全，且连接较差；随着烧结温度的提高，原位合成的TiBw增强相体积分数增加，且连接程度增加，这些可以有效地提高TiBw/TC4复合材料的强度和弹性模量。一旦温度达到1200℃以后，反应能够迅速完成，完全转变成粗大的TiBw增强相。因此烧结温度达到1200℃以后，制备的复合材料因为相同的增强相形态及体积分数决定了其具有相近的弹性模量及强度。

5.3 结构参数对 TiBw/TC4 复合材料室温拉伸性能的影响

5.3.1 增强相含量对 TiBw/TC4 复合材料室温拉伸性能的影响

图5-3(a)给出了对应不同设计 TiBw 含量的 TiBw/TC4 复合材料室温拉伸应力—应变曲线[8]。与相同原料相同烧结工艺制备的烧结态 TC4 钛合金拉伸性能对比，根据其各自的抗拉强度及延伸率，可以得出 TiBw/TC4 系列复合材料的抗拉强度与延伸率随增强相含量增加的变化趋势，如图5-3(b)所示。从图5-3(a)中可以看出，与相同工艺制备的 TC4 钛合金的拉伸曲线对比，5vol.% TiBw/TC4 复合材料拉伸性能超出预期结果，只有5vol.%的增强相就使得复合材料的抗拉强度与屈服强度分别从855MPa 和700MPa 提高到1090MPa 和940MPa，分别提高了27.6%和34.3%。到目前为止，对于不经过后续变形加工的钛合金基复合材料来说，如此增强效果已经算是非常显著了。这很可能得益于增强相的网状分布以及增强相的树枝状结构。

从图5-3还可以看出，5vol.% TiBw/TC4 复合材料不仅有较高的强度，而且还保持有3.6%的延伸率，虽然较 TC4 钛合金有较大的降低，但相对传统粉末冶金法制备的增强相均匀分布钛基复合材料塑性有了较大的改善[6,7]。这不仅与前面所述的 TiBw-lean 区域存在以及基体内连通有关，还可能与基体中等轴组织以及 TiBw"销钉"状结构有关。但最终应该归结为较大尺寸钛基颗粒所形成的增强相准连续网状结构，保留了心部 TiBw-lean 塑性区域及塑性区之间的内连通，可以起到承载应变、阻碍裂纹扩展、协调变形的作用。

整体上看，所有复合材料的抗拉强度、屈服强度、弹性模量都较纯 TC4 钛合金有较大程度的提高。在 TiB 晶须含量小于6.5%时，钛基复合材料的抗拉强

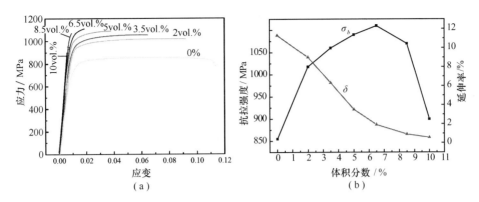

图 5 – 3 不同增强相含量的 TiBw/TC4 复合材料拉伸应力—应变曲线与拉伸性能变化
(a) 应力—应变曲线；(b) 拉伸性能随增强相体积分数变化趋势。

度随增强相含量的增加而增加。当 TiB 晶须含量继续增加,钛基复合材料的抗拉强度迅速降低,这是由于网状 Phase – I 相 TiBw 增强相含量增加,基体内连通度降低。而延伸率随增强相含量的增加一直降低,这完全是由于 Phase – I 处增强相含量不断增加、基体内连通度降低导致。值得指出的是,与 5vol.% TiBw/TC4 复合材料相比,2vol.%、3.5vol.% TiBw/TC4 复合材料强度降低不多,但表现出更高的延伸率,甚至达到 9%,这充分说明了通过改变增强相呈网状分布,不仅有效提高复合材料强度水平,更明显地改善了复合材料塑性水平,解决了粉末冶金法制备非连续增强钛基复合材料的瓶颈问题。特别值得说明的是,这些具有优异性能的网状结构 TiBw/TC4 复合材料都是经过简单的低能球磨及一步热压烧结工序制备,没有经过任何后续处理。若经过后续处理,力学性能还可以得到较大程度的改善。

综上所述,对于网状结构 TiBw/Ti 复合材料,增强相含量是有一定范围的。增强相含量较高时,由于微孔以及界面处的不完全反应"界面层",网状结构复合材料表现出较高的脆性以及较低的强度与塑性。因此对于网状结构复合材料,必须根据式(2 – 8)或(2 – 10),设计合适的增强相含量,才能获得具有较高综合性能的准连续网状结构钛基复合材料。

5.3.2 网状尺寸对 TiBw/TC4 复合材料室温拉伸性能影响

图 5 – 4 所示为具有网状结构但不同增强相含量及不同网状尺寸(TC4 基体颗粒尺寸)的系列 TiBw/TC4 复合材料拉伸应力—应变曲线。不同复合材料体系对应的具体拉伸性能在表 5 – 2 中列出,其中烧结态复合材料 V8D110 表现出了最高的抗拉强度及可观的塑性延伸率。复合材料 V8D110 仅含有 8.5 vol.% TiBw 增强相,抗拉强度及屈服强度分别提高到 1288MPa 和 1143MPa,相对烧结态 TC4 钛合金分别提高了 51% 与 78%。这一性能较 V8D200 以及 V5D200 都有

非常大的提高,而且复合材料 V8D110 还保持着 2.6% 的拉伸延伸率,这仅次于 V5D200 复合材料,却明显优于 V8D200 复合材料。因此降低基体颗粒尺寸,进一步提高最佳增强相含量,可以有效地起到增加网状结构复合材料强度的作用。同时也可以看出,由于 TiBw-lean 区域尺寸的降低,即使只有较低的 V_L,塑性仍然降低。例如,V12D65 复合材料具有最小的 TiBw-lean 区域尺寸,表现出很差的塑性延伸率和较低的强度,这也说明基体颗粒尺寸降低到 65μm 甚至 45μm 时已经不能有效提供足够的 TiBw-lean 区域以承载应变。这与 TiBw-rich 区域尺寸约为 30μm 是对应的,同时也说明了 TiBw-lean 区域的存在对复合材料塑性的重要性。所以,网状结构钛基复合材料,不仅存在最佳增强相含量,也需要最佳基体颗粒尺寸予以配合。

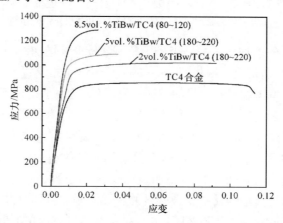

图 5-4　具有不同增强相含量及网状尺寸的 TiBw/TC4 复合材料及 TC4
钛合金拉伸应力—应变曲线

表 5-2　具有不同增强相含量及基体尺寸的网状结构 TiBw/TC4
复合材料拉伸性能

试样	试样详细信息	V_L/%	抗拉强度/ MPa	延伸率/%	弹性模量/GPa
TC4	Monolithic TC4 alloy	0	855 ±7	11.3 ±1.1	112.32 ±0.3
V8D110	8.5vol. % TiBw/TC4(110)	13.8	1288 ±5	2.6 ±0.3	129.58 ±0.3
V5D110	5vol. % TiBw/TC4(110)	8.3	1060 ±6	5.1 ±0.4	121.51 ±0.2
V8D65	8.5vol. % TiBw/TC4(65)	10.1	1207 ±7	4.6 ±0.2	127.23 ±0.3
V12D65	12vol. % TiBw/TC4(65)	14.2	1108 ±5	0.9 ±0.1	136.12 ±0.3
V2D200	2vol. % TiBw/TC4(200)	9.8	1021 ±5	9.2 ±0.5	116.09 ±0.3
V3D200	3.5vol. % TiBw/TC4(200)	16.8	1035 ±5	6.5 ±0.5	120.79 ±0.3
V5D200	5vol. % TiBw/TC4(200)	24.5	1090 ±10	3.6 ±0.2	122.87 ±0.3
V8D200	8.5vol. % TiBw/TC4(200)	40.8	997 ±5	1.0 ±0.1	131.05 ±0.2

另外,值得注意的是复合材料 V8D110、V5D200、V8D65 、V5D110 与 V2D200

延伸率分别达到 2.6%、3.6%、4.6%、5.1% 与 9.2%。这么高的延伸率较传统粉末冶金法制备的 TC4 基复合材料有了很大的提高[6,7],特别是具有如此优异性能的复合材料都只是经过简单的低能球磨工艺及一步热压烧结工序制备得到,而没有经过任何后续处理。这与大尺寸球形 TC4 粉原料的选择、低能球磨、准连续网状结构的设计(TiBw – lean 区域的存在以及适当的 V_L)是密不可分的,因此复合材料 V12D65 较低的塑性主要是由于其 TiBw – lean 塑性区尺寸最小,不足以承载应变所致。而复合材料 V8D200 较低的塑性主要是由于过高的 V_L,在 Phase – I 处形成连续的陶瓷界面以及微孔,而表现出接近陶瓷的性能,如图 4 – 7(b)与图 4 – 9(b)所示。除此之外,在后面的章节中将介绍,后续热变形和热处理都能进一步提高网状结构 TiBw/TC4 复合材料的强度,并且热变形还能较大程度上提高其塑性指标。

综上所述,与传统粉末冶金法制备的增强相均匀分布的钛基复合材料相比,网状结构 TiBw/TC4 复合材料优异的塑性主要归功于以下 6 个方面[9,10]:① 由于使用较大 TC4 基体颗粒尺寸,形成了由 TiBw – rich 网包围 TiBw – lean 区域的网状结构;② 由于适当的增强相含量,使得相邻基体之间通过界面区域相互连通;③ 在复合材料中,由于网状分布的 TiBw 增强相存在,形成了近似等轴状基体组织(等轴 α 相及相间 β 相);④ 由于 TiBw 特殊的生长方式,形成了具有较高结合强度的梯度界面;⑤ 选择旋转电极法制备的球形无污染钛粉原料;⑥ 低能球磨避免了基体颗粒在制备过程中被污染。

以上 6 个影响网状结构 TiBw/TC4 复合材料塑性的可变因素可以归结为基体 TC4 颗粒尺寸(D)与局部增强相含量(V_L)。因此可以根据表 5 – 2 所列延伸率(δ)的实验数据、计算得到的局部增强相含量(V_L)以及选用的基体颗粒尺寸(D),建立 δ – V_L – D 之间的三维关系,如图 5 – 5 所示,更清晰地表述其变化规律。从表 5 – 2 以及图 5 – 5 所示可以看出,对于具有相同的基体颗粒尺寸的复合材料,随着 V_L 的升高,复合材料延伸率降低,而强度提高,这可以通过比较基体颗粒尺寸都是 200μm 的复合材料 V3D200、V5D200 与 V8D200 的拉伸性能与 V_L 值的变化得到很好的证明。对于相近的 V_L,随 TC4 尺寸 D 的增加,复合材料塑性提高而强度降低。例如,复合材料 V3D200、V8D110 与 V12D65,具有相近的 V_L 值,延伸率却逐渐降低,这其实就相当于降低了 TiBw – lean 区域的尺寸。

只有较小的 D 与较低 V_L 配合或者是较大的 D 与较高的 V_L 配合制备出的网状结构 TiBw/TC4 复合材料,才能达到较高的强度和一定的塑性,即优异的综合力学性能。也就是说,可以通过设计 TiBw 在界面处局部增强相含量 V_L 与基体颗粒尺寸 D 值,来达到想要的复合材料性能指标。当然必须考虑不同的基体种类影响,因为 TiBw – lean 区域本身性能对整体复合材料塑性具有非常重要的影响,这可以通过网状结构 TiBw/TC4 与 TiBw/Ti 复合材料性能对比得到验证。也就是说,除基体颗粒尺寸 D 与界面处局部增强相含量 V_L 外,还可以通过改变基体种类来改变复合材料整体强度与塑性。

通过以上分析,虽然可以通过设计与控制 D 和 V_L 之间的配合来制备具有优异综合性能的网状结构 TiBw/TC4 复合材料,然而 D 与 V_L 之间必然有一个最佳的配合,即对应于特定的基体种类,具有一个最佳的基体颗粒尺寸与最佳的增强相含量。将具有不同基体颗粒尺寸的 5vol.% 与 8.5vol.% TiBw/TC4 复合材料抗拉强度与延伸率进行对比,得到如图 5-6 所示的变化关系。

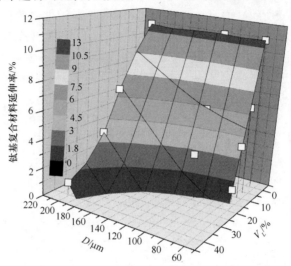

图 5-5　烧结态网状结构 TiBw/TC4 复合材料 $\delta - D - V_L$ 之间三维变化关系

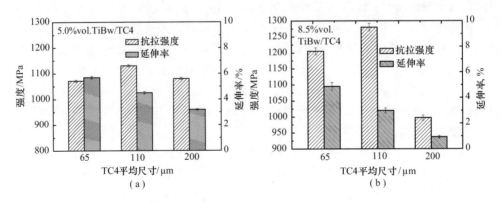

图 5-6　相同增强相含量下 TiBw/TC4 复合材料拉伸性能随基体颗粒尺寸变化
(a) 5vol.%；(b) 8.5vol.%。

结合图 5-4 可以看出,烧结态复合材料中 V8D110 具有最高的抗拉强度和最优异的综合性能。在 5vol.% TiBw/TC4 复合材料体系中,对应基体颗粒尺寸为 110μm 的 V5D110 复合材料也表现出了最高的强度及最佳的综合性能。可以说 TC4 基体颗粒平均尺寸为 110μm 时,复合材料总是表现出较高的强度及一定的延伸率。钛基体尺寸较大,虽然承担应变的能力较高,但因所能容纳的增强相体积分数较低,导致增强效果较低,使得复合材料强度较低;尺寸较小,TiBw–lean 区域承担应变的能力较差,使得塑性较低。对于网状结构的 TiBw/TC4 复合材料,目前的实验结果说明基体颗粒尺寸为 110μm 是最佳的选择。

5.4　网状结构 TiBw/TC4 复合材料的弹性特性分析

5.4.1　网状结构 TiBw/TC4 复合材料的弹性模量

在 Ti–TiBw 体系中,由于 TiB 晶须增强相尺寸较小,无法进行直接测量,弹性模量只能通过间接方法得到,因此产生了较大的差异。目前文献中,仅仅 TiBw 的弹性模量就有 371GPa[11]、425GPa[12]、427GPa[13]、443GPa[14]、450GPa[15]、480GPa[16] 与 550GPa[17] 等多种描述。造成较大差别的原因,主要在于基于不同的理论及测量方法。对于 Atri 等人[17] 得到的 TiBw 弹性模量 371GPa,根据其同时得到的剪切模量 140GPa,可以通过弹性模量计算式(5–1),即

$$E = 2G(1 + \nu) \tag{5-1}$$

得到 TiB 的泊松比为 0.33,这一泊松比与金属合金相同,这是完全不合理的,也与其实验中通过混合法则得出的泊松比 0.16 完全不符。同理,Fan 等人[17] 用 TiB$_2$ 的弹性模量(550GPa)代替 TiB 的弹性模量,也是不合理的。姚强等人[14] 基于密度函数理论的赝势平面波方法和广义梯度近似对 TiB$_2$ 和 TiB 化合物的弹性性质和电子结构进行了理论计算,并用 Voigt–Reuss–Hill 方法计算得到多晶体的弹性模量和切变模量。结果表明:TiB$_2$ 和 TiB 的弹性模量分别为 599GPa 和 443GPa,切变模量分别为 268.5GPa 和 193.5GPa。以此计算出的 TiB 泊松比为 0.145。这与 Fan 等人[17] 以 Zr$_2$B 结构为原型得到的 TiB 泊松比 0.14 非常吻合,且与 Atri 等人[11] 得到的 TiBw 泊松比 0.16 是吻合的。

从以上分析可以看出,TiB 晶须合理的弹性模量应该为 425~480GPa,相应的剪切模量应为 180~200GPa,泊松比为 0.14~0.16。因此分别取 450GPa、190GPa、0.15 作为 TiBw 弹性性能参数理论值,在此基础上根据复合材料增强相分布状态,采用合理的模型,可以预测不同增强相含量或不同增强相分布状态的 TiB 增强的复合材料性能指标,作为弹性性能指标的标准,用以评价与衡量实际生产中所得实验数据的准确性,用于指导设计与研究的依据。

对于准各向同性的非连续增强复合材料,Hashin 与 Shtrikman 于 20 世纪 60 年代提出了 H–S 上限与 H–S 下限[1],如式(1–16)与式(1–17)所示,被广泛用作衡量与预测非连续增强复合材料实验数据的基准。采用超声共振技术测试得到烧结态 TC4 基体合金弹性模量为 112.3GPa,这与理论值 110GPa 基本相当。

根据文献 TiBw 弹性模量取 450GPa[18]，然后将这两个弹性模量值带入式(1-16)与式(1-17)，便可得到 H-S 上限与下限随增强相变化的理论曲线，如图 5-7(a)所示。将本研究所关注的增强相含量区域放大，如图 5-7(b)所示。将不同增强相含量的网状结构 TiBw/TC4 复合材料弹性模量置于图 5-7(b)中，并且取文献中出现的较为可信的 TiBw/Ti 复合材料弹性模量作为比较[7,13,19-22]，可以明显看出，具有网状结构的 TiBw/TC4 钛基复合材料弹性模量更加接近 H-S 理论上限值，即增强相具有网状分布结构的钛基复合材料表现出了接近各向同性钛基复合材料理论弹性模量上限。这一现象完全符合硬相(TiBw-rich 区域)包围软相(TiBw-lean 区域)模型。

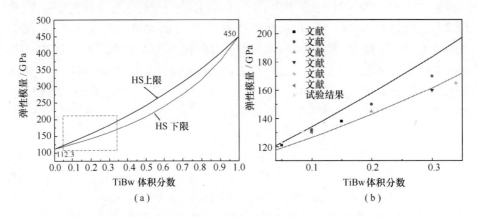

图 5-7　网状结构 TiBw/TC4 复合材料 H-S 理论上下限及局部放大部分
(a) TiB-TC4 复合材料体系 H-S 理论弹性性能变化；(b) 不同复合材料弹性模量值。

比较表 5-2 中复合材料 V8D200、V8D110、V8D65 以及 V5D200、V5D110 的弹性模量与局部增强相含量 V_L 值，可以发现复合材料的弹性模量 E 值随着 V_L 的增加而增加。因此，具有各向同性的双相复合材料弹性模量不仅与整体增强相含量有关，还与增强相的分布与局部含量有关。而在提高各向同性复合材料的弹性模量及强度方面，这种增强相网状分布结构较均匀分布结构具有更加明显的增强效果。

5.4.2　网状结构 TiBw/TC4 复合材料的泊松比

泊松比是弹性体单位宽度上的尺寸变化与单位长度上的尺寸变化之比，即在拉伸变形过程中的弹性阶段横向收缩应变与纵向伸长应变之比。如图 5-8 所示为测试网状结构 TiBw/TC4 复合材料泊松比时获得的典型应力—应变曲线，其中：图 5-8(a)所示为应力随纵向伸长应变的曲线，图 5-8(b)为应力随横向收缩应变的曲线。由于纵向应变与横向应变是分别采用两个引伸计同步测得，因此泊松比 ν 可以通过图 5-8 中的两个应力应变曲线得出，即

$$\nu = \frac{\varepsilon_{T2} - \varepsilon_{T1}}{\varepsilon_{L2} - \varepsilon_{L1}} \qquad (5-2)$$

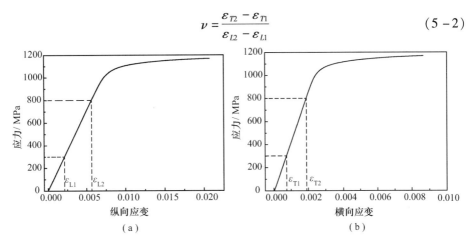

图 5 - 8   网状结构 TiBw/TC4 复合材料分别对应于纵向应变与
横向应变的应力—应变曲线
(a) 应力—纵向应变曲线；(b) 应力—横向应变曲线。

对于固体材料而言,其泊松比越小,材料刚性越大。其中,金属材料的泊松比一般为 0.33 或 0.34,而陶瓷材料的泊松比一般较小,甚至低于 0.2。例如,TiCp 的泊松比为 0.19,TiBw 的泊松比为 0.14[23,24]。另外,泊松比与材料弹性模量(E)、剪切模量(G)及体模量(K)之间存在如下关系,即

$$E = 2G(1 + \nu) = 3K(1 - 2\nu) \qquad (5-3)$$

因此可以通过拉伸变形测得复合材料的泊松比,进而来评价复合材料的刚性,并且通过引入复合材料弹性模量及式(5-3)还可得到剪切模量及体模量。通过前面的弹性模量分析与测试,可以看出网状结构 TiBw/TC4 复合材料的弹性模量不仅与增强相含量有关,还与基体颗粒尺寸有关。因此,对泊松比的分析,也重点分析泊松比随基体颗粒尺寸及增强相含量的变化关系。

由于非连续晶须增强的各向同性材料应变相对复杂,难以建立模型进行泊松比预测。而长纤维增强的复合材料沿纤维方向与垂直纤维方向具有弹性阶段最大与最小性能指标,因此可以通过建立连续纤维增强复合材料模型,粗略地对本书研究的网状结构 TiBw/TC4 复合材料泊松比进行预测。对于长纤维增强的复合材料,Clyne 与 Withers 已经总结归纳了沿不同方向的泊松比计算公式[25]。如图 5 - 9 所示,对长纤维增强连续复合材料进行标记,沿纤维方向纵向拉伸时,横向泊松比为 ν_{32},如图 5 - 9(a)所示;沿垂直纤维方向拉伸时,横向由于纤维分布不同,泊松比不同,分别为 ν_{23} 与 ν_{21},如图 5 - 9(b)、(c)所示。

Clyne 与 Withers 根据混合法则及等效应变模型,推导出 3 个方向的泊松比计算公式为[14]

$$\nu_{32} = f\nu_r + (1 - f)\nu_m \qquad (5-4)$$

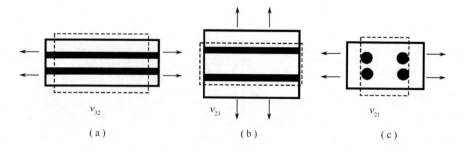

v_{32}

(a)　　　　　　　v_{23}

(b)　　　　　　　v_{21}

(c)

图 5 - 9　长纤维连续增强复合材料泊松比定义示意图[14]

$$\nu_{23} = \left[f\nu_r + (1-f)\nu_m \right] \frac{E_{RoM-L}}{E_{RoM-U}} \qquad (5-5)$$

$$\nu_{21} = 1 - \nu_{23} - \frac{E_{RoM-L}}{3K_C} \qquad (5-6)$$

$$K_C = \left[\frac{f}{K_r} + \frac{(1-f)}{K_m} \right]^{-1} \qquad (5-7)$$

式中:ν_r 为增强相的泊松比;ν_m 为基体的泊松比;E_{RoM-L} 为混合法则计算的长纤维增强复合材料弹性模量的下限;E_{RoM-U} 为混合法则计算的长纤维增强复合材料弹性模量的上限;K_C 为复合材料的剪切模量;K_r 为增强相的剪切模量;K_m 为基体的剪切模量。

为了对比及检验测量的准确性,对纯 TC4 钛合金也进行测量,实验测得结果为 0.335,与理论值 0.33 ~ 0.34 非常吻合。假定本书涉及的复合材料为连续 TiB 纤维增强钛基复合材料,将实验测得基体 TC4 合金泊松比 0.335,以及文献中 TiBw 增强相泊松比为 0.14[2,13],分别代入式(5 - 4)、式(5 - 5)与式(5 - 6)中,得如图 5 - 10 所示的 3 个方向泊松比随体积分数变化的曲线关系。从图中可以看出,沿纤维方向拉伸时,泊松比与体积分数之间满足线性关系。ν_2 是沿垂直于纤维方向加载时,垂直加载方向的横向泊松比,如图 5 - 9(b) 所示,由于横向纤维抵抗收缩能力较强,在此方向上的泊松比必定较低,如图 5 - 10 所示,为复合材料泊松比的下限。也正因如此,由于体积不变,在另一个横向上将产生较大的收缩,即对应于泊松比 ν_{21},因此 ν_{21} 成为复合材料泊松比上限。对于各向同性的复合材料,泊松比必然在 ν_{23} 与 ν_{21} 之间。

如图 5 - 10(b) 所示,将实验测得的不同颗粒尺寸与不同增强相含量的复合材料泊松比,与理论预测范围进行对比。可以看出:①测得的泊松比均在理论预测的范围之内,这就说明连续纤维增强的复合材料泊松比计算公式满足非连续增强复合材料泊松比预测使用。② 复合材料泊松比均比基体合金泊松比有较大降低,这充分说明复合材料较基体合金具有更高的刚性性能。这主要是由低泊松比高刚性的 TiBw 以及其特殊的网状分布结构带来的较大的约束变形的作

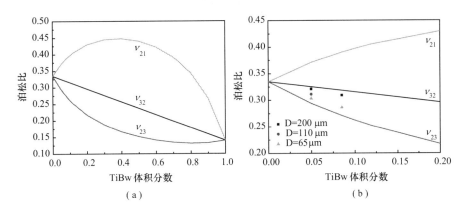

图 5 – 10　理论 TiBw/TC4 复合材料泊松比随 TiBw 增强相体积
分数变化曲线图以及实验测得复合材料泊松比

(a) TiB – TC4 复合材料体系理论泊松比变化；(b) 复合材料泊松比数值。

用。③ 网状结构 TiBw/TC4 复合材料泊松比都比混合法则计算的理论值低，这
是因为混合法则是基于连续纤维增强的复合材料，其中纤维之间没有约束。而
对于网状结构复合材料而言，一方面较强的网状结构提供强有力的约束变形作
用，另一方面大量的像销钉一样的 TiBw 也起到了更好的阻碍变形的作用，因此
网状结构复合材料泊松比较 ν_{32} 低，而且向 ν_{23} 靠近。④对于网状结构 TiBw/TC4
复合材料，随着增强相含量的增加以及基体颗粒尺寸的降低，复合材料泊松比都
有明显的降低。前者是因为网状结构对基体的约束作用增加，因此造成泊松比
降低；对于后者特殊的网状结构，降低基体颗粒尺寸相当于提高其约束作用的网
状界面相的体积分数，而被约束的基体体积分数降低，进而提高复合材料变形过
程中的收缩抗力，导致网状结构之间相互制约相互协调作用增加，从而降低了复
合材料泊松比。这与前面关于复合材料塑性与基体颗粒尺寸之间关系是类似的
（基体颗粒尺寸降低，降低了 TiBw – lean 区域承担应变的能力）。同时，随着基
体颗粒尺寸降低，晶须在网状界面处更加分散，导致更多的 TiBw 起到像销钉一
样的作用阻碍变形，而较大基体尺寸导致的界面区域 V_L 较高时会抵消部分
TiBw 的约束作用。综上所述，双重作用共同提高了复合材料收缩变形的抗力，
因此随着基体颗粒尺寸的降低，泊松比降低。

随着增强相含量的增加以及基体颗粒尺寸的降低，网状结构 TiBw/TC4 复
合材料的刚性提高。根据式(5 – 3)可知，随着增强相含量的增加以及基体颗粒
尺寸的降低，网状结构 TiBw/TC4 复合材料的剪切模量提高。因此，可以通过制
备网状结构复合材料，较大程度地提高复合材料刚度、弹性模量以及剪切模量，
降低泊松比。另外，还可以看出，网状结构复合材料泊松比不仅在 ν_{23} 与 ν_{21} 范围
之间，更在 ν_{23} 与 ν_{32} 之间，这样就大大缩小了复合材料泊松比的预测区间，使得

泊松比预测误差大大降低。

5.5 网状结构 TiBw/TC4 复合材料断裂及强韧化机理

5.5.1 网状结构 TiBw/TC4 复合材料断口分析

如图 5 – 11 所示为网状结构 5vol. % TiBw/TC4 复合材料室温拉伸断口对称面 SEM 照片[26]。从图 5 – 11(a)低倍照片中可以看到,复合材料断裂是沿着网状结构界面处断裂,以网状结构为单元被拔出形成非常粗糙的断裂面。而基体并没有被撕裂,不仅与界面处复合材料相对应的增强相含量有关,而且与基体颗粒尺寸及基体强度有关,还与结合强度较高的梯度界面有关,这三方面将在下面详细分析。从图 5 – 11(b)、(c)对比可以看出:①大量的 TiBw 发生断裂,不仅有平行于载荷方向的晶须。还包括许多垂直于载荷方向的晶须,这不仅与晶须的 3D 方向任意分布有关,而且与树枝状结构有关。②还存在一些垂直于载荷方向的晶须被剥离的现象,以及断裂的晶须被拔出的现象,这主要是晶须的形态与高强度所致。③断裂的 TiBw 周围都有 TC4 基体被撕裂所产生的撕裂棱或者韧

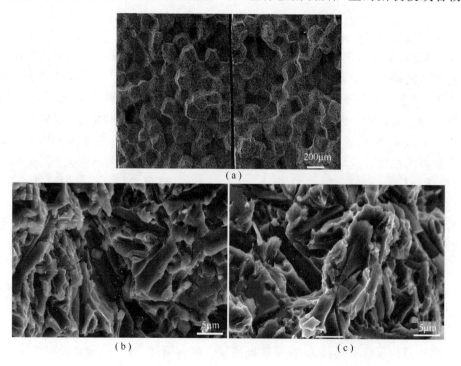

图 5 – 11　不同放大倍数下 5vol. % TiBw/TC4 复合材料对称 SEM 断口照片
(a) 低倍;(b)、(c) 高倍。

窝,这就充分说明了裂纹并不是迅速扩展的,而是受到周围基体的限制,从而使得大部分 TiBw 都得以发挥出其自身的增强效果。也正因如此好的增强效果,使得在拉伸变形过程中的载荷与应变得以传递到网状结构内部的基体,网状内部的基体才得以承载一定的塑性变形。另外,增强相附近的基体也起到了承载变形及钝化微裂纹的作用,使得网状结构 5vol. % TiBw/TC4 复合材料不仅表现出优异的抗拉强度,还表现出优异的塑性指标。

图 5 – 12 所示分别为网状结构 2vol. %、10vol. % TiBw/TC4 复合材料的断口 SEM 照片[8]。由前面拉伸性能可知,前者接近 TC4 钛合金的高塑性;后者接近陶瓷的高脆性。由 SEM 组织分析可知,前一复合材料中组织致密,但界面处增强相含量较少;后一复合材料中由于较高的增强相含量而存在不致密的孔隙,并且由于不充分反应形成了类似墙的结构。因此,两者的断裂机制必定不同。首先,从图 5 – 12(a)中可以看出,由于界面处增强相含量较少,使得界面处性能与基体性能相差不大,在局部区域出现了大颗粒基体被撕裂的现象。高倍 SEM 照片图 5 – 12(b)可以看出,断裂晶须周围存在较多的基体撕裂现象,这与增强相含量较低是对应的,因此表现出了较高的塑性。图 5 – 12(c)可以看出,存在烧结不致密的孔洞,这与 SEM 组织照片中观察到的微孔是对应的。不存在基体撕裂现象,完全是在界面区域开裂,通过高倍图 5 – 12(d)可以看出,断裂面较平,断裂晶须周围几乎没有基体撕裂及韧窝现象,接近典型的脆性陶瓷断裂特征。这与 SEM 组织观察中,界面处增强相含量较高,甚至形成致密的陶瓷墙结构有关。

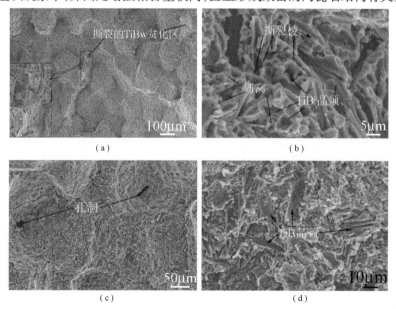

图 5 – 12　不同放大倍数下 2vol. %、10vol. % TiBw/TC4 复合材料 SEM 断口照片
(a) 2vol. %,低倍;(b)2vol. %,高倍;(c) 10vol. %,低倍;(d)10vol. %,高倍。

综上所述,与具有优异综合性能的网状结构 5vol. % TiBw /TC4 复合材料断口对比,随着增强相含量的增加,其断裂机理有所变化。增强相含量很低时,存在局部基体被撕裂的韧性断裂,强化效果稍差;增强相含量过高,存在局部微孔及典型的脆性断裂特征,降低强度。因此,网状结构 TiBw/TC4 复合材料随着增强相含量的变化,其强韧化机理将发生一定的变化。

5.5.2 准连续网状结构 TiBw/TC4 复合材料裂纹扩展分析

图 5 – 13 所示为 5vol. % TiBw/TC4 复合材料抛光的拉伸试样拉断后的侧面从低倍到高倍不同层次不同区域的观察,用以分析裂纹的萌生、扩展及协调变形等,从而更好地理解网状结构优异的强韧化效果[15]。

从低倍的图 5 – 13(a)、(b)可以看出,主裂纹是沿着网状结构的界面处扩展的。这与金属合金的沿晶断裂非常类似,在金属合金中沿晶断裂还分为两种形式:一种是带有微孔洞聚结的晶界分离;另外一种是没有微孔洞聚结情况下的晶界分离[27]。对于微孔洞聚结的沿晶断裂,在断裂过程中充分发挥了晶界的强化作用,并且也充分表现了晶粒的塑性,因此对应于较高的强度及较好的塑性。另外带有微孔洞聚结的沿晶断裂对应着各单元之间较强的相互约束作用,使得微孔聚结型沿晶断裂缺乏收缩,从而使得泊松比较低,这是符合前面泊松比实验结果的,对应于界面相的硬度稍高于基体相的硬度。首先不至于发生穿晶断裂,其次不至于发生脆性断裂。因此对于网状结构复合材料,增强相含量增加,界面相硬度增加,微孔洞聚结成分减少,直至发生后者脆性断裂。从裂纹扩展阻力来分析,当增强相含量较低时,界面相区域特别是在界面相弯折的地方的裂纹扩展,需要依赖于许多微裂纹的聚结才能实现,需要较大的能量才能实现裂纹扩展,因此这在一定程度上提高了材料的强韧性。随着增强相含量增加,界面相区域裂纹形核后,由于裂纹尖端应力较高,促使裂纹迅速扩展。但当遇到界面相弯折的地方时,由于 TiBw – lean 区域较高的塑性,使裂纹在扩展过程中要经过多次转折才能沿着网状界面处扩展,这就大大增加了裂纹扩展的阻力,从而一定程度上提高了强韧性。以上两种情况,虽然断裂机制有所不同,但裂纹沿界面相扩展都会一定程度上提高复合材料的强韧性。当界面区域增强相含量继续增加,接近陶瓷相性能时,对应于晶界处较高的硬度或脆性,使得在界面处一旦形成微裂纹,裂纹前端较高的应力集中会导致沿晶界处裂纹迅速扩展,此时裂纹弯折对阻碍裂纹扩展的作用大大减弱,因此对应于较低的强度、较低的塑性,或者说较高的脆性。对于以上 3 种不同的裂纹扩展情况都可以通过对断口侧面裂纹扩展的特征加以区分,从而判断出裂纹扩展机制及复合材料强韧化机理。

图 5 – 13(c)所示为图 5 – 13(b)中方框 A 处的放大 SEM 照片,为远离主裂纹的网状单元。从图中可以明显看出,网状结构内部的 TC4 钛合金基体颗粒发生了明显的塑性变形。这充分说明:①由于在远离主裂纹的区域都存在塑性变

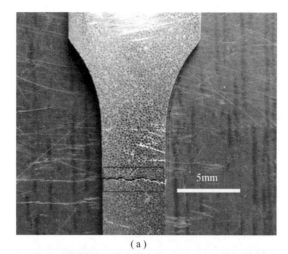

（a）

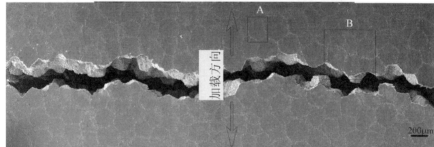

（b）

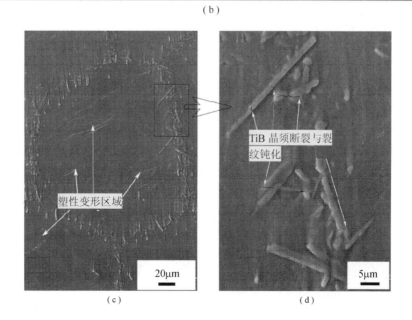

（c）   （d）

界面裂纹

二次裂纹扩展路径

裂纹分叉

50μm

（e）

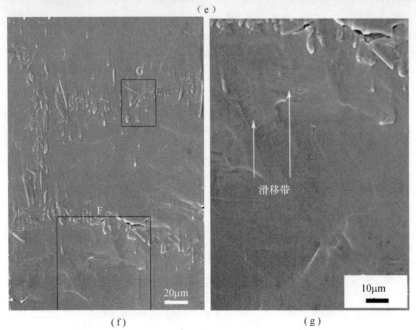

滑移带

20μm

（f）

10μm

（g）

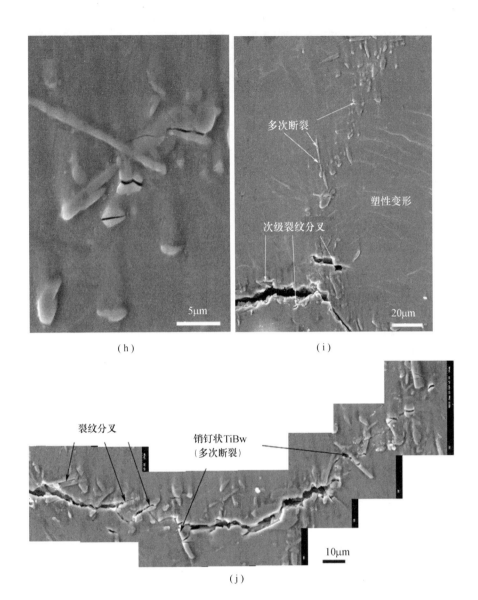

图 5 - 13 抛光后的 V5D200 复合材料拉断试样侧面不同放大倍数及不同区域断裂特征

(a) 宏观拉断试样；(b) 裂纹扩展路径低倍 SEM 照片；(c) 图(b)中 A 区域放大；

(d) 图(c)中方框区域放大；(e) 图(b)中 B 区域放大；(f) 图(e)中 C 区域放大；

(g) 图(f)中 F 区域放大；(h) 图(f)中 G 区域放大；

(i) 图(e)中 D 区域放大；(j) 图(e)中 E 区域放大。

形,说明了这种断裂不属于纯脆性断裂;②TiBw - lean 区域承载应变的作用,说明了大尺寸基体颗粒对网状结构复合材料整体塑性有较大的贡献;③各个网状单元之间由于 TiB 晶须销钉连接以及基体的内连通的作用,使得各单元之间具有较强的结合作用,这在变形过程中各个单元之间可以起到相互制约或传递载荷及应变的作用,从而起到优异的强韧化效果。然而,界面区域内并没有明显的变形,这主要是因为界面区增强相含量较高,弹性模量较大,甚至接近 170GPa,不易发生变形,因此才能起到传递载荷的作用,从而提高复合材料的弹性模量及强度。这也说明了这种网状结构可以通过微观网状结构的微小应变实现宏观材料的大变形量。

图 5 – 13(d)所示为图 5 – 13(c)中"界面"相局部放大 SEM 照片。从图中可以看出,即使没有明显塑性变形的"界面"处,晶须也发生断裂。远离主裂纹的部分晶须发生断裂,说明了远处的晶须也起到了很好的增强效果,说明了网状界面传递载荷的作用。虽然部分晶须开裂,但是裂纹很快被晶须周围的基体钝化,这也是微孔缩聚型断裂在微观上的证据。这既说明了网状结构的优越性,又说明了界面区域局部增强相含量不能过高的原因。如果界面处晶须含量较高,一旦有晶须断裂,由于裂纹尖端应力场作用,会使裂纹迅速扩展造成脆性断裂。

图 5 – 13(e)所示为图 5 – 13(b)中方框 B 处放大 SEM 照片。图中明显显示了在主裂纹的侧方向,在裂纹扩展过程中产生了裂纹分枝,这主要是由于较大基体塑性区对裂纹扩展的阻碍作用造成的,裂纹分枝对降低裂纹扩展速度、消耗能量具有重要作用,可以有效地提高材料的断裂韧性。在主裂纹以外,存在次裂纹及微小裂纹,这是微孔聚结型断裂在宏观上的表现。裂纹在界面相处形核、沿界面相扩展、发生弯折及出现裂纹分支都是由于界面相处较高的弹性模量造成的。另外还可以看到明显的基体塑性变形,这充分说明了网状结构中较大基体塑性区存在的必要性,可以起到很好的承载应变的作用。这些对材料的塑韧性及强度都是有较大贡献的。同时也可以看出,虽然部分基体内部发生了明显的塑性变形,但是并不是所有的塑性区都发生了明显的塑性变形,整个网状结构内部塑性变形并不一致,这也就是"界面"相的限制作用以及网状单元之间的协调与相互制约作用。这是网状结构复合材料较高弹性模量及强度、较低泊松比的前提条件。

图 5 – 13(f)是图 5 – 13(e)中方框 C 区域的放大 SEM 照片,再次说明了在主裂纹以外存在明显的二次裂纹,这充分说明了这种网状结构复合材料的断裂方式为类似金属的"微孔聚结"型断裂,也解释了网状结构复合材料优异的综合性能。从图中可以看到,即使在一个界面处形成的二次裂纹也并不都是直的,存在弯折现象,这可能是两个不同方向的微孔聚集形成的,也说明了在网状界面区域不仅存在宏观裂纹弯折,而且存在微裂纹弯折。相邻基体颗粒不同程度的变形说明了相邻单元之间的基体可以通过界面相传递载荷,但塑性应变难以穿越界面相发生传递,只能通过网状单元之间的协调变形传递,也说明了界面相的限制作用。

图 5 – 13(g)是图 5 – 13(f)中方框 F 区域的放大 SEM 照片。从图中可以明显看出,即使是在一个 TC4 钛合金基体颗粒内部,变形也不是均匀发生的,而是

具有明显的区域限制,这很可能就是基体中类似等轴组织造成的。由于β相塑性较好、强度较低,容易发生塑性变形,而α相强度较高不易发生塑性变形,这说明了等轴组织对应于优异的综合性能。

图 5-13(h)是图 5-13(f)中方框 G 区域的放大 SEM 照片。从图中可以明显看出,图中显示了一个 TiB 晶须中产生了转折的裂纹,这应该对应于前面所述的树枝状 TiBw 增强相,这种现象对提高复合材料韧性及强度是非常有利的。

图 5-13(i)为图 5-13(e)中方框 D 区域的放大 SEM 照片。从图中可以看出,在宏观弯曲的裂纹侧面还存在许多细小的裂纹分枝,说明存在多级裂纹弯折及多级裂纹分枝。这主要是由于在界面处 TiB 晶须销钉结构及树枝状结构造成的,加上 TiB 增强相在空间上属于任意分布,这些因素共同造成了微观上裂纹弯折及分枝。这对阻碍裂纹扩展提高复合材料的强韧性具有较大作用。另外,在网状"界面"处出现的垂直界面的裂纹,很容易被内部基体塑性区钝化,这主要是由于裂纹尖端应力很容易被内部较大的基体区域重新分配而大大降低,从而使裂纹发生钝化。这也解释了这一现象,即:网状结构钛基复合材料裂纹总是沿着增强相含量较高的高强度"界面"扩展,而不是沿着强度较低的基体颗粒内部扩展。

图 5-13(j)是图 5-13(e)中方框 E 区域的放大 SEM 照片,即放大的局部裂纹扩展路径。可以看出,类似销钉结构的 TiBw 在断裂过程中发生了多次断裂,且裂纹均受到基体较好塑性的限制而钝化。这也充分说明了界面结合强度很高。在变形过程中,局部出现微裂纹,而由于增强相附近基体之间的连通,使得内部晶须继续承载,一方面提高了强度,另一方面提高了塑韧性[28]。这些是网状结构 TiBw/TC4 复合材料中基体连通以及增强相销钉结构的优越性的具体表现。同时,可以更清楚地看到,与脆性断裂产生平直路径不同的是,裂纹扩展路径非常粗糙或多次弯折,大大提高了断裂吸收功,提高了复合材料的韧性。这一方面是由于界面处 TiBw 三维分布及树枝、销钉结构,另一方面是由于球形原料经变形后不平整界面的好处。此外可以看到,不仅平行于载荷方向的 TiBw 发生断裂,而且垂直于载荷方向的 TiBw 也发生断裂,且很少发生界面开裂现象。由于 TiBw 强度较高,因此这些晶须的断裂必定带来较明显的增强效果,另外也说明了原位反应生成的 TiBw 与基体之间具有非常高的结合强度。整个裂纹的右端出现晶须断裂,然而基体之间仍然连接。这一方面说明了晶须周围基体对裂纹钝化的作用,另一方面说明了钛基复合材料的"微孔聚结"型断裂,因此网状界面处需要保持一定的 TiBw 含量,而不是较高的 TiBw 含量才能带来较高的综合性能。

5.5.3　网状结构 TiBw/TC4 复合材料模型建立及强韧化机制

由前面分析可知,对于本书制备的网状结构 TiBw/TC4 复合材料,可以简化其组织结构为晶界与晶粒组成的等轴组织,如图 5-14(a)所示。由于原位合成的 TiB 晶须增强相主要集中在界面处形成一个晶须聚集区域。不难发现,强度及弹性模量较高的 Phase-I 属于三维连通的,因此在变形过程中 Phase-I 对整体复合材料变形行为起主导作用。作为对比,建立如图 5-14(b)所示的具有连通的基体相 Phase-II 与孤立均匀分布的增强相 Phase-I,不难想象连通的 Phase-II 对复合材料性能起主导作用,从而说明了增强相均匀分布只能发挥出有限的增强效果,而网状分布可以更充分地发挥其增强效果。另外,由前面 SEM 组织观察发现,由于大量的树枝结构的存在,在三维空间上 Phase-I 区域内增强相晶须之间存在较大的相互连通,这更进一步增加了 Phase-I 的连通性,有利于更充分地发挥增强相的增强效果。

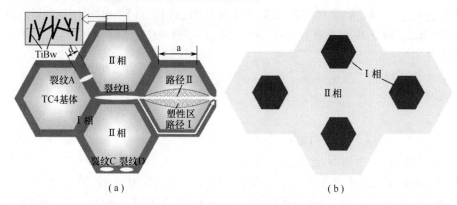

图 5-14　网状结构 TiBw/TC4 复合材料结构及裂纹扩展理论模型与均匀组织模型对比
(a) 增强相网状分布;(b) 增强相均匀分布。

对于复合材料而言,断裂过程中裂纹的扩展一般都要经历 3 个临界点:①在增强相内部裂纹形核;②裂纹穿过增强相与基体相界面发生增强相断裂;③裂纹扩展穿过下一个阻碍点[29]。如图 5-14(a)所示,从整体看在加载过程中,由于 Phase-I 较高的弹性模量及 Phase-I 与 Phase-II 之间较强的梯度界面结合,因此微裂纹必定在界面 Phase-I 处形核,这也符合增强相的特点。在这种结构中可能出现 A 与 B 两种裂纹,A 裂纹与界面相(Phase-I)相互垂直,B 裂纹与界面相平行。然而无论是 A 裂纹还是 B 裂纹,裂纹两端都处于 Phase-I 与 Phase-II 界面处。也就是说,无论哪种裂纹,都伴有明显的界面处塑性变形,也可以理解为裂纹尖端应力释放。这种裂纹的形成阻力或者说增强相 Phase-I 的强度可以用史密斯方程式(5-8)表示[18]。

比较形成裂纹 A 与 B 的阻力,可以发现,形成裂纹 A 所需要的应力较大,即平行于载荷方向的 Phase-I 表现出较高的强度。然而真正形成裂纹 A 与 B 所需要的能量是与横截面积有较大关系,可以用式(5-9)表示。

形成裂纹的难易程度是与增强相的尺寸成正比的,当然还与 Phase-II 的力学性能及尺寸有关,这里为了简化暂不考虑。而增强相 Phase - I 在 A 裂纹处的尺寸即 Phase - I 的宽度由晶须长度决定,网状结构钛基复合材料 Phase - I 宽度可以固定为 $30\mu m$。而裂纹 B 处的尺寸大致等同于 Phase - I 网状单元边长 a,且主要由基体颗粒尺寸决定,因此降低基体颗粒尺寸,必定降低 B 裂纹尺寸。基体颗粒尺寸越大,形成 B 裂纹的难度越大,越容易出现 A 裂纹,微孔缩聚成分越多,有利于塑性的提高。因此,在保证 Phase - I 相中增强相含量不变的情况下,基体颗粒尺寸越大,复合材料塑性越高,说明了基体颗粒尺寸对网状结构复合材料整体塑性影响的一个方面。另外,如果把基体相 Phase - II 的力学性能考虑进来,降低基体的强度,则更容易形成裂纹 A,甚至发生"穿晶"断裂(基体颗粒被撕裂),前面 TiBw/Ti 复合材料就说明了这一点;增加基体相强度,则更容易形成裂纹 B,而降低形成裂纹 A 的倾向,后续热处理就起到了这个效果。当然裂纹 B 也可以看成是有多个与 A 裂纹类似大小的小裂纹如裂纹 C 或 D 合并扩展而得,这时裂纹 A 与 C 或 D 形核所需能量相同,然而由于裂纹 C 与 D 两端仍为 Phase - I,因此裂纹 C 与 D 扩展合并成裂纹 B 的阻力远小于裂纹 A 处开裂扩展入界面区,除非 Phase - I 相中的增强相含量非常小,或者基体颗粒尺寸非常小使得 Phase - II 相尺寸非常低,使两者阻力相差不大。因此对于局部增强相含量较高,且基体颗粒尺寸不是太小的复合材料,裂纹 B 的形成较 A 扩展容易。

在网状结构中,裂纹形成后如何扩展,要根据形成裂纹所消耗的能量来考虑。如图 5 - 14(a)所示,将裂纹可能的扩展路径定义成 Path - I 与 Path - II,由于裂纹 A 与 B 以穿晶方式扩展路径基本相同,都是沿 Path - II 的穿晶断裂,相比较而言形成裂纹 A 所需的能量较形成裂纹 B 所需的能量小。因此裂纹 A 沿 Phase - II 形成穿晶断裂的倾向更小,而裂纹 A 的进一步扩展只能与后续形成的类似裂纹发生聚结,从而起到了较好的增强效果。裂纹 B 沿 Path - II 扩展的几率仍较小,因此不必分析裂纹 A 沿 Path - II 扩展的情况,重点分析裂纹 B 沿 Path - I 与 Path - II 扩展的倾向。根据以上分析,裂纹沿 Path - I 与 Path - II 扩展所需要能量分别可以表示为式(5 - 10)与式(5 - 11)。

临界应变能释放速率 G 与增强相含量有较大关系,即 Phase - I 中增强相含量越多,G_I 与 G_{II} 相差越大;反之,增强相含量越低,G_I 与 G_{II} 相差越小。另外,基体颗粒尺寸对裂纹沿 Path - I 与 Path - II 扩展所需要的载荷有一定影响,即基体颗粒尺寸越大,有利于缩小 Q_I 与 Q_{II} 之间的差距。

综合以上分析可知,Phase - I 中增强相含量越高,裂纹沿 Phase - I 扩展的倾向越大,相反降低增强相含量将增加裂纹沿 Phase - II 扩展的倾向。因此在图 5 - 12 中观察到当增强相含量较低且基体颗粒尺寸较大($200\mu m$)时,出现了局部沿 Phase - II 扩展而产生钛基体被撕裂的现象。保持 Phase - I 中局部增强相含量不变,降低基体颗粒尺寸,将降低裂纹沿 Path - II 扩展的倾向。

$$\sigma_F = \sqrt{\frac{\pi E_{\mathrm{I}} G_{\mathrm{I-II}}}{2(1-\nu_{\mathrm{I}}^2) d_{\mathrm{I}}}} \qquad (5-8)$$

式中:σ_F 为临界断裂应力;E 为弹性模量;G 为临界应变能释放速率;ν 为泊松比;d 为裂纹方向增强相尺寸。

$$Q = \sigma_F \cdot S \cdot L = AL\sqrt{\frac{\pi E_{\mathrm{I}} G_{\mathrm{I-II}}}{2(1-\nu_{\mathrm{I}}^2) d_{\mathrm{I}}}} \cdot d_{\mathrm{I}}^2 = AL\sqrt{\frac{\pi E_{\mathrm{I}} G_{\mathrm{I-II}}}{2(1-\nu_{\mathrm{I}}^2)}} \cdot (d_{\mathrm{I}})^{\frac{3}{2}} \quad (5-9)$$

式中:S 为裂纹处横截面积;A 为裂纹长度与面积之间系数;L 为裂纹张开距离。

$$Q_{\mathrm{I}} = AL \cdot B \sqrt{\frac{\pi E_{\mathrm{I}} G_{\mathrm{I-I}}}{2(1-\nu_{\mathrm{I}}^2)}} \cdot (3a)^{\frac{3}{2}} \qquad (5-10)$$

式中:B 为裂纹弯折难度系数。

$$Q_{\mathrm{II}} = AL \sqrt{\frac{\pi E_{\mathrm{II}} G_{\mathrm{II-II}}}{2(1-\nu_{\mathrm{II}}^2)}} \cdot (2a)^{\frac{3}{2}} \qquad (5-11)$$

如前面裂纹扩展路径 SEM 分析可知,裂纹沿 Path-I 扩展,必须发生裂纹弯折才能得以继续。裂纹弯折可以是主裂纹直接扩展,如图 5-15(a)所示;也可以是间接地通过微裂纹聚结实现扩展,如图 5-15(b)所示。无论哪种扩展方式,完成裂纹弯折都是相当于增加了裂纹扩展阻力[30,31]。如图 5-14 所示,裂纹 B 要实现裂纹沿 Path-I 扩展,必须经历 4 次弯折,从而大大增加材料的强韧性,这就是式(5-10)中裂纹弯折难度系数 B 的意义。因此,裂纹沿 Path-I 扩展,虽然避开了需要能量较高的 Path-II 路径,依然大大增加了裂纹扩展的难度。实际上,裂纹发生弯折相当于提高了临界应变能量释放速率 G[32]。并且随着裂纹弯折角度 ϕ 增加,G 值或者弯折难度系数 B 值增加[33]。因此在热压烧结过程中,由于致密化产生变形越大的局部区域,裂纹扩展难度系数或裂纹扩展阻力越大,增强增韧效果越好。如图 5-15(b)所示,通过微裂纹聚结实现的裂纹转折,则较前者更大程度上提高了应变能量释放速率 G 或者难度系数 B,起到了很好的增强增韧效果。因此,复合材料的强度与塑韧性,不仅与增强相及其整体含量有关,并且还与增强相的分布状态及基体的尺寸有较大关系。

如前所述,Phase-I 本身是一个复合材料相,因此可以从 Phase-I 局部分析微观裂纹的形核与扩展。由于增强相晶须的弹性模量较高,变形过程中可以阻碍位错的移动即阻碍滑移的进行,形成位错塞积,从而提高了塑性变形的抗力,使强度提高。位错塞积形成应力集中,使得晶须承受较大的应力而易于断裂。如图 5-16(a)所示,当 Phase-I 承担载荷时,基体首先发生位错滑移,并在晶须处形成位错塞积,直至晶须断裂。如图 5-16(b)、(c)所示,晶须断裂后,在裂纹尖端会存在一个较高的应力场,对于增强相含量较低的复合材料,即 $d > 2D$,由于塑性区内应力重新分配,使得裂纹不易扩展甚至被钝化,进而形成"缺口强化"效果提高强度,如图 5-17 所示。

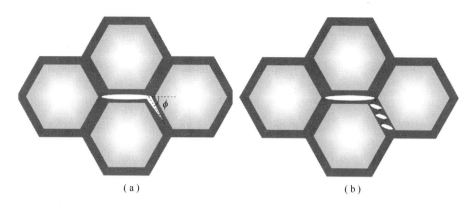

图 5 - 15　主裂纹弯折示意图

（a）主裂纹扩展方式；（b）微裂纹聚集长大。

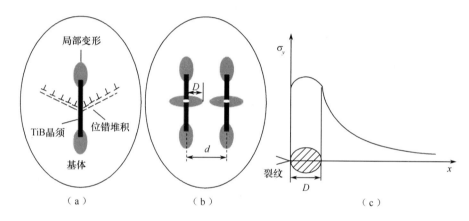

图 5 - 16　TiBw/TC4 复合材料中初始裂纹形成前后示意图及裂纹尖端应力分布

（a）Phase - I 中微裂纹产生之前应力分布示意图；

（b）微裂纹产生之后应力分布；（c）裂纹尖端应力分布。

　　而断裂后的晶须,继续限制基体塑性变形,阻碍位错运动,再次起强化作用,直到再次断裂,因此形成了多次断裂的晶须。直至载荷达到基体缺口强化后的断裂强度,而发生断裂,使得两裂纹连通,即微孔缩聚型断裂。因此对于具有优异综合性能的复合材料断口,在断裂晶须附近观察到许多基体撕裂棱或者韧窝等塑性特征,也因此改善强度与塑性(图 5 - 11)。从这种微观角度考虑,根据史密斯原理,由于晶须较小的尺寸只能满足微裂纹形成的条件,不满足裂纹扩展条件,除非介入塑性断裂[18]。因此对于这种情况下(Phase - I 中增强相含量较低)的复合材料,从裂纹形核到扩展,必定伴随塑性变形。因此网状结构 TiBw/TC4 复合材料表现出优异的塑性,不仅来源于 Phase - II 承载应变的作用,还来自于 Phase - I 中伴随 TiBw 断裂发生的基体塑性变形。

　　对于增强相含量较高的复合材料,即 $d < 2D$,由于晶须的阻碍作用,使得裂

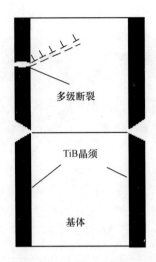

图 5 - 17　晶须多次断裂及缺口强化示意图

纹尖端较高的应力不易分散,即使没有继续加载,晶须周围已经存在较大的应力值,甚至达到断裂应力,如图 5 - 16(c)所示。对于这种情况,可以将整个 Phase - I 看作陶瓷相,如此不仅满足裂纹形成条件,而且满足裂纹动态扩展的条件。因此,随晶须含量提高,裂纹扩展速度大大提高,塑性降低,且增强效果降低。当然临界值 D 与基体的塑性有关,基体的塑性越高,D 越小,因此纯钛的极限增强相含量较高;另外,高温时基体塑性较室温时塑性高,因此高温使用的材料极限增强相含量较高。对于后续进行的热处理,可以明显提高基体强度,却降低基体塑性指标,因此对于相同体系,随着热处理使得基体硬度增加,复合材料塑性将明显降低,或者说极限增强相含量降低。因此根据基体类型、处理状态及使用环境,可以调整增强相含量,以达到最大增强效果与塑性水平。

　　以上从微观角度分析了增强相含量对裂纹形核、扩展的影响,进而决定增强效果及增强机制的变化。宏观上将 Phase - I 看成一个均一相,即可以从宏观角度分析随增强相含量变化带来网状结构增强机制的变化。图 5 - 16(c)所示裂纹尖端应力分布也可以用以解释 Phase - I 中宏观裂纹尖端应力状态,根据裂纹尖端应力场方程,沿 x 轴方向可以简单表述为式:

$$\sigma_{yy} = \frac{K_I}{\sqrt{2\pi r}} \qquad (5-12)$$

式中:K_I 为应力强度因子或断裂韧性;r 为距裂纹尖端距离。
将屈服强度 σ_{ys} 带入方程式(5 - 12)中的 σ_{yy},可以得到 D 的估计值,即

$$D = \frac{1}{2\pi}\left(\frac{K_I}{\sigma_{ys}}\right)^2 \qquad (5-13)$$

对于本书研究的网状结构钛基复合材料,从 Phase－I 与 Phase－II 的层面分析,对于在 Phase－I 中形核的裂纹,随着 Phase－I 中局部增强相含量增加或基体硬度增加,K_I 逐渐降低,当增加到上述 $d < 2D$ 时,K_I 降低到接近 0。而与此同时,σ_{ys} 则逐渐增加,从接近钛合金屈服强度值逐渐增加到接近 TiBw 增强相的屈服强度值。因此随着增强相含量的增加或基体硬度增加,D 迅速降低,裂纹扩展速度迅速增加,如图 5－18 所示。

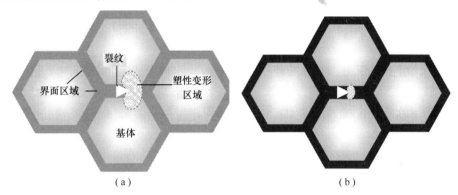

图 5－18　增强相含量对网状结构 TiBw/TC4 复合材料裂纹尖端塑性区尺寸影响示意图
（a）增强相含量较低；（b）增强相含量较高。

当增强相含量较低时(增强相含量小于 5vol.%),Phase－I 中裂纹尖端存在较大的塑性区域,甚至扩展到 Phase－II 中,如此使 Phase－II 起到承载应变的作用,此时裂纹容易被钝化,不易扩展,如图 5－18(a)所示。这样,增强相可以发挥出其应有的增强效果,并且基体良好的塑性也能得以充分发挥,从而表现出较高的塑性以及较高的增强效果。随着增强相含量增加,Phase－I 中裂纹尖端塑性区域尺寸逐渐降低,不仅 Phase－I 中塑性变形消失,而且 Phase－II 承载应变的作用也将降低,直到完全消失,如图 5－18(b)所示。此时,一旦裂纹形核,在裂纹前端应力场中分布的仍为脆性陶瓷增强相,而应力场中的应力甚至大于增强相的断裂强度,这样在第一个应力场的作用下裂纹迅速扩展,甚至发生失稳扩展,直至延伸到整个界面区域发生整体断裂。因此也可以说,裂纹扩展速度随增强相的含量增加而增加,当增强相达到一定含量时即可达到陶瓷的完全脆性断裂,不仅失去了基体的韧化效果,而且失去了增强相的增强效果。因此,对于相同体系,当增强相含量达到一定值后,继续增加增强相含量,延伸率迅速降低,脆性迅速增加,从而降低了复合材料的拉伸强度。这还间接说明了基体颗粒尺寸对塑性的贡献作用,即使 Phase－I 相中增强相含量适中,如果 Phase－II 尺寸特别小,也相当于压缩了塑性区的尺寸,形成了图 5－18(b)所示的应力场,从而促进裂纹扩展,降低塑性。因此 Phase－II 的尺寸不易太小。这一模型类似与魏氏体组织中等轴 β 晶粒受力断裂分析[34]。

5.6 烧结态网状结构钛基复合材料高温力学行为

5.6.1 烧结态 TiBw/TC4 复合材料高温拉伸性能

由前面结果可以看出,决定网状结构钛基复合材料性能的主要因素是,特殊的网状分布以及基体颗粒尺寸。在 TiBw - TC4 体系中,具有优异力学性能的两个体系分别为 V5D200 与 V8D110。而增强相含量为 12vol. % ,基体平均尺寸为 65μm,即 V12D65 复合材料则是本书中增强相含量最高的体系。因此选定这 3 种烧结态复合材料进行高温拉伸性能测试,并与相同工艺制备的 TC4 钛合金进行比较。根据钛合金国家标准,TC4 钛合金最高使用温度为 400 ~ 450℃。因此为了说明钛基复合材料较纯 TC4 钛合金使用温度及高温强度高,对以上 4 种材料在 400 ~ 700℃ 高温范围内进行高温拉伸性能测试。

图 5 - 19 所示为典型的 V5D200 与 V12D65 高温拉伸应力应变曲线。从图中可以看出:① 随着温度的升高,拉伸强度与弹性模量快速下降,延伸率迅速增加。这主要是因为随着温度的升高,基体的强度与弹性模量降低,以及塑性增加所致。② 对于 V5D200 复合材料,600℃时延伸率迅速增加,而对于 V12D65 复合材料700℃延伸率迅速增加。一方面,强度降低塑性增加主要是由较大尺寸基体软化所致;另一方面,V12D65 复合材料具有更高的性能是因为其基体颗粒尺寸较小,引入更多的界面区域或增强相含量。因此烧结态 V5D200 复合材料使用温度最好控制在 600℃ 以下,同理 $V_{12}D_{65}$ 复合材料使用温度最好控制在 700℃ 以下。③ 通过 5 - 19(a)、(b) 两图对比可以看出,V5D200 复合材料较 V12D65 复合材料具有稍低的抗拉强度,却具有较高的延伸率。差异不大的抗拉强度,主要是因为都属于网状结构,以及网状界面处局部增强相含量相差不大所致(表 5 - 2)。较高的延伸率是由于前者基体颗粒尺寸较大带来的,这也更加说明了基体颗粒尺寸对复合材料塑性起决定作用。④ 随着温度的升高,V5D200 复合材料与 V12D65 复合材料抗拉强度相差越来越小。500℃时相差最大,这是由于基体颗粒尺寸相差较大,导致增强机制有一定变化。而到 700℃ 时,抗拉强度与延伸率相差都较小,这不仅是由于局部增强相含量相近,而且可能是由于相同的但又完全不同于室温的断裂机制造成的。

图 5 - 20 所示为 V5D200、V8D110、V12D65 三种具有不同增强相含量及基体颗粒尺寸的网状结构 TiBw/TC4 钛基复合材料高温拉伸强度与烧结态纯 TC4 钛合金高温拉伸强度的对比[19],用以说明网状结构优异的增强效果。从图 5 - 20 中得出:① 按照 TC4 使用温度为 400℃,网状结构 TiBw/TC4 复合材料在具有相同的强度水平下,相当于使用温度提高了近 200℃。600℃时复合材料仍然保持着 TC4 钛合金在 400℃ 时的抗拉强度水平。② 在 500℃时 V12D65 复合材料

的抗拉强度达到了 712MPa,较纯 TC4 钛合金的抗拉强度 490MPa 提高了45.3% ;而 V5D200 与 V8D110 复合材料的抗拉强度也分别较纯 TC4 钛合金的抗拉强度提高了37.1% 与 40.8% 。600℃时 V12D65 复合材料抗拉强度较此温度下 TC4 钛合金强度提高了43.7% ,具有非常优异的增强效果,这也说明了提高增强相含量对提高复合材料高温强度贡献较大。③ 当温度达到 700℃时,复合材料的抗拉强度更加接近钛合金的抗拉强度,这将意味着断裂机制的改变。

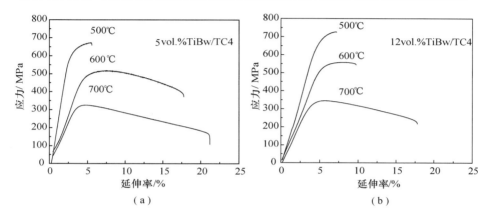

图 5 – 19 网状结构 TiBw/TC4 复合材料高温拉伸应力—应变曲线

(a) 5vol. % ; (b) 12vol. % 。

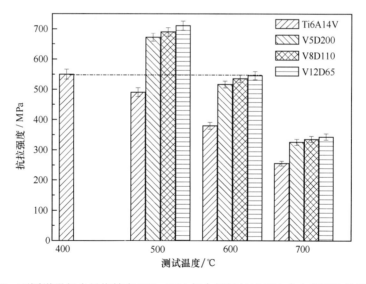

图 5 – 20 不同增强相含量烧结态 TiBw/TC4 复合材料与纯 TC4 合金高温拉伸强度对比

5.6.2 烧结态 TiBw/TC4 复合材料高温拉伸断口分析

为了更好地理解网状结构 TiBw/TC4 复合材料高温增强机制,对网状结构复合材料高温拉伸断口进行观察。以典型的具有最高高温强度的烧结态12vol.% TiBw/TC4(65)复合材料为例,对网状结构 TiBw/TC4 复合材料高温断口进行分析,继而分析其增强机制。

图 5-21 所示为烧结态 12vol.% TiBw/TC4 复合材料分别在 500℃ 与 700℃ 的拉伸断口[9]。从图 5-21(a)中可以看出,撕裂棱较室温拉伸断口明显,这也是其在室温表现出脆断,而高温表现出较高强度水平的原因。然而,主裂纹仍然是沿着界面处增强相含量较高的区域扩展,且大量晶须断裂,这说明了由于界面处增强相含量较高,形成了高温"晶界强化"的效果。因此烧结态网状结构复合材料 500℃ 时仍然保持连续界面相增强的效果,这也是其较钛合金表现出更高抗拉强度的原因。然而随着温度的升高,如图 5-21(b)所示,到 700℃ 时,由于温度升高基体软化,从而降低了基体部分开裂的临界应变能释放速率,即降低了基体开裂阻力。界面相由于较多增强相的存在,使得其随温度升高,开裂阻力降低的速度较慢,因此随着温度的升高,存在部分区域裂纹沿基体穿晶扩展的阻力小于继续沿界面发生裂纹弯折而产生的阻力,此时会发生穿晶断裂。因此可以断定,最后承载部分为变形基体。也正因如此,使得复合材料强度大大降低,塑性大大提高。随着温度的继续提高,最终将出现增强相部分被拔出,基体更多穿晶断裂。

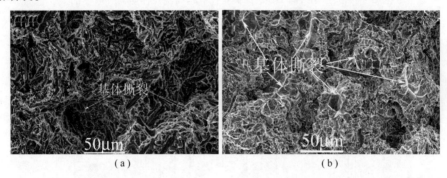

图 5-21　网状结构 12vol.% TiBw/TC4(65)复合材料高温拉伸断口 SEM 照片
(a) 500℃；(b) 700℃。

结合以上高温断口观察,做出网状结构高温拉伸断裂模型,如图 5-22 所示。随着温度的升高,首先是与室温断裂一样,沿界面断裂,保持较高的增强效果,如图 5-22 中路径 I,只是由于基体塑性提高而撕裂棱变得明显,因此塑性提高;然后是烧结过程中变形较大的局部区域基体发生断裂,这是因为此处裂纹发生弯折阻力较大,而此处基体横截面积又较小,因此使得裂纹弯折阻力超过裂纹穿晶的阻力,从而发生图 5-22 中路径 II 的局部穿晶断裂;而后是较大局部基体发生断裂,如图 5-22 中路径 III,类似于图 5-21(b)的情况;最后有可能发生整个基体颗粒被撕裂发生穿晶断裂,如图 5-22 中路径 IV。

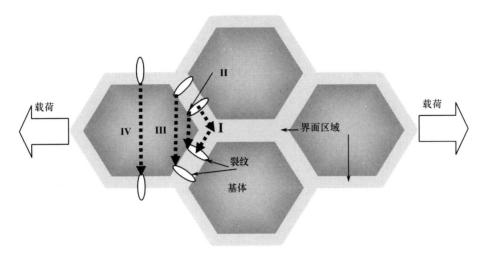

图 5 – 22   网状结构复合材料高温拉伸裂纹扩展路径变化示意图

以上分析可以通过断裂阻力公式得到验证。首先由于温度不高时,沿界面处扩展的阻力仍然小于沿基体扩展的阻力,此时仍沿路径 I 断裂。由于界面区域中基体软化,塑性增加,使得在界面区域内,晶须断裂后,裂纹不能迅速扩展,周围基体被较大程度变形,从而形成明显的撕裂棱。随着温度的继续升高,此时考虑到裂纹沿路径 I 扩展路径较长,且发生弯折阻力较大,而局部由于变形使得沿路径 II 扩展路径较短,加上基体的临界应变能释放速率降低得更快,而界面区域降低较慢。这种影响的综合,可能使得裂纹沿路径 II 扩展的阻力小于沿径 I 扩展的阻力,此时将发生沿路径 II 的断裂。随着温度的升高,逐渐形成按路径 III、IV 断裂的情况,因此也就是越来越多的基体主导复合材料高温性能,因此塑性明显升高,强度明显降低,甚至接近基体合金的强度水平。如果裂纹不沿界面处扩展,说明 TiBw 增强相及网状结构的增强效果没有得以充分发挥。需要指出的是,随着基体颗粒尺寸增大,或界面处局部增强相体积分数降低,发生以上 4 个层次的断裂临界温度将逐渐降低,也就是表现出的高温强度明显降低;而热处理可以明显提高这种临界温度,因此热处理可以明显提高复合材料的高温强度。

5.7   低含量 TiBw/TC4 复合材料的组织与性能

在前面网状结构($Ti_5Si_3 + Ti_2C$)/Ti 复合材料研究过程中,发现了当增强相含量较低时,网状结构钛基复合材料中不仅强度得到提高,而且塑性水平也得到提高。为了进一步验证这一特殊行为,采用最佳的增强相 TiBw 和最普适的 TC4 钛合金,前面优化的基体颗粒尺寸 85 ~125μm,制备低含量网状结构 TiBw/TC4 复合材料,设计增强相的体积分数分别为 0.25%、0.5%、1.0%、1.5%、2.0%。

对制备的系列钛基复合材料进行组织分析与性能测试,以分析其优异的强韧化效果。

5.7.1 低含量 TiBw/TC4 复合材料的组织分析

图 5-23 为烧结态 0.25% 与 2.0% TiBw/TC4 复合材料的金相照片。从图中可以清晰地看出,增强相的加入使两相的比例和形貌发生了明显变化。增强相含量较少时,只能看到增强相不同程度地分散在基体中;而当含量增加时,增强相均匀分布在球形基体颗粒的周围,形成网状结构分布。针对基体合金组织分析可以看出,即使原位反应生成微量增强相时,组织也发生了显著变化。从 0.25vol.% TiBw/TC4 复合材料的高倍金相照片中可以看到,典型片状魏氏组织消失,α 相板条尺寸变窄,成为短片状,比例增多,形成类似网篮组织或者近似等轴组织,初始 β 晶粒晶界变得模糊,这表明增强相加入后起到限制合金中初始 α 晶粒尺寸的作用。大量的研究表明,在钛合金的典型组织中,等轴组织表现出优异的综合性能。因此,初步认定,增强相的生成引起的组织细化,对材料是有利的;且加入增强相后,材料的组织均得到细化。随着增强相含量逐渐升高,α 相板条尺寸有所减小,接近等轴状的 α 相含量增多。增强相带来的晶粒细化,不会随增强相含量的不断增加而持续加强,而是增强相含量到达一定范围,细化效果不再增加。另外,材料组织中一样存在增强相的富集区和贫化区。

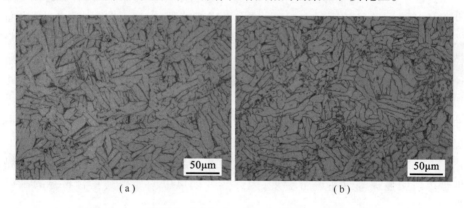

(a)   (b)

图 5-23　不同体积分数 TiBw/TC4 复合材料高倍金相照片
(a) 0.25vol.% ; (b) 2.0vol.% 。

对不同增强相含量 TiBw/TC4 复合材料进行 SEM 组织分析显示,增强相沿边界分布,包围着无增强相的纯基体区。形貌为针状,长度大部分在 10μm 以上,一些晶须向着相邻的基体合金内部生长,像销钉一样将相邻的基体组织连接起来,对提高粉末冶金法制备的钛基复合材料的机械性能有很好的效果。当增强相含量较低时,基体之间保持着很好的连通性,对发挥复合材料的塑性有利。增强相体积分数达到 2.0% ,较多的增强相形成了类似晶界的网状分布,但增强相之间几乎没有连接起来,这对塑性是有利的,与金相观察相对应,在网状结构内部存在不含增强相的纯基体区域,其组织为近似等轴组织。

5.7.2 低含量 TiBw/TC4 复合材料的拉伸性能

图 5-24 所示为低含量 TiBw/TC4 复合材料拉伸应力—应变曲线。从图中可以更直观地看出,低含量网状结构 TiBw/TC4 复合材料拉伸强度水平随增强相含量的增加而增加,而拉伸延伸率则随增强相含量的增加而降低。需要特别指出的是,当增强相含量为 0.25vol.% 与 0.5vol.% 时,网状结构 TiBw/TC4 复合材料拉伸强度及延伸率均明显高于烧结态纯 TC4 合金的拉伸强度与延伸率。这进一步证实了网状结构钛基复合材料的拉伸性能,即:当增强相含量较低时,不仅强度得到提高,而且塑性也得到提高。

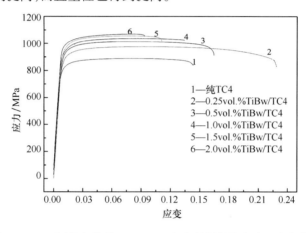

图 5-24 不同体积分数 TiBw/TC4 复合材料拉伸应力—应变曲线

表 5-3 列出了不同体积分数 TiBw/TC4 复合材料具体的拉伸力学性能。可以看出,0.25vol.% 增强相的生成就使材料的屈服强度及抗拉强度分别从 787MPa 和 888MPa 提高到 850MPa 和 975MPa,抗拉强度提高了 10%,对于这么少量增强相的加入,带来的性能的提高已经相当明显。而延伸率则从 14.3% 提高到 22.8%,相当于提高了 60%。而当增强相含量增加到 0.5vol.% 时,抗拉强度则提高到 1013MPa,而延伸率也提高到 16.16%。在传统合金中,只有通过晶粒细化才可能实现强度与塑性的同时提高。结合低含量 TiBw/TC4 复合材料组织分析,低含量网状结构钛基复合材料中强度与塑性同时提高的现象可以归因于 TiBw 引入带来的晶粒细化、TiBw 存在形成的近似等轴组织、大尺寸 TiBw-lean 区域的存在、TiB 晶须销钉状结构以及其自身的增强效果。另外,少量增强相的引入,改变了其整体的变形机制。

当增强相的体积分数达到 2% 时,已形成网状结构钛基复合材料,其抗拉强度达到 1070MPa,延伸率为 9.11%。对于没有经过后续变形的粉末冶金制备的烧结态钛基复合材料而言,这样的强度与塑性配合算是非常优异的。值得一提的是,5个不同增强相含量的复合材料都具有较好的延伸率,这对用粉末冶金法制备的复合材料来说尤为难得。结合组织结构分析,随着增强相含量的增加,除了网状界面处局部增强相含量提高,而相应地基体的连通度降低,其他无明显变化。因此,随着增强相含量的增加,其强度增加塑性降低,应该是由于局部增强相含量提高的原因。当然,对于低含量网状结构钛基复合材料的强韧化机制还有待进一步分析和探索,但值得肯定的是这种综合性能优异的低含量网状结构钛基复合材料,无论是对于理论研究还是实际生产都具有较大的意义。

表5-3 烧结态不同体积分数 TiBw/TC4 复合材料的拉伸性能

增强相体积分数 /%	屈服强度 /$\sigma_{0.2}$/MPa	抗拉强度 /σ_b/MPa	延伸率 δ/%	断面收缩率 Z/%
0	787	889	14.31	24.81
0.25	850	975	22.84	30.21
0.5	898	1013	16.16	24.61
1.0	922	1037	13.35	18.26
1.5	943	1056	11.09	13.19
2.0	952	1070	9.11	10.04

参 考 文 献

[1] Hashin Z, Shtrikman S. A Variational Approach to the Theory of the Elastic Behaviour of Multiphase Materials. J. of the Mechanics and Physics of Solids, 1963, 11: 127 - 140.

[2] Peng H X. A Review of "Consolidation Effects on Tensile Properties of an Elemental Al Matrix Composite". Materials Science and Engineering A, 2005, 396: 1 - 2.

[3] Huang L J, Geng L, Peng H X, et al. Effects of Sintering Parameters on the Microstructure and Tensile Properties of in situ TiBw/Ti6Al4V Composites with a Novel Network Architecture. Materials and Design, 2011, 32(6): 3347 - 3353.

[4] 黄陆军. 增强相准连续网状分布钛基复合材料研究[D]. 哈尔滨:哈尔滨工业大学, 2010.

[5] Huang L J, Geng L, Li A B, et al. In situ TiBw/Ti - 6Al - 4V Composites with Novel Reinforcement Architecture Fabricated by Reaction Hot Pressing. Scripta Materialia, 2009, 60(11): 996 - 999.

[6] Tjong S C, Mai Y W. Processing - Structure - Property Aspects of Particulate - and Whisker - Reinforced Titanium Matrix Composites. Composite Science and Technology, 2008, 68: 583 - 601.

[7] Morsi K, Patel V V. Processing and Properties of Titanium - Titanium Boride (TiBw) Matrix Composites -

A Review. J. of Materials Science, 2007, 42: 2037 − 2047.

[8] Huang L J, Geng L, Wang B, et al. Effects of volume fraction on the microstructure and tensile properties of in situ TiBw/Ti6Al4V composites with novel network microstructure. Materials and Design, 2013, 45: 532 − 538.

[9] Huang L J, Geng L, Peng H X, et al. High temperature tensile properties of in situ TiBw/Ti6Al4V composites with a novel network reinforcement architecture. Materials Science and Engineering A, 2012, 534(1): 688 − 692.

[10] Huang L J, Wang S, Dong Y S, et al. Tailoring a novel network reinforcement architecture exploiting superior tensile properties of in situ TiBw/Ti composites. Materials Science and Engineering A, 2012, 545: 187 − 193.

[11] Atri R R, Ravichandran K S, Jha S K. Elastic Properties of In − situ Processed Ti − TiB Composites Measured by Impulse Excitation of Vibration. Materials Science and Engineering A, 1999, 271: 150 − 159.

[12] Madtha S, Lee C, Chandran K S R. Physical and Mechanical Properties of Nanostructured Titanium Boride (TiB) Ceramic. J. of American Ceramic Society, 2008, 91: 1319 − 1321.

[13] Gorsse S, Miracle D B. Mechanical Properties of Ti − 6Al − 4V/TiB Composites with Randomly Oriented and Aligned TiB Reinforcements. Acta Materialia, 2003, 51: 2427 − 2442.

[14] 姚强, 邢辉, 孟丽君, 等. TiB$_2$ 和 TiB 弹性性质的理论计算. 中国有色金属学报, 2007, 17: 1297 − 1301.

[15] Cao G J, Geng L, Naka M. Elastic Properties of Titanium Monoboride Measured by Nanoindentation. J. of American Ceramic Society, 2006, 89: 3836 − 3838.

[16] Boehlert C J, Tamirisakandala S, Curtin W A, et al. Assessment of In Situ TiB Whisker Tensile Strength and Optimization of TiB − Reinforced Titanium Alloy Design. Scripta Materialia, 2009, 61: 245 − 248.

[17] Fan Z, Miodownik A P, Chandrasekaran L, et al. The Young's moduli of In − situ Ti/TiB Composites Obtained by Rapid Solidification Processing. J. of Materials science, 1994, 29: 1127 − 1134.

[18] Cao G J, Geng L, Naka M. Elastic Properties of Titanium Monoboride Measured by Nanoindentation. J. of American Ceramic Society, 2006, 89: 3836 − 3838.

[19] Tsang H T, Chao C G, Ma C Y. Effects of Volume Fraction of Reinforcement on Tensile and Creep Properties of In − Situ TiB/Ti MMC. Scripta Materialia, 1997, 37(9): 1359 − 1365.

[20] Ravi Chandran K S, Panda K B, Sahay S S. TiBw − Reinforced Ti Composites: Processing, Properties, Application Prospects, and Research Needs. JOM, 2004, 56: 42 − 48.

[21] Ni D R, Geng L, Zhang J, et al. Fabrication and Tensile Properties of In Situ TiBw and TiCp Hybrid − Reinforced Titanium Matrix Composites Based on Ti − B$_4$C − C. Materials Science and Engineering A, 2008, 478: 291 − 296.

[22] Panda K B, Ravi Chandran K S. Synthesis of Ductile Titanium − Titanium Boride (Ti − TiB) Composites with a Beta − Titanium Matrix: The Nature of TiB Formation and Composite Properties. Metallurgical and Materials Transactions A, 2003, 34: 1371 − 1385.

[23] 姚强, 邢辉, 孟丽君, 等. TiB$_2$ 和 TiB 弹性性质的理论计算. 中国有色金属学报, 2007, 17: 1297 − 1301.

[24] Fan Z, Miodownik A P, Chandrasekaran L, et al. The Young's moduli of In − situ Ti/TiB Composites Obtained by Rapid Solidification Processing. J. of Materials science, 1994, 29: 1127 − 1134.

[25] Clyne T W, Withers P J. An Introduction to Metal Matrix Composites [M]. UK: Cambridge university press, 1993: 12 − 16.

[26] Huang L J, Geng L, Peng H X, et al. Room Temperature Tensile Fracture Characteristics of in situ TiBw/

Ti6Al4V Composites with a Quasi – continuous Network Architecture. Scripta Materialia, 2011, 64(9):
844 – 847.

[27] 断裂力学. 朱永昌, 蒲素云,等译. 北京:北京航空航天大学出版社, 1988.

[28] Soboyejo W O, Shen W, Srivatsan T S. An Investigation of Fatigue Crack Nucleation and Growth in a Ti –
6Al – 4V/TiB In – situ Composite. Mechanics of Materials, 2004, 36: 141 – 159.

[29] Lin T, Evans A G, Ritchie R O. Stochastic Modeling of the Independent Roles of Particle Size and Grain
Size in Transgranular Cleavage Fracture. Metallurgical transactions A, 1987, 18: 641 – 651.

[30] Fu Y, Evans A G. Microcrack Zone Formation in Single Phase Polycrystals. Acta Metallurgic, 1982, 30:
1619 – 1625.

[31] Fett T, Munz D. Kinked Cracks and Richard Fracture Criterion. International J. of fracture, 202, 115:
69 – 73.

[32] He M Y, Cao H C, Evans A G. Mixed – mode Fracture: the Four – point Shear Specimen. Acta Metallurgic et Materialia, 1990, 38: 839 – 846.

[33] He M Y, Hutchinson J W. Kinking of a Crack out of an Interface. J. of Applied Mechanics, 1989, 56:
270 – 278.

[34] Williams J C, Froes F H, Chesnutt JC, et al. Development of High Fracture Toughness Titanium alloy.
Toughness and fracture behavior of titanium, 1997.

第 6 章　网状结构 TiBw/TC4 复合材料
的热变形行为

前面详细介绍了粉末冶金法制备网状结构钛基复合材料的设计及制备,对特殊的组织结构及优异的力学性能进行了分析。在没有经过任何后续处理,仅仅经过简单的球磨混粉及一步热压烧结,即表现出优异的综合力学性能,展示了网状结构优异的强韧化效果。进一步研究网状结构钛基复合材料塑性变形行为,将有利于优化与设计其塑性成形工艺,促进其生产加工与应用。另外,根据传统金属基复合材料研究可知,通过后续热变形可以较大程度上改善复合材料力学性能,因此研究后续热变形对具有准连续网状结构钛基复合材料组织与性能的影响是非常必要的,特别是可以为产品成型或者最后强化处理提供参考。本文通过研究网状结构 5vol. % TiBw/TC4 复合材料在高温压缩、高温超塑性拉伸、热挤压、热轧制过程中的组织与性能演变规律,以指导后续生产加工及变形。

6.1　网状结构 TiBw/TC4 复合材料高温压缩变形行为

为了研究网状结构 TiBw/TC4 复合材料高温压缩变形行为,设计其高温压缩变形温度应包括 α + β 双相区及 β 单相区,因此选择 900℃、940℃、980℃、1020℃、1060℃、1100℃ 六个温度。设计应变速率分别为 $0.001s^{-1}$、$0.01s^{-1}$、$0.1s^{-1}$、$1.0s^{-1}$ 与 $10s^{-1}$。通过前期试验显示网状结构 TiBw/TC4 复合材料表现出优异的塑性变形能力,压缩变形量达到 80% 时仍没有明显宏观裂纹产生。为了便于组织分析,选择压缩变形量为 60% 。压缩试样形状为圆柱状,尺寸为 $\phi8mm \times 12mm$。在 Gleeble – 1500D 热模拟机上进行高温压缩试验,加热方式为电阻加热,加热速度为 10℃/s,当试样加热到所需温度时保温 60s 后再进行压缩试验。试验前将圆柱形试样的两端面和侧面都用水砂纸进行机械磨光,再将热电偶点焊于圆柱试样侧表面来控制温度。压缩试验前用石墨润滑试样两端面及压头端面,或者在试样两端面涂上一层均匀的氧化钇,以减小摩擦的影响,并避免在压缩过程中试样与压头发生粘连。当试样压缩至试验所需变形量后,试验结束,将试样立即从热模拟机上取下,并进行水冷淬火,从而保留高温变形组织以供组织分析。对压缩变形后的试样沿着平行于压缩轴方向的中心处切开进行组织观察。

6.1.1 网状结构 TiBw/TC4 复合材料高温压缩应力 – 应变行为

图 6-1 所示为网状结构 5vol.% TiBw/TC4 复合材料对应不同应变速率与不同压缩变形温度的应力 – 应变曲线[1],表 6-1 所列为对应不同变形参数时的峰值应力。从图中可以看出,所有的流变曲线都表现出峰值应力、流变软化和稳态流变等三个阶段,而对于较低应变速率如 0.01s⁻¹,在较高温度变形后期还伴有加工硬化现象。

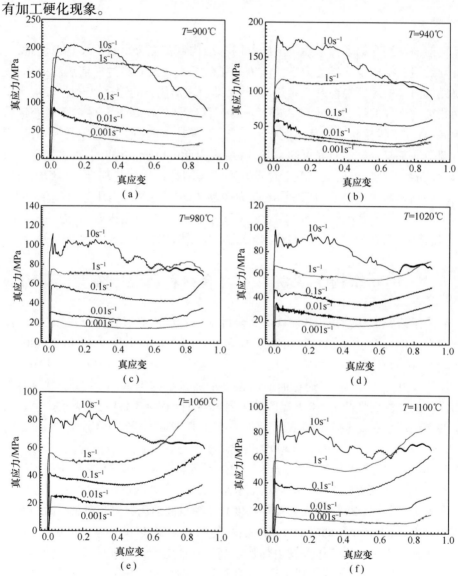

图 6-1   网状结构 5vol.% TiBw/TC4 复合材料压缩变形的真应力 – 真应变曲线
(a) 900℃;(b) 940℃;(c) 980℃;(d) 1020℃;(e) 1060℃;(f) 1100℃。

表 6 - 1　不同变形参数对应的峰值流变应力值

$\dot{\varepsilon}/s^{-1}$	$T/℃$					
	900	940	980	1020	1060	1100
0.001	57.7	44.2	21.9	20.0	17.0	13.4
0.01	92.3	60.1	31.1	35.4	25.0	22.9
0.1	130.3	95.2	58.8	47.0	41.5	43.7
1.0	182.6	118.0	75.2	67.6	55.9	57.4
10	205.1	182.1	117.2	100.0	91.8	99.3

结合图 6 - 1 与表 6 - 1 可以看出,峰值应力和应力软化程度随着温度的升高或者是应变速率的降低而降低,这个主要是由于复合材料内部基体软化所致。流变软化主要归因于复合材料基体中发生的动态回复与动态再结晶,以及 TiBw 增强相因压缩变形而发生的折断。至于软化及稳态阶段之后伴随的硬化现象,在以前的纯 TC4 合金材料研究中[2,3]并没有出现过。因此,这里出现的硬化现象不仅仅与基体塑性变形过程中的加工硬化有关,主要还与这种新型复合材料的网状结构、TiBw 因变形而发生的定向分布有关。至于稳态流变阶段应该是在复合材料变形过程中发生上述的软化效应与硬化效应相互平衡的结果[1]。然而,当应变速率达到 $10s^{-1}$ 时,这种材料表现出严重的震荡流变现象,这可能是复合材料基体产生绝热剪切变形与增强相网状结构断裂而导致复合材料发生失稳变形的。

虽然可以根据应力 - 应变曲线特征判断出复合材料压缩变形过程中的峰值应力、流变软化阶段、稳态阶段、硬化阶段以及震荡流变行为,并可以对应出其变形加工参数。然而,却难以判断其变形机制如何,因为一种变形行为可能是有几种变形机制所致。例如,稳态阶段可能与基体的动态回复、动态再结晶、加工硬化、增强相的断裂、定向分布等有关。因此,需要对这种复合材料的变形机制进行深入分析。

6.1.2　网状结构 TiBw/TC4 复合材料热加工图建立与分析

根据动态材料学模型理论[4,5],材料的热加工过程可被看作是一个能量耗散系统,而能量的耗散取决于材料的加工流变行为,流变应力服从幂律方程,即

$$\sigma = k \cdot \dot{\varepsilon}^m \qquad (6-1)$$

式中:σ 为流变应力;k 为材料常数;$\dot{\varepsilon}$ 为应变速率;m 为应变速率敏感指数。

试样在塑性流变过程中瞬时消耗的能量可以分为两个部分:耗散量(G)与耗散协量(J)。耗散量(G)代表塑性变形所消耗的能量,其中大部分能量转化为热能,小部分以晶体缺陷能的形式存储;耗散协量(J)代表材料变形过程中组织变化所耗散能量。也就是说,塑性失稳和断裂过程与耗散量(G)有关,而组织演

变与耗散协量(J)有关。在应变速率一定的情况下,加工过程中单位体积内材料所获得的能量 P 可写成为[4]

$$P = \sigma \cdot \acute{\varepsilon} = \int_0^\sigma \acute{\varepsilon} \cdot \mathrm{d}\sigma + \int_0^{\acute{\varepsilon}} \sigma \cdot \mathrm{d}\acute{\varepsilon} = J + G \qquad (6-2)$$

耗散协量(J)与耗散量(G)之比就是在一定应力下的应变速率敏感因子 m,即

$$m = \frac{\mathrm{d}J}{\mathrm{d}G} = \frac{\partial(\log\sigma)}{\partial(\log\acute{\varepsilon})} \qquad (6-3)$$

因此,应变速率敏感因子 m 可以看作是能量的分配指数,将塑性变形需要的能量与组织演变需要的能量分开。

通过上述两式,可以将能量耗散协量(J)表示为

$$J = \int_0^\sigma \acute{\varepsilon} \cdot \mathrm{d}\sigma = \frac{m}{m+1} \cdot \sigma \cdot \acute{\varepsilon} \qquad (6-4)$$

当 $m=1$,即材料处于理想线性耗散状态时,能量 J 达到最大值 J_{max},即 $J = J_{max} = \sigma\acute{\varepsilon}/2$。

由式(6-3)和式(6-4)可引出能量耗散系数 η,其物理意义为用于组织演变的能量耗散效率,可以表示为[4]

$$\eta = \frac{J}{J_{max}} = \frac{2m}{m+1} \qquad (6-5)$$

能量耗散图就是能量耗散系数随温度、应变速率变化的三维图。在能量耗散图上体现的不同区域可以直接反应出特殊的组织演变机制。在热变形过程中,安全的变形机制包括动态再结晶、动态回复、超塑性变形等,而裂纹、微孔的形成则属于破坏过程,属于不安全变形范畴。

除上述安全变形外,当材料瞬间发生较大变形时,往往会发生失稳变形。根据大应变塑性变形的极大值原理[5],建立失稳判据,通过失稳判据研究流变失稳区域,可表示为[1,6]

$$\zeta(\acute{\varepsilon}) = \frac{\partial\ln\left(\dfrac{m}{m+1}\right)}{\partial\ln\acute{\varepsilon}} + m \qquad (6-6)$$

式中:$\zeta(\acute{\varepsilon})$ 为无量纲失稳参数,是变形温度和应变率的函数。当 $\zeta(\acute{\varepsilon})$ 为负数时,预测发生流变失稳现象,应尽量避免在这样的温度和应变速率下进行塑性变形。通过这一参数与温度和应变速率之间的关系可以建立流变失稳图,也可以通过叠加流变失稳图与能量耗散图来获得完整的热加工图。简而言之,热加工图包括代表安全变形区域的能量耗散图与代表失稳加工区的失稳图,并且热加工图中可以呈现出代表不同变形机制的区域。因此,可以根据热加工图来设计和优化金属材料变形的热加工参数以及获得优异的变形组织与性能。

表6-2列出了5vol.% TiBw/TC4复合材料对应于不同应变速率、变形温度、应变量的压缩应力数据[1]。根据这些数据,利用式(6-3)与(6-5),建立了应变量为0.2时的三维能量耗散图,如图6-2所示。从图中可以看出,能量耗散系数随变形温度与应变速率变化存在极大值。

表6-2 网状结构5vol.% TiBw/TC4复合材料不同温度、应变速率、应变量下的流变应力值 单位:MPa

ε	$\dot{\varepsilon}/(s^{-1})$	$T/℃$					
		900	940	980	1020	1060	1100
0.2	0.001	41.4	31.5	17.0	18.9	16.0	10.5
	0.01	67.7	37.7	27.1	25.9	21.8	17.6
	0.1	107.3	67.0	52.1	41.9	36.8	35.1
	1	173.4	112.7	71.7	60.0	49.8	55.1
	10	196.2	165.5	99.8	94.6	83.5	81.0
0.3	0.001	37.3	29.6	16.6	17.3	15.3	10.4
	0.01	61.5	33.8	25.5	24.7	19.7	17.5
	0.1	101.5	62.8	50.3	38.3	34.3	33.2
	1	172.8	111.7	71.8	59.0	50.6	52.1
	10	194.3	167.0	102.9	93.5	81.5	76.4
0.4	0.001	33.4	26.5	15.2	16.2	15.1	9.7
	0.01	56.1	31.4	23.9	22.7	19.7	16.7
	0.1	95.8	58.3	48.0	36.0	33.8	32.6
	1	171.5	113.5	71.3	57.7	50.9	50.1
	10	185.2	156.2	97.3	85.3	74.2	64.8
0.5	0.001	30.5	24.0	14.9	15.6	14.7	9.2
	0.01	52.4	29.3	22.5	21.3	19.4	16.8
	0.1	89.4	55.8	44.4	34.8	34.2	34.0
	1	169.9	115.2	72.0	56.0	52.2	51.5
	10	190.0	138.3	89.6	72.6	69.1	65.7

为了观察方便,将三维的图6-2转化成二位的能量耗散图,如图6-3(a)所示。同理,获得了应变量分别为0.3、0.4、0.5时的能量耗散图,对应变形温度为900℃~1100℃,应变速率为0.001~10s⁻¹。采用相同的方式和不同的判据,获得了对应不同应变量的失稳图,并叠加于能量耗散图之上,如图6-3阴影区域,最终获得不同变形条件下的完整的热加工图。热加工图中每一个轮廓线上的数字代表能量耗散效率(η),用百分数表示。从图6-3中可以看出,不同应变量对应的能量耗散图基本类似,说明热变形过程非常短暂,而且稳态阶段非常关键。另外,还可以看出,对应不同应变量都在1040℃左右有一个类似的转折,这个应该代表着材料的β相变温度,这与复合材料相变温度高于基体合金相变温度的结论是相符合的[7]。

所有的能量耗散图谱都可以分为两个区域,每个区域都有一个能量耗散因子峰值。一个位于α+β双相区内,大约为920℃~980℃、应变速率为0.01~

121

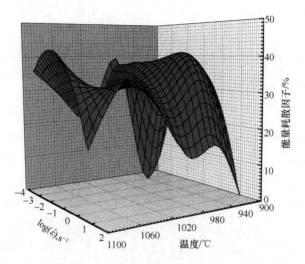

图 6-2　应变量为 0.2 时网状结构 5vol. % TiBw/TC4 复合材料
能量耗散系数 – 应变速率 – 温度之间的关系

1.0s^{-1} 内;另一个位于 β 单相区内,温度大约为 1080℃ ~ 1100℃、应变速率为
0.001 ~ 0.1s^{-1}。在 α + β 双相区内的峰值应该对应于超塑性变形及 α 相的动
态再结晶机制,而在 β 单相区内对应于安全的变形及 β 相的动态再结晶。

　　从图 6-3 中还可以看出,在加工图中显示的失稳区域主要发生在高应变速
率的区域,即应变速率高于 1.0s^{-1} 时才容易发生失稳变形,这就说明了这种网
状结构 5vol. % TiBw/TC4 复合材料表现出优异的变形能力。另外,失稳区域随
着应变量的增加而增加,这是因为随着变形量的增加,变形产生的热量增加、晶
须增强相断裂及网状界面损坏增加。当应变量达到 0.5 时,失稳区域存在于整
个温度区间,这就表明应该避免采用高于 1.0s^{-1} 的应变速率对该复合材料进行
大于 0.5 应变量的变形。

6.1.3　网状结构 TiBw/TC4 复合材料组织演变规律

　　图 6-4 所示为 5vol. % TiBw/TC4 复合材料经过 940℃/0.001s^{-1} 变形后的
径向显微组织特征。事实上,其他变形参数下的压缩试样低倍下的组织与此类
似,区别主要体现在各变形区域的比例及其高倍组织中。在所有的网状结构
5vol. % TiBw/TC4 复合材料试样上,没有发现宏观的裂纹及宏观的扭曲变形现
象,甚至在最高的应变速率 10s^{-1} 时,试样宏观变形也是均匀的。这甚至优于某
些钛合金,有些钛合金当应变速率较大时还会发生宏观裂纹及扭曲现象[2,5,8]。
这一现象再次说明了网状结构钛基复合材料优异的塑性变形能力。

　　从图 6-4 中可以看出,根据组织特征可以将整个截面分成四个区域:无变
形区域 Ⅰ,过渡变形区域 Ⅱ,均匀大变形区域 Ⅲ,圆周变形区域 Ⅳ。由于受压头

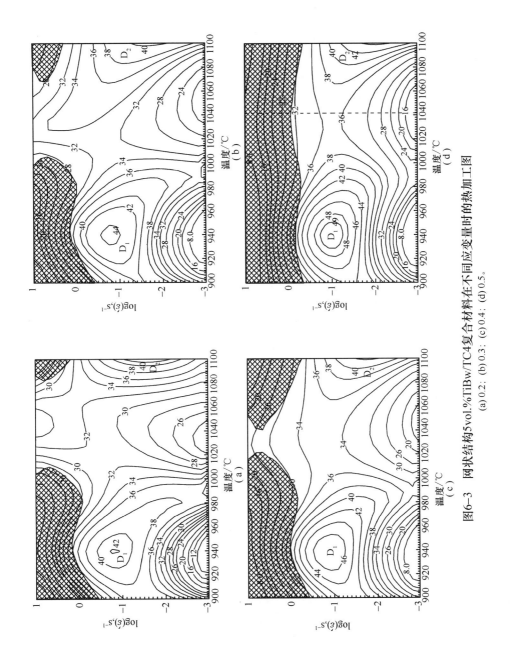

图6-3 网状结构5vol.%TiBw/TC4复合材料在不同应变量时的热加工图
(a) 0.2；(b) 0.3；(c) 0.4；(d) 0.5。

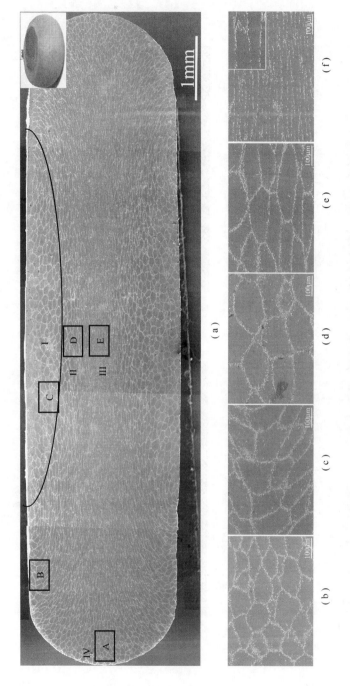

图6-4　网状结构TiBw/TC4复合材料压缩试样纵截面SEM组织照片（插图为压缩试样宏观照片）

(a) 整体截面；(b) A区域放大；(c) B区域放大；(d) C区域放大；(e) D区域放大；(f) E区域放大。

磨擦作用及三维压缩作用,区域Ⅰ内的材料不发生明显的变形,Ⅰ区内网状结构复合材料中相近的网状结构尺寸及形貌可以很清晰地反应这一点。区域Ⅱ与区域Ⅰ、区域Ⅲ、区域Ⅳ都相邻,而区域Ⅱ的变形量随着与区域Ⅲ距离的接近,变形程度增加。另外,区域Ⅰ与区域Ⅳ之间的区域Ⅱ部分的网状结构明显发生扭曲(图6-4(c)),这是由于在变形过程中局部承受不同方向的应力所致,如来自区域Ⅰ的约束变形应力与来自区域Ⅲ的强制变形应力。区域Ⅲ代表着关键的均匀变形区,区域Ⅲ中三维等轴的网状单元被压扁,垂直于压缩变形方向。也就是说,三维等轴的网状结构变成了盘状,且TiBw晶须沿着被压扁的方向定向排列。对比图6-4(b)与(d)可以发现,虽然区域Ⅳ中的网状结构仍然是平面等轴状,但其截面尺寸明显小于区域Ⅰ中的网状尺寸。这一现象产生的原因为:由于压缩变形,试样圆周方向尺寸增加,这就使得区域Ⅳ中的等轴组织承受着沿圆周方向的拉应力。因此,等轴状的网状结构被拉成沿着圆周方向的圆弧状。事实上,区域Ⅳ中的组织结构类似于挤压态 TiBw/TC4 复合材料组织结构[9]。因此,有理由相信区域Ⅳ对应的复合材料拉伸强度及塑性会明显高于烧结态钛基复合材料。总之,图6-4可以看作是最真实地全面反映压缩组织演变规律的组织分析,可以清晰地反映出具体位置的变形量及变形机制。

对不同变形温度及应变速率变形后网状结构 5vol. % TiBw/TC4 复合材料中心区域组织分析得出结论,区域Ⅱ与区域Ⅲ的宽度随着应变速率的增加而降低,而随着温度的升高而增加。相应地,区域Ⅰ的宽度随着应变速率的增加而增加,随着变形温度的降低而增加。从宏观上看,在高应变速率变形后形成的较窄的区域Ⅲ与钛合金中因失稳变形而形成的局部流变带类似[10]。因此,较窄的区域Ⅲ的形成可以看作是网状结构复合材料一个失稳变形的特征。

图6-5所示为网状结构 5vol. % TiBw/TC4 复合材料经过工艺为 940℃/ $0.01s^{-1}$ 的压缩变形后的金相组织照片。从图中可以看出,在复合材料基体内部非常明显且数量很多的 α 相动态再结晶等轴晶粒,尤其是在临近增强相附近的区域。这个现象与上述热加工图中流变耗散效率因子的峰值区域是对应的。一方面,具有合适参数的压缩变形可以促进 α 相动态再结晶的发生[11,12];另一方面,增强相的存在明显促进了 α 相的动态再结晶。这个现象产生的原因为[1]:TiBw 增强相作为硬相阻碍基体的塑性变形,导致了在硬相的 TiBw 增强相附近产生大量的位错塞积。也就是说,在 TiBw 增强相附近的基体内位错密度要明显高于远离增强相区域基体内的位错密度,或者说能量更高。因此,在增强相附近更容易发生动态再结晶。如图6-5所示,动态再结晶晶粒都是近似等轴的。另外,通过与烧结态材料的组织对比还可以发现,动态再结晶 α 相尺寸明显小于原来烧结态网状结构 5vol. % TiBw/TC4 复合材料基体中的 α 相尺寸。这是因为 TiBw 增强相的存在,不仅促进动态再结晶,而且还可以抑制再结晶晶粒的长大。可以肯定的是,等轴且尺寸细小的动态再结晶组织对复合材料的力学性能是有利的。

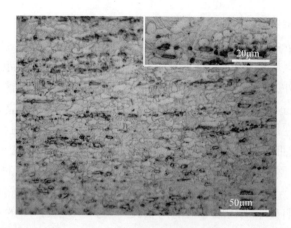

图 6 - 5   网状结构 5vol. % TiBw/TC4 复合材料经过 940℃/0.01s^{-1}
变形后动态再结晶金相组织

图 6 - 6 显示了网状结构 TiBw/TC4 复合材料失稳变形组织特征。如图 6 - 6(a)所示,在网状界面处存在 TiBw 与 TC4 合金基体之间的分离,甚至在网状界面的三叉交界处发现裂纹的产生。这些都是网状结构钛基复合材料失稳变形的特征表现。TiBw 增强相与 TC4 合金基体之间的分离及裂纹的产生,归根结底是由于在高应变速率(10s^{-1})下,TiBw - rich 区与 TiBw - lean 区之间变形不协调导致的。低应变速率下没有发现这种现象的产生。在图 6 - 6(b)中观察到,在压缩变形复合材料基体中形成了 α 晶粒被严重拉长的局部流变带。这种局部流变带的形成主要归因于钛合金较低热导率、较高的变形速度以及网状结构的存在可能不利于热量的传输。然而,网状结构将大块基体分割成许多小的区域,可以有效抑制大范围失稳变形区域的产生,从这一方面看反而可能是有利的。结合热加工图与组织分析可以发现,高的应变速率是导致形成失稳组织的重要因素。另外,较低的温度与高的应变量也是产生失稳变形的一个重要因素。因此,为了避

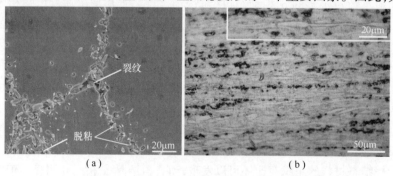

图 6 - 6   网状结构 5vol. % TiBw/TC4 复合材料经过压缩变形后
失稳变形特征的 SEM 与 OM 组织照片
(a) SEM 照片;(b) OM 照片。

免失稳变形的出现,应选择应变速率低于1.0s^{-1},而变形温度高于920℃。

图6-7所示为网状结构 TiBw/TC4 复合材料高倍下组织特征。从图中可以看出,经过980℃/0.001s^{-1}与1060℃/10s^{-1}工艺变形后的基体组织都是转变β组织,包括大量的马氏体。考虑到980℃低于β相变温度1040℃,这充分说明了压缩变形促进了相变的发生。另外,马氏体的尺寸随应变速率的提高而降低,这是由于变形时间较短所致。同时也需要指出的是,增强相的存在抑制了马氏体尺寸的增加,因为马氏体不可能穿过硬相的增强相而生长。

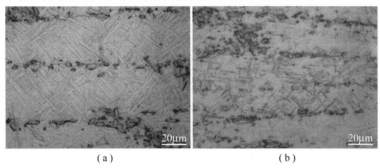

(a)   (b)

图6-7 网状结构 5vol. % TiBw/TC4 复合材料经过不同工艺变形后的金相组织照片
(a) 980℃/0.001s^{-1}; (b) 1060℃/10s^{-1}。

6.2 网状结构 TiBw/TC4 复合材料高温
超塑性拉伸变形行为

在网状结构 TiBw/TC4 复合材料上切取高温拉伸试样。将拉伸试样各个表面用水砂纸机械磨光后,在 INSTRON-1186 万能电子试验机上进行高温拉伸试验。拉伸试验温度为900℃~1000℃,每隔20℃为一变形温度,初始拉伸应变速率为0.001s^{-1}(0.9mm/min)。拉伸试验时,先将电阻炉升温至试验温度,然后将试样装卡好;当温度再次达到设定温度后开始计时,保温5min后进行拉伸,直到试样断裂时试验结束;此时立即将试样从夹具上卸载下来并进行水冷淬火,从而保留高温组织。

6.2.1 超塑性拉伸应力-应变行为

图6-8所示为网状结构 5vol. % TiBw/TC4 复合材料在应变速率为0.001s^{-1},变形温度为900℃~1000℃时的超塑性拉伸行为[13]。随着测试温度的升高,该复合材料的拉伸延伸率先升高后降低。而且,所有的拉伸延伸率都超过了100%,甚至在940℃时达到了214%。首先,表明了这种网状结构钛基复合材料具有超塑性变形的潜质。同时,说明了网状结构 5vol. % TiBw/TC4 复合材

料的最佳变形温度应为940℃。这里需要指出的是,这里所得到的测试结果,是在完全空气的环境下并且试样没有任何保护来避免氧化的情况下测得的,试样标距部分尺寸仅仅为15mm×2.5mm×2mm。因此,可以肯定的是,如果采取保护措施防止试样氧化,或者改变试样尺寸,都会使测得的拉伸延伸率数据高于现在测试的水平。另外,还需要指出的是,对于采用粉末冶金法制备的网状结构5vol.% TiBw/TC4复合材料,在没有经过任何变形的条件下,室温下只表现出3.6%的延伸率[8],在高温下能表现出超过100%,甚至达到214%的延伸率,充分说明这种网状结构优异的变形能力。而采用相同工艺烧结制备的TC4钛合金,因组织粗大也仅仅表现出150%~235%的延伸率。

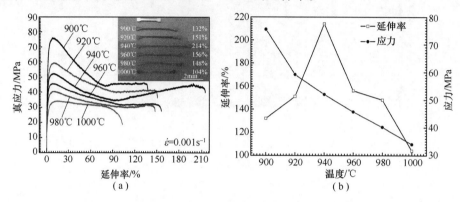

图6-8 网状结构5vol.% TiBw/TC4复合材料不同温度下拉伸
应力-应变曲线及性能变化

(a)高温拉伸应力-应变曲线;(b)峰值应力与延伸率随拉伸温度的变化。

(插图是不同温度下拉断试样宏观形貌)

从图6-8(a)中还可以看出,所有的拉伸应力-应变曲线都表现出峰值流变应力、流变软化以及稳态流变三个阶段。由于复合材料中基体的软化,峰值流变应力总是随着测试温度的提高而降低。并且,随着测试温度的提高,流变软化程度显著降低。对于稳态流变阶段的形成,可以归因于在拉伸过程中复合材料中形成的软化与硬化效应相互平衡造成的。硬化效应主要包括基体的变形强化、TiBw增强相的定向分布等;而软化主要包括复合材料基体的动态再结晶、动态回复,以及TiBw增强相断裂。

图6-9(a)所示为复合材料在相同拉伸变形温度940℃与不同的初始拉伸速率下的拉伸变形行为[13]。随着应变速率的降低,拉伸延伸率也是先升高后降低。延伸率随应变速率的升高而升高的原因在于有充分的时间发生协调变形与动态再结晶等变化,这对塑性必然是有利的。结合图6-9(b)可以看出,由于试样在空气的氧化环境、高温环境、拉伸应力状态下,使得表面氧化非常明显,而继续降低应变速率,势必延长试样的拉伸时间,使得试样氧化更加严重,导致拉伸延伸率反而随应变速率的降低而降低。而且,所有的拉伸曲线也都体现出了峰

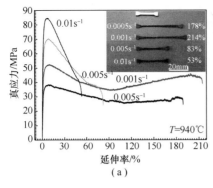 

（a）   （b）

图6-9　网状结构5vol.% TiBw/TC4复合材料940℃不同应变速率下
拉伸应力-应变曲线及拉伸试样SEM照片

（a）拉伸应力-应变曲线；（b）应变速率为0.0005s⁻¹拉断试样低倍SEM照片。

（插图是不同应变速率下拉断试样宏观形貌）

值应力、流变软化与稳态流变阶段。其中,随着应变速率从0.01s⁻¹降低到0.0005s⁻¹,拉伸峰值应力从84MPa迅速降低到38MPa。对应于最高应变速率的最低的延伸率与没有流变稳态阶段的出现,都应该归因于高的应变速率,因为较高的应变速率使得协调变形与动态再结晶来不及发生。

6.2.2　超塑性拉伸变形机制

将超塑性拉伸变形视作理想状态,假设高温拉伸变形是热激活变形,采用最常使用的分析超塑性变形机制的模型,应变速率可以表示为[14,15]

$$\dot{\varepsilon} = A\sigma^n \exp\left(-\frac{Q}{RT}\right) \qquad (6-7)$$

式中:$\dot{\varepsilon}$是应变速率;A是材料自身系数;n是应力指数($n=1/m$,m为应变速率敏感因子);Q是激活能;R是气体常数($R=8.314\text{J/mol}\cdot\text{K}$);$T$是绝对温度,单位为K。当固定应变速率时,可以通过式(6-7)变换得到激活能Q的表达式为[13]

$$Q = \frac{1}{m}R\frac{\partial\ln\sigma}{\partial(1/T)} \qquad (6-8)$$

当应变速率不变时,变形过程的激活能通过计算$\ln\sigma - 1/T$直线的斜率来获得。另外,当温度不变时,通过式$\sigma = K\dot{\varepsilon}^m$,应变速率敏感因子$m$可以表示为

$$m = \frac{\partial\lg\sigma}{\partial\lg\dot{\varepsilon}} \qquad (6-9)$$

当固定变形温度时,复合材料应变速率敏感因子m可以通过计算$\lg\sigma - \lg\dot{\varepsilon}$直线斜率来获得。图6-10所示为940℃时$\lg\sigma - \lg\dot{\varepsilon}$的线性关系[13]。根据式(6-9)与计算图6-10中的直线斜率,获得试验用网状结构5vol.% TiBw/TC4复合材料应变速率敏感因子为0.25。与以前的研究结果相比[14,16,17],可以得出结论,应变速

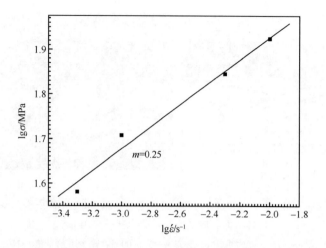

图 6 - 10　网状结构 5vol. % TiBw/TC4 复合材料 940℃
不同应变速率下拉伸 lgσ - lg$\dot{\varepsilon}$ 关系

率敏感因子 m 值与测试试样的拉伸延伸率对应,即 m 值越高拉伸延伸率越高。

　　图 6 - 11 所示为应变速率为 0.001s^{-1} 时 lnσ - 1/T 的线性关系[13]。通过计算可得,900℃ ~ 1000℃ 温度范围内,网状结构 5vol. % TiBw/TC4 复合材料的变形激活能为 338kJ/mol,这个值远高于 α - Ti 自扩散激活能 170kJ/mol[18] 与 β - Ti 的自扩散激活能 153kJ/mol[19]。因此,网状结构 5vol. % TiBw/TC4 复合材料超塑性变形机理不能简单地用晶界扩散提供晶界滑移来解释。一方面,作为增强相的三维 TiBw - rich 网状界面较晶界更有效地抑制基体变形[20];另一方面,晶粒尺寸对超塑性变形有着重要的影响。在网状结构 5vol. % TiBw/TC4 复合材料中,TC4 钛合金颗粒周围的 TiBw - rich 网状界面区与传统晶界在形貌上与功

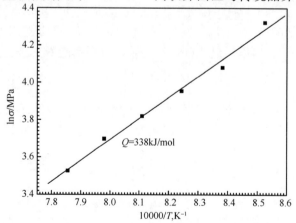

图 6 - 11　网状结构 5vol. % TiBw/TC4 复合材料 0.001s^{-1} 不同
温度下拉伸 lgσ - 10000/T 关系

能上是类似的,但却可以有效细化基体晶粒尺寸,起到细化晶粒的作用,包括原始β晶粒尺寸及网状内部的α+β尺寸。因此,针对本材料获得的高激活能应该与上述两个因素有关。因此,可以推断,这种网状结构钛基复合材料优异的超塑性水平应该归因于这两个因素,即增强相网状结构与基体晶粒细化。

6.2.3 超塑性拉伸变形组织演变规律

图 6 - 12 所示为网状结构 5vol. % TiBw/TC4 复合材料在 940℃/0.001s^{-1} 超塑性拉伸变形后试样侧面抛光及腐蚀后的 SEM 组织照片[13]。从图中可以看出,整体变形是协调的,即变形发生在整个标距内,而不是明显的局部变形,这也是为什么能获得较好的超塑性水平(图 6 - 8)。整体的协调变形主要是由于没有任何取向差别的各向同性的三维网状结构。当然,从断口到夹具端部,离断口越远变形量越小。从图 6 - 12 中裂纹的分布可以推断出,微裂纹首先在网状界面处形成,这是由于网状界面处较基体较高的弹性模量及首先承担载荷的原因,然后在更大的载荷作用下微裂纹聚集长大成裂纹,最终裂纹沿着网状界面处扩展直至试样断裂。图 6 - 12 的插图是为了更清晰地说明通过拉伸变形后,复合材料中 TiBw 沿着拉伸方向发生了协调变形,呈一定程度的定向分布,这可以进一步强化复合材料。

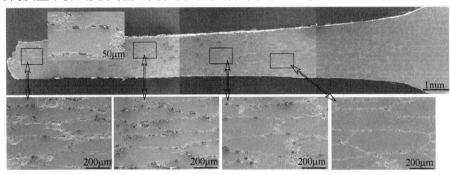

图 6 - 12　网状结构 TiBw/TC4 复合材料 940℃/0.001s^{-1} 测试条件下
拉伸试样侧表面 SEM 组织照片

为了进一步展现网状结构钛基复合材料的变形特征,图 6 - 13 展示了在940℃/0.001s^{-1} 超塑性拉伸变形后拉断试样不同部位的金相组织照片[13]。从图中可以清晰地看出,在网状结构的变形基体内部出现了许多细小等轴的 α相,这就代表了变形基体内部发生了明显的 α 相动态再结晶。不仅如此,通过仔细辨别可以发现,在网状界面的边缘处 α 相动态再结晶更加明显。这一发现和前面压缩变形中增强相促进 α 相动态再结晶的结论是一致的[1]。因此,本书通过高温拉伸、压缩变形组织演变规律,证明了复合材料中增强相的存在可以更有效地促进动态再结晶的发生。然而在夹具部分的基体内,没有发现明显的动态再结晶现象,这是因为夹具部分的复合材料只经历了加热与冷却,并没有发生足够变

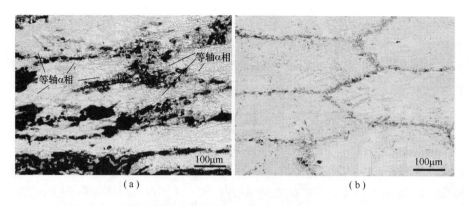

图6-13 网状结构5vol. % TiBw/TC4复合材料940℃/0.001s⁻¹

拉断试样不同部位金相组织照片

(a)断口附近;(b)夹具附近。

形。因此,网状结构5vol. % TiBw/TC4复合材料在高温超塑性拉伸过程中容易发生动态再结晶,而动态再结晶反过来有利于复合材料的超塑性拉伸变形。

图6-14展示了网状结构5vol. % TiBw/TC4复合材料在不同变形条件下的断裂特征。结合图6-12可知,由于网状界面处较高的强度及弹性模量,裂纹主

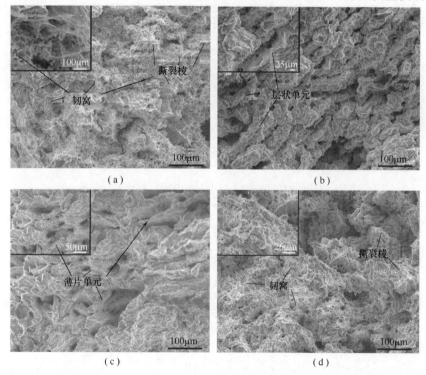

图6-14 网状结构5vol. % TiBw/TC4复合材料在不同变形条件下的断口分析

(a) 900℃/0.001s⁻¹; (b) 940℃/0.001s⁻¹; (c) 1000℃/0.001s⁻¹; (d) 940℃/0.01s⁻¹。

要还是沿着网状界面处起裂与扩展。然而,在较低温度(900℃/0.001s^{-1})及较高应变速率(940℃/0.01s^{-1}),对应最大的峰值应力情况下,在基体中形成了韧窝及撕裂棱,说明了即使在900℃以上,网状界面处依然发挥着有效的增强效果,充分说明了其克服了高温晶界弱化的作用。在(940℃/0.001s^{-1})条件下,三维的等轴网状单元被拉成长片状,并且没有基体撕裂棱形成,这充分说明了网状结构本身对复合材料塑性是有利的。在最高温度1000℃的情况下,网状单元被拔出并拉成薄片状,这说明发生了局部变形导致较低的延伸率。因此,网状结构5vol.% TiBw/TC4复合材料超塑性变形机制可以解释为:网状结构通过抑制局部变形及降低裂纹扩展速度而促进了整体的协调变形。另外,网状结构存在而发生的晶粒细化及促进动态再结晶对超塑性变形也是有利的。

6.3 热挤压对 TiBw/TC4 复合材料组织与性能的影响

对材料进行热挤压变形处理是提高材料力学性能的一个有效途径。特别是对粉末冶金法制备的金属基复合材料,通过热挤压,不仅提高致密度,均匀组织,还可以细化晶粒尺寸以及通过形成亚结构达到加工硬化的效果。热挤压最重要的参数是挤压温度。挤压温度低,变形抗力大,不易变形;挤压温度过高,成本高且造成材料氧化污染严重,且基体加工硬化程度低,不利于复合材料性能提高。对于钛基复合材料而言,由于变形抗力高,在β相区加热时塑性明显提高,故复合材料挤压温度选择在β相区更有利于变形,更能充分利用基体合金的塑性。近几年的文献报道显示,1100℃下进行挤压变形效果较好。为此,本书采用挤压变形温度为1100℃,挤压比为16:1,磨具加热温度为500℃。

6.3.1 热挤压对 TiBw/TC4 复合材料组织的影响

图6-15为具有准连续网状结构的5vol.% TiBw/TC4复合材料经过热挤压变形后SEM组织照片[9]。从图中可以看出,由于原有TC4颗粒尺寸较大,挤压变形后,复合材料中TiB晶须增强相仍然分布在TC4基体周围。只是原本等轴的网状结构经过挤压变形后被拉长,仍然是按照准连续网状分布。TiBw增强相由原来三维方向分布,变成具有沿挤压方向的定向分布。然而局部增强相含量大大降低,或基体连通程度大大增加,且界面区宽度降低。这是由于经过挤压变形后,原本具有较小比表面积的近似球状的等轴基体颗粒,沿挤压方向被拉长,这样钛基体表面积大大增加,因此在网状界面处局部增强相含量降低,且沿挤压方向排列。这将提高沿挤压方向复合材料的强度与弹性模量。另外,由于基体连通度增加,这必定会提高复合材料的塑性指标。

需要指出的是,经过腐蚀后,增强相两端处基体出现微孔。微孔的产生来源

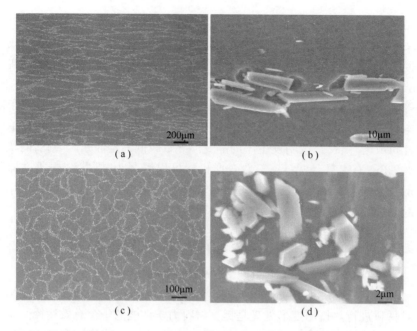

图 6 - 15　挤压态 5vol. % TiBw/TC4 复合材料纵截面与横截面 SEM 组织
(a)纵向低倍;(b)纵向高倍;(c)横向低倍;(d)横向高倍。

于两个方面:一方面,增强相与基体之间变形的不协调性导致增强相两端出现微孔,特别是增强相在发生断裂后,新的断裂处未被变形基体填充;另一方面,由于基体与增强相之间的变形不协调,使得增强相端点处基体中产生最大的变形残余应力,这在腐蚀过程中,会产生明显的应力腐蚀效应,使得附近基体腐蚀较快,产生腐蚀微孔,这也是造成应力腐蚀产生微孔的主要原因。从 SEM 组织中观察发现,微孔主要存在于增强相两端的附近位置,这与以上分析的原因是一致的。从这方面看,晶须的断裂对复合材料强度及弹性模量是十分不利的;而变形产生的残余应力对性能的影响目前尚无定论。根据前期工作可知[21],变形过程中形成的位错塞积、孪晶、织构、动态再结晶及晶粒细化对基体及复合材料整体性能也是有利的。另外,通过对比观察发现,在烧结态 TiBw/TC4 复合材料基体中,呈现的是近似等轴状组织[8],而在变形后的基体中为马氏体组织 α′或 β 转变组织。这一转变主要是高温变形温度 1100℃超过了基体 β 相变点以及变形后迅速冷却造成的,这将对 TiBw/TC4 复合材料的强度是有利的。综合以上,热挤压对复合材料组织与性能的影响是复杂的,其中沿挤压方向的塑性水平由于基体连通度增加必然得到提高,抗拉强度由于基体形变及热处理强化及晶须定向排列也必然得到提高。弹性模量由于晶须定向排列以及网状结构局部增强相含量大大降低,而有待进一步验证。

　　在横截面上,增强相分布仍然近似等轴状,只是由于变形发生了一定的扭曲,且尺寸大大降低[9,22]。通过截线法测得基体在横截面上的平均尺寸为60μm,这是与挤压比 16∶1 基本相符的。按照挤压比 16∶1,理论上挤压之后原本等轴的网状结构变成横截面平均尺寸为 50μm 的柱状网状结构,这与纵截面低倍照片结果相符。横截面基体组织与纵截面基体组织基本一致,这是因为基体组织的形成是在挤压变形之后形成,主要受冷却速度影响。对于增强相而言,大部分都垂直于横截面,这更进一步说明了增强相在挤压变形之后沿挤压方向定向排列的趋势。另外,TiBw 横截面较多的是不等边六边形,这是由于 TiBw 沿[001]方向生长快于沿[100]方向生长的缘故[23]。

网状结构 8.5vol.% TiBw/TC4(200μm)复合材料挤压后的 SEM 组织分析结果显示,由于设计增强相含量较高,加入 TiB₂ 原料较多,且以网状非均匀状态分布,这就使得钛合金颗粒周围形成增强相团聚现象,这在挤压变形过程中可以得到一定程度的改善。经过挤压变形后,基体组织与前述 5vol.% TiBw/TC4(200μm)复合材料无异,只是晶须形态及分布有所差异。由于晶须块的存在,更不利于均匀变形,使得晶须折断更为严重。原来存在的晶须团由于强度较高,基体流变抗力较低,不易被打碎,这就更容易形成缺陷。较高的增强相含量,也会影响变形过程中晶须的转动,造成晶须断裂严重,且存在局部孔洞,这些对复合材料的性能都是不利的。另外,局部由于晶须体积分数较高而阻碍晶须在变形过程中的流动,从而影响晶须的分散,局部晶须体积分数仍然较高,这对复合材料的塑性是不利的。

6.3.2 热挤压对 TiBw/TC4 复合材料拉伸性能的影响

为了说明热挤压变形对复合材料性能的影响,采用相同的原料相同的工艺制备了热挤压态的 TC4 钛合金棒材。对挤压前后钛合金及复合材料都做室温拉伸性能测试,测试结果如图 6-16 所示[9]。从图中可以看出,经过热挤压后,TC4 钛合金的强度及塑性都得到提高。其中,强度的提高主要是由于形变及热处理强化的效果。一方面,形变过程中产生了形变及热处理强化,及细化了晶

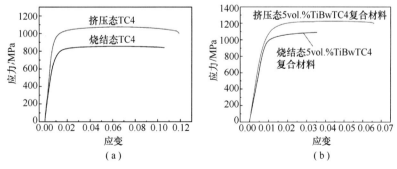

图 6-16　TC4 钛合金及 5vol.% TiBw/TC4 复合材料挤压前后拉伸性能对比
(a)TC4 合金;(b)5vol.% TiBw/TC4 复合材料。

粒;另一方面,由于变形后直接空冷,较高的冷却速度形成了较多的马氏体组织。这些都会明显提高复合材料的强度,且晶粒细化还将在很大程度上提高钛合金塑性指标。综合以上因素,热挤压明显提高了钛合金的抗拉强度,一定程度上提高了延伸率。

对于网状结构钛基复合材料而言,如图 6-16(b)所示,抗拉强度得到一定程度的提高,而延伸率得到明显提高。结合前面组织分析及 TC4 钛合金性能变化可知,热挤压使得网状结构复合材料强度的提高,主要是由于基体形变及热处理强化的效果,以及增强相定向分布带来的强化效果。与 TC4 钛合金不同的是,热挤压一方面破坏了增强相的树枝状结构,同时也降低了晶须增强相局部体积分数,这必定对复合材料的强度是不利的。这应该是复合材料经过热挤压后抗拉强度没有得到较大程度提高的原因。当然值得肯定的是,由于增强相含量仅有 5%,经过热挤压使得抗拉强度从 1090MPa 提高到 1230MPa,相当于提高了 13%。

复合材料的延伸率从 3.5% 提高到 6.5%,提高了 86%。复合材料塑性如此大的改善,一方面是由于变形使得基体晶粒尺寸大大降低,另一方面挤压变形使界面处增强相局部体积分数大大降低,大大提高了基体之间的连通度,导致断裂机制发生变化,可能不再是网状结构的"沿晶断裂",从而更好地发挥了基体的塑性。另外还有两个可能的原因就是 TiBw 长径比的降低以及 TiBw 断裂处高的残余应力,也可能对塑性的增加起到一定的促进作用。这些方面的共同作用,使得复合材料塑性有了较大程度的提高。

图 6-17 所示为不同增强相含量的复合材料与纯 TC4 钛合金经过热挤压后拉伸性能对比。从图中可以看出,随着增强相含量的增加,挤压态复合材料的抗拉强度逐渐提高,并且与前面烧结态复合材料相比,强度都有了明显的提高,这充分体现了挤压变形对提高复合材料强度的作用。另外,对于 TC4 颗粒尺寸为 200μm 的烧结态复合材料,当增强相体积分数增加到 8.5% 时,由于局部增强

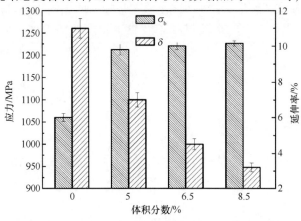

图 6-17　挤压后 TiBw/TC4 复合材料拉伸性能随增强相含量的变化趋势

相含量过高、抗拉强度降低，而挤压态复合材料中，增强相含量达到8.5%时，抗拉强度仍有一定提高，充分说明了挤压变形分散增强相的作用。因此对于高体积分数或者增强相分布不均匀的烧结态复合材料，通过热挤压变形，对实现增强相进一步分散是有一定效果的。另外，随着增强相含量的增加，抗拉强度虽然增加，但是增加不明显。这主要归结为以下三个方面的原因：①网状结构钛基复合材料的高强度主要由于增强相的网状分布与基体性能，增强相的少量增加对网状结构没有明显影响；而由于相同的变形条件，基体性能一致，因此抗拉强度没有明显增加。②由于挤压后基体尺寸变化较大，比表面积增加较大，使得增强相在界面处局部体积分数并没有因整体增强相含量的增加而有明显增加。③增强相含量的增加，会带来在挤压过程中晶须折断严重以及出现晶须团等缺陷，这些对强度都是不利的。

综合以上因素，对于一定的体系，在一定范围内增加增强相含量并不会明显提高挤压态网状结构钛基复合材料的抗拉强度。复合材料的塑性指标，随着增强相含量的增加明显下降，这主要是由于在烧结态复合材料中形成的晶须团等缺陷，在挤压过程中并不能得以很好地消除。造成挤压态复合材料中随着增强相体积分数的增加，晶须折断等缺陷变得严重，从而降低了挤压态复合材料的塑性。即使如此，挤压态复合材料的延伸率都要明显优于烧结态复合材料的延伸率，这主要是由于挤压使得局部增强相含量降低或者基体之间连通度增加，以及基体本身塑性的提高。

6.3.3 挤压态 5vol.% TiBw/TC4 复合材料高温拉伸性能

通过前面对挤压态 5vol.% TiBw/TC4 复合材料室温拉伸性能测试可知，挤压态复合材料抗拉强度、弹性模量及延伸率都得到较大程度的提高。为了明确挤压对网状结构 TiBw/TC4 复合材料高温性能的影响，对其进行不同温度下高温拉伸性能测试。图6-18所示为500℃~700℃范围内，挤压态 5vol.% TiBw/TC4 复合材料高温拉伸应力－应变曲线。挤压态 5vol.% TiBw/TC4 复合材料500℃抗拉强度达到795MPa，较相同体系的烧结态复合材料抗拉强度（672MPa）提高了18.3%。而550℃时挤压态复合材料抗拉强度（708MPa）还要高于烧结态复合材料500℃时的抗拉强度。可以说，挤压变形使网状结构 TiBw/TC4 复合材料强度提高或使用温度再提高50℃以上，这主要是由于基体发生形变及热处理强化的效果。600℃时挤压态抗拉强度578MPa也明显高于烧结态的516MPa，然而却明显看出：随着温度的升高，挤压态复合材料与烧结态复合材料拉伸强度相差越来越小。这是因为挤压态复合材料较高的强度主要来自基体的形变及热处理强化。通过前面热处理分析，TC4 钛合金在600℃以上，将发生明显的 α 相向 β 相转变的组织变化。这样当温度达到600℃以上时，形变及热处理强化组织将转变成低强度稳定的 β 相组织。因此当温度超过600℃时，挤压

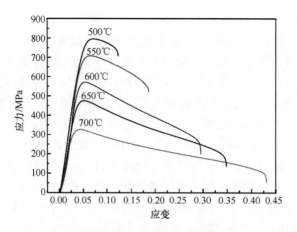

图 6-18 挤压态 5vol. % TiBw/TC4 复合材料高温拉伸应力-应变曲线

态复合材料的形变及热处理强化效果迅速降低,一定程度上说明了钛基体本身的性能对钛基复合材料使用温度的限制。或者说,为了进一步提高钛基复合材料的使用温度,选择更耐高温的钛基体是关键的。

为了更加明确挤压变形后,增强相对复合材料高温性能的影响,对挤压态纯TC4钛合金进行相同条件的高温拉伸试验,结合上述部分挤压态复合材料高温性能进行比较。如图 6-19 所示,为挤压态纯 TC4 钛合金与挤压态复合材料在不同温度下拉伸性能对比。首先可以肯定的是,挤压变形对钛合金在 600℃ 以下力学性能有较大的提高。挤压变形使得 TC4 钛合金在 400℃ 抗拉强度从552MPa 提高到了 728MPa,相当于提高了 31.9%。这种挤压变形强化,主要来自于基体形变及热处理强化,因此随着温度的升高,挤压强化变得越来越不明显,主要是由于上面提到的温度的升高发生变形组织向 β 相转变而软化。

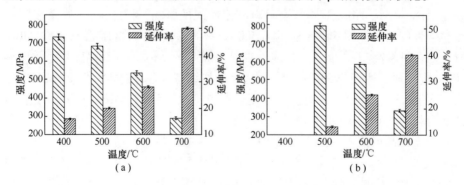

图 6-19 挤压态 TC4 钛合金与 5vol. % TiBw/TC4 复合材料高温拉伸性能
(a)TC4 合金;(b)5vol. % TiBw/TC4 复合材料。

结合图 6-18 与图 6-19 比较,还可以发现,挤压态复合材料 550℃ 的抗拉强度与挤压态 TC4 钛合金 400℃ 的抗拉强度相当。也就是说,对于同是挤压态的材料,仅仅 5vol. % TiBw 增强相的加入,也使得复合材料的使用温度提高了150℃左右。如前所述,挤压变形可以有效地提高钛合金与网状结构钛基复合材料在挤压方向上的高温性能。然而由于基体合金相变的原因,难以逾越 600℃使用温度极限。结合前面不同基体颗粒与增强相含量网状结构钛基复合材料的性能测试结果分析,降低钛合金基体颗粒尺寸,同时提高增强相含量,可以一定程度上提高其高温性能及使用温度,然而却要牺牲室温塑性。而改变基体合金种类,使用更耐高温的钛合金作为基体,才能更加有效地在保证室温塑性的同时,较大程度上提高钛基复合材料的使用温度极限。

6.4 热轧制对网状结构 TiBw/TC4 复合材料组织与性能的影响

轧制是靠两旋转轧辊与轧件之间的摩擦力将轧件拉入辊缝,使轧件受到压缩与挤压产生塑性变形的过程。通过轧制使轧件性能提高及横断面积增大。轧制是金属发生连续塑性变形的过程,易于实现批量生产,生产效率高,是塑性加工中应用最广泛的方法。轧制产品占所有塑性加工产品的 90% 以上。通过对不同体积分数挤压态复合材料性能分析,体积分数对热变形态复合材料性能影响较小,因此只对 5vol. % TiBw/TC4(200μm)复合材料进行轧制变形研究。

6.4.1 热轧制对 TiBw/TC4 复合材料组织的影响

图 6 – 20 所示为参考等轴组织轧制变形示意图[24]而绘制的三维网状结构钛基复合材料轧制变形示意图[25]。从图中可以看出,由于受到轧辊前端垂直轧辊面的挤压力(虚线箭头所指)和轧辊与材料间摩擦力的作用,在被轧制材料上产生一对 RD 方向的相向的拉应力,以及 ND 方向上的压应力。拉应力使得等轴组织在侧面(Ⅱ)方向上被拉长,拉应力及压应力使得等轴组织在材料表面(Ⅰ)被压缩变大。而轧制变形的特点,使 RD 与 TD 方向均是不受约束的,因此在垂直于 RD 面(Ⅲ)上的等轴晶被一定程度上压扁,类似于墩粗的效果。

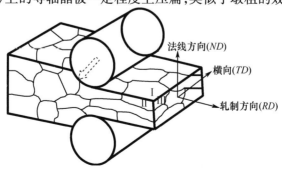

图 6 – 20 等轴组织轧制过程中组织演变示意图

如图 6 – 21 所示为经过 80% 变形量轧制变形后 5vol. % TiBw/TC4 复合材料低倍组织照片[25]。通过对比发现，变形组织与图 6 – 20 中示意图特点完全吻合。经过 80% 轧制变形后，Ⅰ面上等轴网状尺寸明显变大，甚至达到 400μm，这样必定会降低增强相的连通度。然而由于在 RD 方向上的拉应力作用，与 TD 方向上的无约束特点，使得原来的等轴网状得以保留下来。而侧面（Ⅱ面）由于主要受到拉应力作用，使得等轴网状结构拉长，这在形态上类似于挤压态组织，也会降低局部增强相含量[9]。

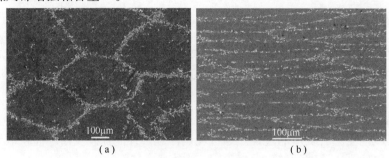

(a)　　　　　　　　　　　　(b)

图 6 – 21　5vol. % TiBw/TC4 复合材料轧制面（Ⅰ）与侧面（Ⅱ）
经过 80% 轧制变形后 SEM 组织照片
(a) 轧制面Ⅰ；(b) 轧制侧面Ⅱ。

图 6 – 22 所示为不同轧下量轧制变形后 5vol. % TiBw/TC4 复合材料轧制面（Ⅰ）SEM 组织照片[25]。从图 6 – 22 中可以看出，由于轧制变形在 RD 与 TD 方向上均不受约束，只是 ND 方向上受到压缩约束，因此轧制变形后组织虽然发生平行于轧制面分布，但是并没有沿固定的 RD 或 TD 方向定向排列，这是与挤压变形不同的[9]。另外由于 ND 方向上的压缩作用，使得 ND 方向上的晶须在变形过程中发生严重折断。对比图 6 – 22(a) 和图 6 – 22(b) 可以发现，轧制变形量越大，这种晶须折断现象越严重。另外，通过图 6 – 21 和 6 – 22 还可以看出，由于轧制变形温度较高，基体中的初始 α 相完全消失，原始组织完全转变成为转变 β 组织。在轧制变形过程中出现严重的晶须折断现象，以及晶须没有定向

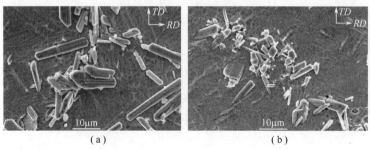

(a)　　　　　　　　　　　　(b)

图 6 – 22　不同轧下量轧制变形后 5vol. % TiBw/TC4 复合材料表面（Ⅰ）组织 SEM 照片
(a) 40%；(b) 80%。

排列现象,加上增强相连通度降低,必定会降低增强相的增强效果。而热轧制变形对基体产生的形变及热处理强化作用,却将较大程度上改善复合材料的强度水平。因此,必须将轧制变形量－组织－力学性能联系起来,才具有明确的意义。

图6－23所示为不同轧下量轧制变形后5vol.% TiBw/TC4复合材料侧面(Ⅱ)组织SEM照片[25]。由前面分析可知,沿 *ND* 方向的晶须由于压缩变形而折断,因此晶须只能沿 *RD* 与 *TD* 方向分布,这从图6－22可以得到一定程度的验证。同时从图6－23也可以看出,复合材料经过轧制变形后,只有沿 *RD* 与 *TD* 方向的晶须存在,而 *ND* 方向晶须或者被折断或者被协调变形为 *RD* 或 *TD* 方向,这种程度随着变形程度的增加而增加。另外还可以看出,变形程度越大,等轴网状结构被拉伸变形越长,使得晶须在界面处的分布越稀薄,这对 *RD* 方向上的塑性是有利的。由于较大的变形量,使得不仅在 *ND* 方向上的晶须发生折断,在 *RD* 与 *TD* 方向上的晶须也发生部分断裂现象。

特别需要指出的是,由于轧制是在相变点以上进行,因此在轧制及冷却后基体组织由原来的等轴组织转变成转变β组织(或马氏体)。如图6－23所示,经过多次轧制变形后,组织转变更加彻底,因此基体被形变及热处理强化逐渐增加。综上可以看出,只有基体形变及热处理强化对网状结构复合材料的强度是有利的;网状界面处增强相局部体积分数降低及增强相被折断都是对塑性有利的。因此要从这两个方面分析轧制变形对复合材料性能的影响。

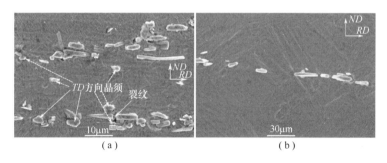

图6－23 不同轧下量轧制变形后5vol.% TiBw/TC4复合材料侧面(Ⅱ)组织SEM照片
(a)40%;(b)80%。

6.4.2 热轧制对 TiBw/TC4 复合材料拉伸性能的影响

图6－24所示为5vol.% TiBw/TC4复合材料在不同轧制变形量下的拉伸性能[25],5vol.% TiBw/TC4复合材料抗拉强度随变形量的增加而增加。当变形量达到60%时,抗拉强度从轧制变形前的1090MPa提高到1330MPa,相当于提高了22%。这是因为一定变形量前,基体被形变及热处理强化效果明显高于增强相折断与连通度降低导致的弱化效果。另外,随着变形量增加,增强相局部体积

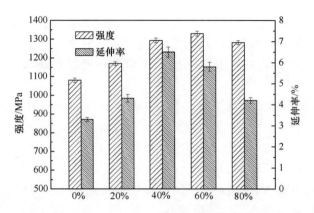

图 6-24　网状结构 5vol. % TiBw/TC4 复合材料拉伸性能随轧制变形量变化

分数降低,且基体晶粒细化,塑性也得到明显提高。当变形量达到 40% 时,塑性最好,延伸率从变形前的 3.3% 提高到变形后的 6.5%,提高了 97%。而当变形量继续增大,超过 60% 时,复合材料强度与塑性明显降低,其中延伸率在变形量超过 40% 后就开始降低。强度与塑性的降低主要是复合材料中基体变形带来的强化效果低于增强相破碎带来的弱化效果。一方面,大量变形使得晶须折断严重,产生更多的缺陷或微裂纹;另一方面,由于多道次轧制及回火加热都是在空气炉中进行,钛基体可能极易吸氧、氢而脆化,使得在经过大量变形后,复合材料反而力学性能降低。因此,考虑到变形后的力学性能以及节约成本,不宜对钛合金基复合材料,特别是薄板进行较大变形量的多道次轧制变形。

6.5　变形态网状结构 TiBw/TC4 复合材料强韧化机理

6.5.1　变形态 TiBw/TC4 复合材料弹性模量

从前面研究结果可以看出,通过热挤压变形可以有效提高网状结构 TiBw/TC4 复合材料的强度与塑性指标,因此对其进行弹性模量的测试有利于更好地理解变形态复合材料增强机制及指导生产实践。根据式(1-10)~式(1-17)的混合法则[26]、H-S 理论[27,28] 及 H-T 理论[29] 弹性模量计算式,结合从图 6-15SEM 组织照片中统计的晶须长径比 7.5 及 TiBw 弹性模量 450GPa[30],可以得到相应的 Ti-TiBw 体系弹性模量随增强相体积分数变化关系,如图 6-25所示。根据通过动态谐振法测量得到的挤压态及轧制态 5vol. % TiBw/TC4 复合材料及烧结态复合材料弹性模量比较,图 6-25省去了 RoM 上限与 H-T下限。混合法则虽然是一个最大限,但是差别过大,长期的实验验证发现 H-T模型更适合这种定向分布的短纤维增强的复合材料性能[29,30],也就说明了

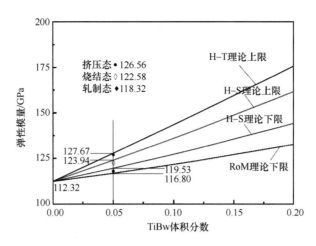

图 6 – 25　不同状态下 5vol.% TiBw/TC4 复合材料弹性模量与混合定律比较

挤压态与烧结态复合材料不同的增强机制。

从图 6 – 25 可以看出经过挤压变形,复合材料沿挤压方向弹性模量有了较大的提高,从 122.6GPa 提高到 126.6GPa,远远超过了 H – S 理论上限,更加接近 H – T 上限对应的理论弹性模量 127.7GPa。这是因为挤压变形属于三向约束变形,使得复合材料中 TiBw 晶须经过热挤压后呈定向排列,甚至基体也沿挤压方向拉长,如图 6 – 26 所示。因此挤压态复合材料已经不再属于 H – S 理论对应的各向同性材料的范畴,而是典型的短纤维定向分布增强复合材料。因此挤压态复合材料沿挤压方向弹性阶段的性能更接近 H – T 模型,不可否认的是沿垂直挤压方向的弹性模量必定是降低的。因此,虽然挤压变形使得强度提高主要来自于基体变形,但是增强相的定向分布较原来网状分布在挤压方向上增强效果还是得到了提高,特别是在弹性阶段的性能。

图 6 – 26　挤压态 TiBw/TC4 复合材料网状单元示意图

然而,经过 40% 变形量轧制变形后,复合材料弹性模量反而降低,甚至低于 H – S 下限。这一点是和轧制变形特点有关,如图 6 – 22、图 6 – 23 所示,因为轧制变形属于单向约束,在变形过程中虽然有部分晶须沿着 RD 方向发生定向排列,但是由于在 RD 垂直方向上的 ND 方向属于压缩变形,使得在 ND 方向上的晶须发生断裂严重,产生不协调变形,形成变形缺陷较多。与此同时,部分晶须由于在 TD 方向上不受约束而沿 TD 方向上定向排列。由于变形使得原来网状结构发生变形,与挤压变形类似,势必降低晶须在界面区域的局部增强相含量,或者说使晶须变得更加分散,降低了增强相的连通度。结合以上分析,晶须的断裂、变形缺陷的形成、部分晶须沿 TD 方向定向排列以及增强相连通度降低,都会使得在 RD 方向上的增强效果或弹性模量降低,因此也说明了轧制变形后复合材料强度的提高,主要来源于热轧制对基体起到的形变及热处理强化作用。当然沿 TD、ND 方向上的弹性模量必定也是降低的,这也间接说明了增强相网状分布优异的增强效果。

结合以上分析可知,挤压变形有利于挤压方向上力学性能包括弹性模量的提高,而轧制变形则虽然可以提高强度和塑性指标,却降低了各个方向上的弹性模量。主要原因可以归结为三点:①网状单元变形进一步分散了 TiBw,使得增强相连通度降低;②轧制变形使得大量晶须折断,以及由于变形不协调形成大量缺陷;③轧制变形特点仅是单轴约束,因此轧制变形没有实现晶须的一维定向排列。

6.5.2 挤压态网状结构 TiBw/TC4 复合材料拉伸断裂分析

图 6-27 所示为挤压态网状结构 TiBw/TC4 复合材料断口 SEM 组织照片[9]。从低倍图 6-27(a)中可以看出,与烧结态复合材料断口完全不同,更接近塑性金属的断口组织,呈现出更多的韧窝及撕裂棱。从高倍图 6-27(b)中可以看出,晶须被拉断及松动的迹象,这一点充分说明了晶须在此方向上充分发挥了其增强效果。另外,典型的韧窝及撕裂棱说明了挤压变形基体最后承载,这一方面说明了基体形变及热处理强化提高了复合材料强度,另一方面说明了断裂方式或增强机制的改变,从而较大程度地提高了复合材料的延伸率。

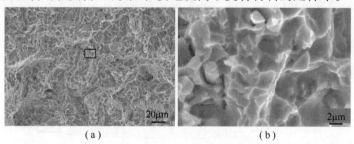

图 6-27　挤压态 5vol. % TiBw/TC4 复合材料 SEM 断口照片
(a)低倍;(b)高倍。

图 6-28 所示为挤压态网状结构 TiBw/TC4 复合材料经过抛光后的试样拉断后侧面 SEM 照片[9]。从图中可以看出,与烧结态的网状结构复合材料断裂特征完全不同,断裂在界面处产生,不是沿着界面处扩展,而是穿越挤压后变形钛合金基体,这与图 6-27 结果是一致的。造成这种"穿晶"断裂的主要原因有两个方面:①由于变形量较大,钛基体发生较大变形,使得晶须在界面处的局部体积分数大大降低,从而增加了界面处断裂的临界应变能释放速率,还大大降低了界面相的宽度,而增加界面的长度;②对于基体相形变及热处理强化却降低了其临界应变能量释放速率,以及基体截面尺寸。根据式(5-10)与式(5-12)可

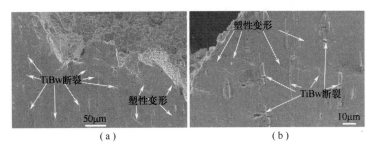

图 6-28　挤压态 5vol. % TiBw/TC4 复合材料侧面断裂特征 SEM 照片
(a) 低倍；(b) 高倍。

知,裂纹沿界面处扩展的阻力大大增加,而沿基体横截面扩展的阻力大大降低,使得裂纹最终以"穿晶"断裂的方式扩展。即使如此,从图 6-28 可以看出,首先发生断裂的仍然是容易产生应力集中的晶须。在弹性阶段晶须起到很好的承载或强化作用,这将提高挤压态复合材料的弹性模量,而进入屈服后的塑性变形阶段,大量晶须断裂。因此从屈服直到断裂前基体起主要承载作用,这一方面可以从裂纹主路径以外大量的基体塑性变形得到验证,另一方面也说明了后续的塑性变形行为属于基体在形变及热处理强化的基础上表现出的行为,因此表现出了优异的塑性指标及明显的颈缩特征。最终还可以得出结论,挤压变形对提高挤压方向弹性模量及延伸率有较大作用,对挤压方向强度的改善主要依赖于基体的形变及热处理强化及增强相的定向分布。

结合图 5-16 所示复合材料断裂机理微观分析,以及挤压态 TiBw/TC4 复合材料微观组织结构。当对增强相定向分布的 TiBw/TC4 复合材料加载时,从宏观角度看,较强的界面相较内部较软的柱状基体优先承担应力。从微观角度分析,由于位错堆积造成界面相内 TiBw 增强相较增强相附近的基体相优先承担更高的应力(图 5-16(a))。因此,TiBw 增强相因应力集中及较高的弹性模量而首先发生断裂形成微裂纹。这个过程就导致了复合材料沿挤压方向表现出较高的弹性模量。然而,由于网状结构的特点,界面相或者说 TiBw 间存在一定的距离,并且挤压变形又进一步降低了增强相的局部含量,即有较大基体区域存在,这就使得 TiBw 断裂形成的微裂纹迅速被周围的基体钝化(图 5-16(b)),前提是相邻的 TiBw 之间的距离必须远远大于裂纹尖端应力集中区的尺寸。这样就可以使得已经断裂的 TiBw 继续承担载荷,直至进一步的断裂。因此,出现了前面分析的同一根 TiBw 多次断裂的现象,如图 6-28(b)所示,这样也可以更充分地发挥 TiBw 增强相的增强效果。当界面处相邻晶须断裂产生的微裂纹在更大的载荷作用下聚集长大时,就相当于界面断裂。进一步提高载荷,使得相邻界面因断裂产生的裂纹聚集长大时就会发生进一步的整体断裂。在这个过程中,较大尺寸的柱状基体区域可以有效抑制界面相处的裂纹聚集长大及扩展,并且可以承担较大的应变直至整体断裂。这就给挤压态 TiBw/ TC4 复合材料带来了优异塑性水平及较高的强度。

参 考 文 献

[1] Huang L J, Zhang Y Z, Wang B, et al. Hot compression characteristics of TiBw/Ti6Al4V composites with novel network microstructure using processing maps. Materials Science and Engineering A, 2013, 580: 242 –249.

[2] Seshacharyulu T, Medeiros S C, Frazier WG, et al. Microstructural mechanisms during hot working of commercial grade Ti – 6Al – 4V with lamellar starting structure. Materials Science and Engineering A, 2002, 325: 112 –125.

[3] Ding R, Guo Z X, Wilson A. Microstructural evolution of a Ti – 6Al – 4V alloy during thermomechanical processing. Materials Science and Engineering A, 2002, 327: 233 –245.

[4] Prasad Y V R K, Seshacharyulu T. Processing maps for hot working of titanium alloys. Materials Science and Engineering A, 1998, 243: 82 –88.

[5] Park N K, Yeom J T, Na Y S. Characterization of deformation stability in hot forging of conventional Ti – 6Al – 4V using processing maps. Journal of Materials Processing Technology, 2002, 130 – 131: 540 –545.

[6] Li A B, Huang L J, Meng Q Y, et al. Hot Working of Ti – 6Al – 3Mo – 2Zr – 0. 3Si Alloy with Lamellar α + β Starting Structure Using Processing Map. Materials and Design, 2009, 30(5): 1625 – 1631.

[7] Tamirisakandala S, Bhat R B, Miracle D B, et al. Effect of Boron on the Beta Transus of Ti – 6Al – 4V Alloy. Scripta Materialia, 2005, 53: 217 –222.

[8] Huang L J, Geng L, Li A B, et al. In situ TiBw/Ti – 6Al – 4V Composites with Novel Reinforcement Architecture Fabricated by Reaction Hot Pressing. Scripta Materialia, 2009, 60(11): 996 –999.

[9] Huang L J, Geng L, Wang B, et al. Effects of extrusion and heat treatment on the microstructure and tensile properties of in situ TiBw/Ti6Al4V composite with a network architecture. Composites: Part A, 2012, 43 (3): 486 –491.

[10] Huang L J, Geng L, Li A B, et al. Characteristics of Hot Compression Behavior of Ti – 6. 5Al – 3. 5Mo – 1. 5Zr – 0. 3Si Alloy with an Equiaxed Microstructure. Materials Science and Engineering A, 2009, 505 (1 –2): 136 –143.

[11] Poletti C, Warchomicka F, Degischer H P. Local deformation of Ti6Al4V modified 1wt% B and 0. 1wt% C. Materials Science and Engineering A, 2010, 527: 1109 –1116.

[12] Sen I, Kottada R S, Ramamurty U. High temperature deformation processing maps for boron modified Ti – 6Al –4V alloys. Materials Science and Engineering A, 2010, 527: 6157 –6165.

[13] Huang L J, Zhang Y Z, Liu B X, et al. Superplastic tensile characteristics of in situ TiBw/Ti6Al4V composites with novel network microstructure. Materials Science and Engineering A, 2013, 581: 128 –132.

[14] Sinha V, Srinivasan R, Tamirisakandala S, et al. Superplastic behavior of Ti – 6Al – 4V – 0. 1B alloy. Materials Science and Engineering A, 2012, 539: 7 –12.

[15] Edington J W, Melton K N, Cutler C P. Superplasticity. Progress in Materials Science, 1976, 21:

61 – 170.

[16] Lu J Q, Qin J N, Chen Y F, et al. Superplasticity of coarse – grained (TiB + TiC)/Ti – 6Al – 4V composite. Journal of Alloys and Compounds, 2010, 490: 118 – 123.

[17] Lu J Q, Qin J N, Lu W J, et al. Superplastic deformation of hydrogenated Ti – 6Al – 4V alloys. Materials Science and Engineering A, 2010, 527: 4875 – 4880.

[18] Meier M L, Lesuer D R, Mukherjee A K. α Grain size and β volume fraction aspects of the superplasticity of Ti – 6Al – 4V. Materials Science and Engineering A, 1991, 136: 71 – 78.

[19] Weiss I, Semiatin S L. Thermomechanical processing of alpha titanium alloys – an overview. Materials Science and Engineering A, 1999, 263: 243 – 256.

[20] Huang L J, Geng L, Peng H X, et al. Room Temperature Tensile Fracture Characteristics of in situ TiBw/Ti6Al4V Composites with a Quasi – continuous Network Architecture. Scripta Materialia, 2011, 64(9): 844 – 847.

[21] Huang LJ, Geng L, Li AB, et al. Effects of Hot Compression and Heat Treatment on the Microstructure and Tensile Property of Ti – 6. 5Al – 3. 5Mo – 1. 5Zr – 0. 3Si Alloy. Mat Sci Eng A, 2008, 489(1 – 2): 330 – 336.

[22] 黄陆军. 增强相准连续网状分布钛基复合材料研究[D]. 哈尔滨: 哈尔滨工业大学, 2010.

[23] Feng Haibo, Zhou Yu, Jia Dechang, et al. Growth Mechanism of In Situ TiB Whiskers in Spark Plasma Sintered TiB/Ti Metal Matrix Composites. Crystal Growth and Design, 2006, 6(7): 1626 – 1630.

[24] Allen S M, Thomas E L. The Structure of Materials [M]. America: John Wiley & Sons, 1999: 359 – 363.

[25] 黄陆军, 唐骜, 戎旭东, 等. 热轧制变形对网状结构 TiBw/Ti6Al4V 组织与性能的影响. 航空材料学报, 2013, 33(2): 8 – 12.

[26] Clyne T W, Withers P J. An Introduction to Metal Matrix Composites [M]. UK: Cambridge university press, 1993: 12 – 16.

[27] Hashin Z, Shtrikman S. A Variational Approach to the Theory of the Elastic Behaviour of Multiphase Materials. J. of the Mechanics and Physics of Solids, 1963, 11: 127 – 140.

[28] Peng H X. A Review of "Consolidation Effects on Tensile Properties of an Elemental Al Matrix Composite". Materials Science and Engineering A, 2005, 396: 1 – 2.

[29] Halpin J C, Kardos J L. The Halpin – Tsai Equations: A Review. Polymer Engineering and Science, 1976, 16: 344 – 352.

[30] Cao G J, Geng L, Naka M. Elastic Properties of Titanium Monoboride Measured by Nanoindentation. J. of American Ceramic Society, 2006, 89: 3836 – 3838.

第7章　热处理对 TiBw/TC4 复合材料组织与力学性能的影响

自 20 世纪 70 年代开展 TMCs 的研究开始,到目前对 TMCs 的大部分研究还是集中在材料的制备方面。国内外关于 TMCs 热处理方面的文献还很少,尤其是强化热处理方面资料更少。对增强相加入后材料整体热处理性能的影响方面研究不够深入,热处理工艺尚不健全,有限的研究也大都是借鉴钛合金的热处理工艺。网状结构钛基复合材料解决了粉末冶金法制备 TMCs 的瓶颈问题,将有望实现 TMCs 的工业应用。为此,研究后续热处理进一步提高网状结构钛基复合材料的力学性能,就显得尤为重要,探索热处理工艺对网状结构 TMCs 组织与性能的影响,为后续 TMCs 实际应用提供一定的指导。

7.1　淬火对网状结构 TiBw/TC4 复合材料的影响

7.1.1　TC4 钛合金及 TiBw/TC4 复合材料热处理理论分析

TMCs 热处理至今没有任何规范可以借鉴,考虑到热处理过程中增强相几乎不发生变化[1],所以只能参考基体钛合金的热处理工艺进行探索。图 7-1 所示为 TC4 钛合金发生相变及马氏体转变温度曲线示意图[2,3]。对于淬火温度的选择,不仅要考虑到必须超过 Ms 点,而且还要考虑到高于 β 相转变温度 985℃将出现 β 脆化,同时强度降低的情况。因此,对于 TC4 钛合金淬火温度必须选择在 800℃ ~ 980℃,如此才能获得马氏体强化的效果,又不至于增加其脆性,即获得优异的综合性能。相同的淬火介质,随淬火温度的提高,马氏体含量将增加,因为随淬火温度的提高,初始 α 相转化成的 β 相增加。根据 Tamirisakandala 等人[4]的报道,TiBw 增强相的介入会明显推迟钛基体相变的发生。这也就说明了 TiBw 的介入有利于提高钛基体的软化温度或相变温度,从而提高钛基复合材料的高温强度及使用温度。根据上面分析,结合文献[2],为了进一步优化网状结构 TiBw/TC4 钛基复合材料热处理制度,选择如下热处理机制进行实验:淬火(固溶)温度为 840℃ ~ 950℃,时效温度为 500℃ ~ 600℃。

图 7-2 所示为 TC4 合金经过不同热处理工序的组织演变示意图[3]。从图中可以看出,在第一阶段加热过程中,初始 α 相逐渐转变成高温 β 相(图 7-1、

148

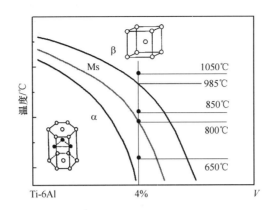

图 7 - 1　TC4 钛合金发生相变温度及马氏体转变温度曲线示意图[2]

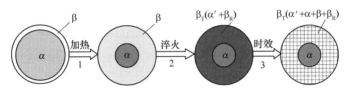

β_T: 转变β相；α′: 马氏体；β_R: 淬火后残余β相

1：β与α相中的Al含量都随加热温度的升高而增加。
2：α′相的含量随加热/淬火温度的升高而增加。
3：时效形成的细小α与β相含量与尺寸随时效温度的升高而增加。

图 7 - 2　TC4 合金热处理过程中组织演变规律示意图

图 7 - 2），并且随着加热温度的升高，α 相的体积分数减少而 β 相的体积分数增加。结合固态相变知识，不难发现在这个过程中，剩余 α 相中的 Al 元素含量高于原 α 相中的 Al 元素含量，这是因为总的 α 相的含量减少[5]。另外，α 相转变形成的 β 相中 Al 元素也高于原 β 相中 Al 元素的含量，这是因为固态相变过程中成分梯度分布造成的。在随后的淬火过程中，从高温 β 相中形成马氏体 α′相，并且随着加热温度的提高，淬火后形成的马氏体 α′相含量增加[6,7]。不可否认的是，肯定有部分残余 β 相残留下来。马氏体相和残余 β 相共同组成转变 β组织，标记为 β_T。在最后的时效过程中，部分马氏体分解成细小的 α + β 相，并且随着时效温度的提高，细小 α + β 相的含量与尺寸将增加。

　　结合烧结态 TMCs 基体组织特征及 TC4 钛合金热处理组织演变规律分析，推测网状结构钛基复合材料中基体在热处理过程中的组织随热处理工艺变化流程图，如图 7 - 3 所示。随着淬火温度的提高，双相钛合金基体中初始 α 相含量逐渐降低，淬火转变马氏体含量增加，这样势必会增加钛合金基体强度和硬度，然而却降低塑性。后续时效时间越长，时效温度越高，马氏体发生转变越多，残留马氏体越少，强度和硬度指标降低，塑性提高。由于复合材料中基体与增强相之间热膨胀系数的差异，在制备及后续处理过程中必定产生一定的残余应力，进

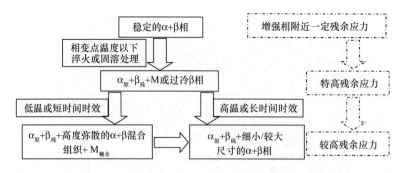

图7-3 钛基复合材料热处理过程中随热处理工艺变化的组织演变流程图

而对宏观机械性能产生一定的影响。以下3个方面决定了本文制备的烧结态TMCs残余应力较小，即：①相对熔铸法、反应热压法制备钛基复合材料是在较低温度下进行；②增强相通过原位反应法获得，增强相与基体之间具有一定的位相关系；③采用炉冷方式冷却制备的材料，较低的冷却速度有利于降低残余应力。然而经过淬火处理，使得增强相与基体之间残余应力增加，时效处理可降低复合材料残余应力。

7.1.2 淬火温度对 TiBw/TC4 复合材料组织的影响

对烧结态具有魏氏组织的 TC4 钛合金进行930℃淬火及500℃时效处理，与没有经过热处理的 SEM 组织相比，α 与 β 两相的对比度降低，说明经过淬火及时效后原来的 β 相已经不再是初始 β 相，而变成转变 β 组织，其中包含更多的马氏体 α′组织，因为马氏体组织与 α 相具有类似的晶体结构，且成分相近，因此转变 β 组织与 α 相对比度变小。转变 β 组织体积分数明显多于原初始 β 相，这是因为在淬火加热时，部分靠近 β 相的 α 相首先发生相变转变成 β 相，在随后的淬火过程中也就形成了 β 转变组织。一方面，由于淬火处理，原来的 β 相转变成了转变 β 组织；另一方面，部分 α 相也转变成了转变 β 相。因此经过淬火处理后钛合金的硬度将得到较大的提高。

图 7-4 所示分别为网状结构 5vol. % TiBw/TC4 复合材料经过 840℃ 与 870℃淬火及 500℃时效 SEM 组织照片。从图中可以看出，热处理对增强相 TiBw 没有任何影响，变化的只是基体组织，这与前人的研究结果一致[8-11]。对比图 7-4(a)、(b) 与图 7-3，可以看出，α 相与转变 β 组织对比度逐渐降低。一方面，淬火温度越高，过冷度越大，β 相转变成马氏体越充分，残留 β 相越少；另一方面，随着淬火温度提高，β 相体积份数增加，导致 β 相中钒含量减少，铝含量增加。因此淬火温度越高，对比度越低。另外，随着淬火温度的提高，α 相转变成 β 相的体积分数增加，淬火后转变 β 组织体积分数明显增加，这必定会提高基体的强度水平。

综合以上分析，对于网状结构复合材料，热处理不会影响陶瓷增强相，只会

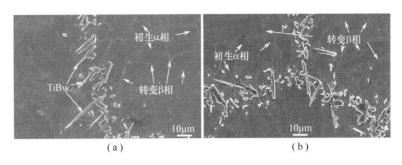

图 7 - 4　5vol. % TiBw/TC4 复合材料经过淬火及 500℃时效 SEM 组织照片
(a)840℃;(b)870℃。

起到强化基体的作用,并且随着淬火温度的升高,转变 β 组织体积分数增加,其中马氏体含量增加。由于淬火属于瞬间过程,且马氏体转变产生的晶格畸变较大,因此增强相网状分布对基体组织的影响不太明显,至少通过 SEM 组织照片不易观察,因此暂且不作考虑。

7.1.3　淬火温度对 TiBw/TC4 复合材料力学性能的影响

首先对烧结态 5vol. % TiBw/TC4 复合材料进行固溶时效,固溶温度为900℃,时效温度500℃,时效时间6h。图 7 - 5 所示为热处理后对网状结构复合材料中不同位置显微维氏硬度测试。为了比较,对烧结态 TC4 钛合金进行相同处理及硬度测试,热处理后 TC4 钛合金显微硬度值达到388。与热处理之前325相比,有明显增加,因此热处理有效提高了 TC4 钛合金的硬度指标。图 7 - 5(b)所示为对应图 7 - 5(a)中不同测试位置的硬度值变化。与热处理前相比,整体硬度都有明显增加,说明热处理制度对复合材料是有效的。即使是增强相含量最高的地方,硬度也明显增加,这就说明两个现象,即:①即使增强相含量最高的位置,也不是全部为增强相,而是有较多的基体存在,这符合准连续的设计理念;

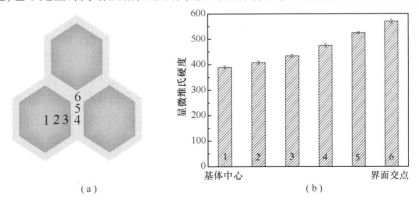

图 7 -5　网状结构 5vol. % TiBw/TC4 复合材料热
处理后显微维氏硬度随测试位置的变化

②此处基体成分与中心处没有明显差别,这与前面成分面扫描结果一致。另外,网状界面相硬度的提高,以及基体硬度的提高,将同时促进网状结构钛基复合材料强度大幅度地提高。

前面已经介绍,钛基复合材料的强度是与塑性有一定关系的,塑性太差,强度水平不能得以表现。随着淬火产生的马氏体含量提高,基体硬度提高,塑性降低,必然带来复合材料强度水平的提高[12]。然而,这也将带来钛基复合材料塑性的快速降低,有可能会降低钛基复合材料的抗拉强度。因此,钛基复合材料的热处理工艺与钛合金的热处理工艺可能存在一定差异。为了做出对比分析,对采用相同工艺制备的 TC4 钛合金进行相同热处理。图 7-6 所示分别为 TC4 与增强相网状分布的 TiBw/TC4 钛基复合材料抗拉强度与延伸率随淬火温度的变化,其时效温度均为 500℃,时效时间为 6h。从图 7-6(a) 中可以看出,TC4 钛合金淬火后抗拉强度得到显著提高,塑性明显下降,并且随淬火温度的提高,抗拉强度逐渐提高。这与前面理论分析中,淬火温度提高,马氏体含量升高是对应的。

如图 7-6(b) 所示,网状结构 TiBw/TC4 钛基复合材料的抗拉强度随淬火温度升高先增加后降低[3],并在 870℃ 淬火得到最高的抗拉强度,淬火温度继续升高,抗拉强度反而降低。淬火温度过高,马氏体含量高,使得基体硬度升高塑性降低,不利于其抗拉强度的增加。这也就证明了钛基复合材料的热处理工艺将区别于基体钛合金的热处理工艺。对于具有不同塑性指标的网状结构钛基复合材料而言,热处理制度也将因其塑性不同而有所区别,但具有相同的趋势。对于 5vol.% TiBw/TC4(200μm) 复合材料,淬火温度 870℃,获得了最佳的马氏体含量,经过时效温度为 500℃,时效时间为 6h 的时效处理,获得了 1423MPa 最高的抗拉强度,相对于烧结态钛基复合材料抗拉强度提高了 30%。这一强度指标是普通钛基复合材料所不能达到的。优异的热处理强化性能,将有助于推动烧结态钛基复合材料的工业应用。

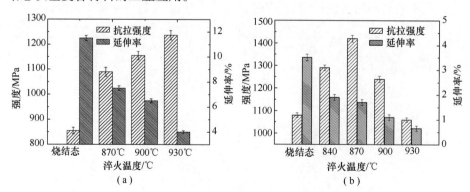

图 7-6 TC4 钛合金与 5vol.% TiBw/TC4 钛基复合材料抗拉强度
与延伸率随淬火温度变化趋势
(a)TC4 合金;(b) 5vol.% TiBw/TC4 复合材料。

为了说明钛基复合材料淬火温度升高,抗拉强度降低,是因为钛基复合材料变脆导致,而不是热处理失效导致,对不同淬火温度下钛基复合材料试样进行室温压缩性能测试。如图 7-7 所示为具有网状结构的 5vol.% TiBw/TC4 钛基复合材料经过与上述相同的热处理制度处理后的抗压屈服强度。随着压缩变形量的增加,试样横截面积增加,最终测得的抗压强度往往不能代表真实强度指标。因此,压缩强度常采用压缩屈服强度来表示其强度指标。

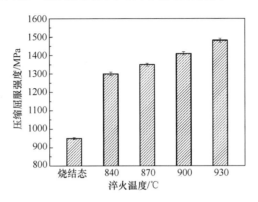

图 7-7　5vol.% TiBw/TC4 复合材料压缩屈服强度随淬火温度变化趋势

从图 7-7 中可以看出,随着淬火温度的提高,抗压强度不断增加,这是与前面分析中讲到的"随淬火温度提高,淬火马氏体含量增加,基体强度和硬度提高"是相对应的。也就是说,在钛基复合材料中,淬火温度增加会明显提高复合材料中基体的强度和硬度水平,却降低塑性水平,然而复合材料抗拉强度是要求基体具有一定的塑性来进行配合的。另外,从图 7-7 与前面图 7-6(b)对比还可以明显发现,抗压屈服强度要明显高于抗拉强度,验证了抗压强度一般高于抗拉强度值的结论,这对实际部件的设计要考虑到这方面的差别。

7.2　时效温度对 TiBw/TC4 复合材料组织与性能的影响

如图 7-8 所示为 5vol.% TiBw/TC4 复合材料,经过 900℃淬火后,分别在500℃与 580℃不同温度下时效 6h 后 SEM 组织照片[3]。从图中可以明显看出,由于淬火温度相同,使得 β 转变组织体积分数基本相同,这也间接说明了时效前两者组织基本相同。不同的是经过 580℃时效后较 500℃时效后 β 转变组织与 α 相之间的对比度增加,如图 7-8 所示。这说明 580℃时效较 500℃时效有更多的 β 转变组织中的马氏体转变成了细小的 α + β 组织,这将带来其强度水平的降低,而塑性水平提高。

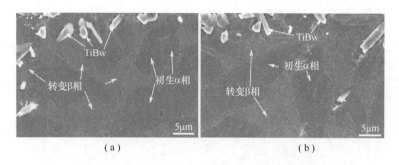

图 7 - 8　5vol. % TiBw/TC4 复合材料 900℃ 淬火后经不同时效

温度时效后 SEM 组织照片

(a)500℃；(b)580℃。

图 7 - 9 所示为经过 900℃ 固溶处理后的 5vol. % TiBw/TC4 复合材料在不同温度下进行 6h 时效后拉伸性能变化[3]。如图 7 - 9 所示，随着时效温度提高，复合材料延伸率增加明显，而抗拉强度却是在 540℃ 时效时最高。结合前面不同温度下固溶处理得到的抗拉强度变化趋势，不难得到随着时效温度的提高，复合材料的塑性升高，强度降低。之所以在 540℃ 时效获得最高的抗拉强度，主要原因在于：时效温度较低时，时效后因较多的马氏体仍然保持较高的硬度及脆性；提高时效温度，适中的塑性使其强度得以充分发挥出来；时效温度较高时，时效后较多的马氏体转变成了 α + β 组织，从而降低了复合材料中基体的强度，增加了塑性，因此强度反而降低，塑性增加。

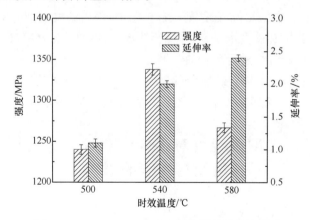

图 7 - 9　5vol. % TiBw/TC4 复合材料拉伸性能随

时效温度变化（固溶温度 900℃）

综合以上钛基复合材料拉伸性能随固溶温度与时效温度变化的趋势可知，如果要获得较高的室温抗拉强度，需要结合钛基复合材料本身的塑性水平，来选择合适的固溶与时效温度，以获得最佳的拉伸性能。另外，过高的固溶温度带来的抗拉强度降低，可以通过后续提高时效温度得以改善。

7.3　热处理态 5vol.％TiBw/TC4 复合材料高温拉伸性能

通过前面对热处理态网状结构 TiBw/TC4 复合材料室温力学性能测试及分析可知,热处理对提高网状结构 TiBw/TC4 复合材料性能具有非常明显的效果。然而,开发钛基复合材料主要是用于高温环境,因此研究热处理对钛基复合材料高温拉伸性能的影响是必要的。网状结构钛基复合材料高温拉伸性能较大程度上依赖于基体 TC4 钛合金,而 TC4 钛合金按照 930℃/WQ + 500℃/6h/AC 热处理工艺可以获得较高的室温强度水平。对 930℃/WQ + 500℃/6h/AC 热处理钛基复合材料压缩性能测试显示,具有较高的强度水平。为此对经过 930℃/WQ + 500℃/6h/AC 热处理后的网状结构 5vol.％ TiBw/TC4 复合材料进行高温拉伸性能测试(继续提高固溶温度,复合材料室温塑性大大降低)。如图 7 - 10 所示为经过 930℃/WQ + 500℃/6h/AC 固溶时效处理的网状结构 5vol.％ TiBw/TC4 复合材料高温拉伸应力 - 应变曲线[3]。随着测试温度升高,抗拉强度、弹性模量降低,延伸率增加,此外还可以明显看出:与前面烧结态和挤压态类似,当温度超过 600℃,抗拉强度、弹性模量迅速降低,延伸率迅速增加。在 400℃时,热处理态的网状结构 5vol.％ TiBw/TC4 复合材料的强度(985MPa)相对于烧结态 TC4 钛合金的强度(552MPa)提高了 78.4%(图 5 - 20),甚至比烧结态 TC4 钛合金室温拉伸强度(855MPa)还高 15%(图 5 - 4)。在 500℃时,热处理态钛基复合材料抗拉强度相对于烧结态 TC4 钛合金抗拉强度提高了 74.7%,相对于相同体系的烧结态复合材料的强度 672MPa 提高了 27.4%[13]。因此,对网状结构 TiBw/TC4 复合材料进行热处理,可以明显改善其在 500℃以下的强度,甚至其提高强度的效果超过热挤压变形。随着测试温度提高到 600℃,抗拉强度迅速

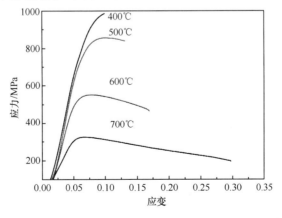

图 7 - 10　经过 930℃/WQ + 500℃/6h/AC 处理后 5vol.％ TiBw/TC4
复合材料高温拉伸应力 - 应变曲线

降低到552MPa。相对于烧结态纯TC4，使用温度正好提高了200℃，但相对于烧结态网状结构5vol.%TiBw/TC4复合材料提高不多，从而说明了对于网状结构TiBw/TC4复合材料热处理增强效果仅仅适用于600℃以下温度范围内。此外，热处理态钛基复合材料在600℃与700℃的强度与烧结态及挤压态复合材料在相应温度下的抗拉强度相当。

以上分析结果，间接证明了网状结构TiBw/TC4复合材料在高于600℃后，断裂机制将发生部分变化，裂纹将不再完全沿着界面区扩展。如此断裂机制的变化，将降低增强相的增强效果，增加基体的韧化效果。为了确定热处理后网状结构增强相对钛基复合材料高温强度的贡献，对进行相同工艺热处理后的纯TC4钛合金进行相同的高温拉伸性能测试。图7-11分别为经过相同热处理工艺930℃/WQ+500℃/6h/AC热处理后的纯TC4钛合金与网状结构5vol.%TiBw/TC4复合材料高温拉伸性能比较。对比图7-11(a)、(b)可以明显看出，热处理后的复合材料在所有测试温度下抗拉强度总是高于纯TC4钛合金的强度，而延伸率总是低于TC4钛合金的延伸率，这应归结为网状结构分布的TiBw增强相带来的增强效果。然而在600℃以下时，这种增强效果经过热处理强化后变得更为明显；而在600℃以上时热处理强化效果由于基体相变软化大大降低。因此对于TC4为基体的钛基复合材料，热处理强化主要适用于600℃以下的环境。

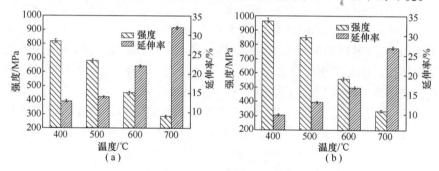

图7-11　经过930℃/WQ+500℃/6h/AC处理后TC4钛合金
与5vol.%TiBw/TC4复合材料高温拉伸性能
(a)TC4钛合金；(b)5vol.%TiBw/TC4复合材料。

对不同热处理工艺强化的网状结构5vol.%TiBw/TC4复合材料室温性能测试显示，经过870℃/WQ+500℃/6h/AC处理后的网状结构复合材料具有最高的室温抗拉强度。为了确定其在高温的增强效果，以及确定具有最佳高温性能的网状结构TiBw/TC4复合材料热处理工艺，对经过870℃/WQ+500℃/6h/AC热处理工艺处理后的纯TC4钛合金以及网状结构5vol.%TiBw/TC4复合材料进行高温拉伸性能测试，测试结果如图7-12所示。热处理态的网状结构5vol.%TiBw/TC4复合材料较热处理态TC4钛合金具有更高的强度、较低的延伸率，即网状结构增强相经过热处理后，仍然表现出优异的增强效果。比较图7-12与

图 7-11 发现,经过 870℃/WQ + 500℃/6h/AC 热处理工艺处理后,网状结构 5vol. % TiBw/TC4 复合材料虽然具有最高的室温抗拉强度,却具有较低的高温抗拉强度。这也就说明了钛基复合材料为了获得最高室温强度与高温强度需要采用不同的热处理制度。

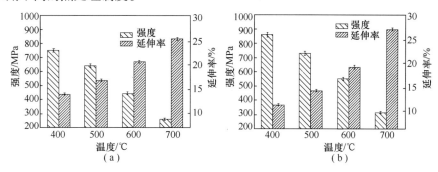

图 7-12 经过 870℃/WQ + 500℃/6h/AC 处理后 TC4 钛合金
与 5vol. % TiBw/TC4 复合材料高温拉伸性能
(a)TC4 钛合金; (b)5vol. % TiBw/TC4 复合材料。

7.4 网状结构 TiBw/TC4(45~125μm) 复合材料的热挤压与热处理

如前所述,在一定范围内降低基体颗粒尺寸可以有效提高钛基复合材料的塑性水平。为此尝试使用基体颗粒尺寸为 45~125μm 的 TC4 钛合金颗粒,制备增强相含量分别为 5vol. % 与 8vol. % 的网状结构 TiBw/TC4(45~125μm) 复合材料,并对其进行热挤压与热处理,以进一步提高其力学性能。

7.4.1 热挤压对 TiBw/TC4(45~125μm) 复合材料组织与性能的影响

图 7-13 所示为 5vol. % TiBw/TC4(45~125μm) 复合材料挤压比为 16∶1 挤压态复合材料 SEM 组织[14]。从图 7-13(a)纵截面扫描组织照片中可以看出,由于基体颗粒尺寸降低,较前面基体颗粒尺寸较大的 5vol. % TiBw/TC4(180~220μm) 复合材料增强相分布更加稀疏,即局部增强相含量更低。结合图 7-13(b)可以看出,柱状横截面更小。这种复合材料由于局部增强相体积分数的降低,基体之间相互连通度较好,使其在塑性变形时变形协调性较好,对塑性有一定提高作用。改变挤压比钛基复合材料 SEM 组织特征基本一致,增加增强相含量到 8vol. % 的挤压态复合材料 SEM 组织特征也基本一致,所以在这里不多做叙述。

图 7-14 所示为 5vol. % TiBw/TC4(45~125μm) 复合材料通过热挤压比为 16∶1 和 9∶1 挤压态复合材料与烧结态复合材料的室温拉伸性能曲线。从

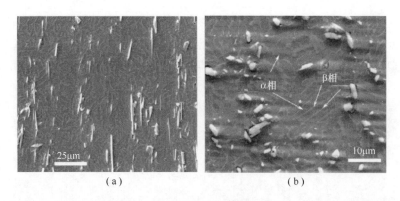

(a)　　　　　　　　　　(b)

图 7 - 13　5vol. % TiBw/TC4(45～125μm)复合材料挤压比 16:1 挤压后 SEM 组织照片
(a)纵截面；(b)横截面。

图 7 - 14可以看出,挤压比 16:1 挤压态复合材料抗拉强度为 1206MPa,延伸率
为 12% 。与挤压态 5vol. % TiBw/TC4（180 ～ 220μm）复合材料抗拉强度
1230MPa 相比有所降低,但与其延伸率 6.5% 相比明显提高(图 6 - 16),延伸率
从 6.5% 提高到 12% ,相当于提高了 85% [5,15]。而挤压比 9:1 挤压态复合材料
的抗拉强度为 1108MPa,延伸率为 8.3% ,较烧结态抗拉强度分别提高了 14.3%
和 7.6% 。可以看出复合材料的强度和塑性随着变形程度增加而增加,这是由
于挤压变形过程带来的加工硬化与细化基体组织对材料的强度与塑性提升的作
用随着变形程度增加而越加明显。

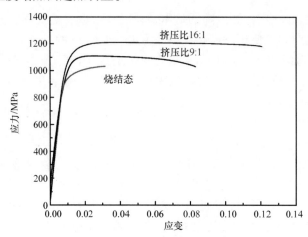

图 7 - 14　5vol. % TiBw/TC4 烧结态与不同挤压比挤压态
复合材料的室温拉伸应力 - 应变曲线

另外,组织观察得知,挤压比 16:1 较挤压 9:1 的复合材料中 TiBw 分布得更
加均匀弥散,同时也保证大块基体的连接,这样在变形过程中基体具有较好的塑
性变形能力。与大尺寸的 5vol. % TiBw/TC4（180 ～ 220μm）复合材料挤压态性

能对比发现,降低颗粒尺寸后不仅烧结态抗拉强度有所降低,室温延伸率有较大提高;而且经过挤压变形后,仍然表现出稍低的强度水平及非常优异的塑性水平。另外,在传统粉末冶金法制备钛合金基复合材料中,由于室温脆性使得室温拉伸延伸率长期保持在 1% ~2% 的水平。通过上述结果可知,通过设计与制备网状组织结构及调控基体颗粒尺寸,可以成功将粉末冶金钛基复合材料室温拉伸延伸率提高到超过 10% 的水平。

7.4.2 热处理对挤压态 TiBw/TC4(45~125μm)复合材料的影响

结合前面分析可知,当复合材料塑性较好时,可以适当提高其热处理温度以提高其综合性能。针对挤压态 TiBw/Ti6Al4V(45~125μm)复合材料,经过初步试验,最终选择淬火温度为 930℃~990℃,时效温度为 500℃~700℃。图 7-15 所示为 5vol.% TiBw/Ti6Al4V(45~125μm)复合材料挤压后 990℃淬火不同时效

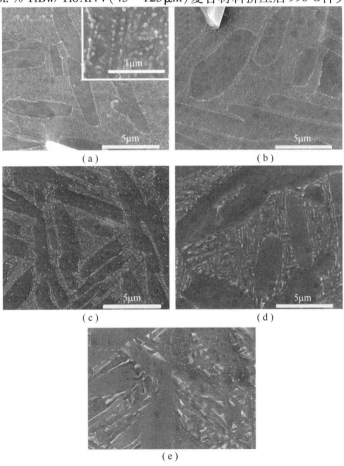

图 7-15　5vol.% TiBw/TC4 挤压后 990℃淬火不同时效温度时效 6h 高倍 SEM 组织
(a)500℃;(b)550℃;(c)600℃;(d)650℃;(e)700℃。

温度时效 6h 的高倍扫描照片[14]，图 7 - 15(a) 到 (e) 分别为 500℃,550℃，600℃,650℃ 和 700℃。从图 7 - 15(a) 插图中可以清楚地看出,淬火过程中形成的马氏体在时效过程中分解形成等轴细小的 α + β 组织,均匀地分布在转变 β 组织内部。综合对比发现,细小 α + β 组织的体积分数随时效温度的提高而提高,且尺寸随时效温度的提高而增大。另外,当时效温度超过 600℃ 时,细小等轴的 α + β 组织开始长成粗大的组织。观察大块 α 相尺寸,可以看出随着时效温度提高,这种初始 α 尺寸增大,说明在时效过程中马氏体会沿着初始 α 相边界分解,并且随着时效温度提高分解出的 α 会与初生 α 融合长大。

图 7 - 16 所示为 5vol. % TiBw/TC4(45 ~ 125μm) 复合材料通过挤压比为 16:1 的热挤压变形后,再进行不同工艺的热处理后的拉伸应力 - 应变曲线[14]。从图 7 - 16 中可以看出,当只进行 990℃ 淬火不进行时效处理时,复合材料抗拉强度从挤压态的 1207MPa 提高到 1312MPa,而延伸率从 12% 降低到 4%,强度的提高及塑性的降低都是由于转变 β 组织的形成。进一步进行 500℃ 时效处理后,其强度增加到 1400MPa,拉伸延伸率提高到 6%,这是由于转变 β 组织中的马氏体分解形成了细小等轴的 α + β 组织。另外,对于相同时效温度时,淬火温度提高,复合材料抗拉强度提高。例如,分别进行 930℃ 与 990℃ 淬火后,都进行 500℃ 时效 6h,则强度分别提高到 1311MPa 与 1395MPa,而延伸率分别降低到 7.7% 与 6.1%。也就是说,随着淬火温度的提高,复合材料的抗拉强度提高,塑性水平降低,这是由于随着淬火温度的提高转变 β 组织的体积分数增加。通过对比相同淬火温度不同时效温度的性能发现,随着时效温度的提高,复合材料强度降低,塑性提高,这是由于稳定的 α + β 组织体积分数与尺寸的增加。

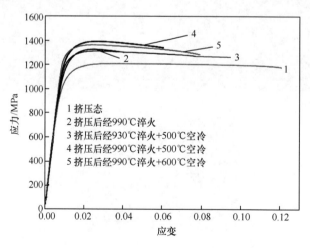

图 7 - 16　5vol. % TiBw/TC4(45 ~ 125μm) 复合材料经过
挤压变形及热处理后拉伸应力 - 应变曲线

图7－17所示为5vol.％和8vol.％ TiBw/TC4(45～125μm)复合材料挤压态与990℃淬火600℃时效热处理后的不同室温拉伸应力－应变曲线[14]。对于挤压态8vol.％复合材料，热处理过后抗拉强度由1311MPa提升到1470MPa，提升了12.1％，通过优化可以达到超过1500MPa的水平，延伸率由4.8％下降到2.5％。对于5vol.％ TiBw/TC4复合材料，相同热处理后复合材料抗拉强度由1206MPa提高到1364MPa，提升了13.1％，延伸率由12％下降到7.8％。这说明对于不同增强相体积分数的复合材料，热处理对复合材料的强度和塑性影响基本一致。

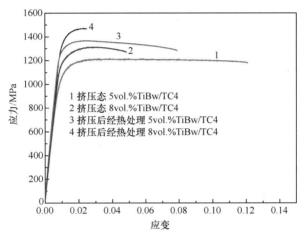

图7－17　挤压态5vol.％和8vol.％ TiBw/TC4复合材料
经990℃淬火600℃时效后室温拉伸应力－应变曲线

参 考 文 献

[1] Panda K B, Ravi Chandran K S. Synthesis of Ductile Titanium － Titanium Boride (Ti － TiB) Composites with a Beta － Titanium Matrix: The Nature of TiB Formation and Composite Properties. Metallurgical and Materials Transactions A, 2003, 34: 1371 － 1385.

[2] Welsch G, Boyer R, Collings E W. Materials Properties Handbook: Titanium Alloys [M]. America: ASM International, 1994: 488 － 490.

[3] Huang L J, Xu H Y, Wang B, et al. Effects of heat treatment parameters on the microstructure and mechanical properties of in situ TiBw/Ti6Al4V composite with a network architecture. Materials and Design, 2012, 36: 694 － 698.

[4] Tamirisakandala S, Bhat R B, Miracle D B, et al. Effect of Boron on the Beta Transus of Ti － 6Al － 4V Alloy. Scripta Materialia, 2005, (53): 217 － 222.

［5］黄陆军. 增强相准连续网状分布钛基复合材料研究［D］. 哈尔滨：哈尔滨工业大学，2010.

［6］Li J X, Wang L Q, Lu W J, et al. The effect of heat treatment on thermal stability of Ti matrix composite. J. of Alloys and Compounds, 2009, 509（1）：52 - 56.

［7］Mceldowney D J, Tamirisakandala S, Miracle D B. Heat - Treatment Effects on the Microstructure and Tensile Properties of Powder Metallurgy Ti - 6Al - 4V Alloys Modified with Boron. Metall Mater Trans A, 2010, 41：1003 - 1015.

［8］Hill D, Banerjee R B, Huber D, et al. Formation of Equiaxed Alpha in TiB Reinforced Ti Alloy Composites. Scripta Materialia, 2005, 52：387 - 392.

［9］Gorsse S, Miracle D B. Mechanical Properties of Ti - 6Al - 4V/TiB Composites with Randomly Oriented and Aligned TiB Reinforcements. Acta Materialia, 2003, 51：2427 - 2442.

［10］张廷杰，曾泉浦，毛小南，等. TiC 颗粒强化钛基复合材料的高温拉伸特性. 稀有金属材料与工程，2001, 30：85 - 88.

［11］曾泉浦，毛小南，张廷杰. 热处理对 TP - 650 钛基复合材料组织与性能的影响. 稀有金属材料与工程，1997, 26：18 - 21.

［12］黄伯云，李成功. 中国材料工程大典［M］. 北京：化学工业出版社，2006,4（7）.

［13］Huang L J, Geng L, Peng H X, et al. High temperature tensile properties of in situ TiBw/Ti6Al4V composites with a novel network reinforcement architecture. Materials Science and Engineering A, 2012, 534（1）：688 - 692.

［14］Wang B, Huang L J, Geng L. Effects of heat treatments on the microstructure and mechanical properties of as - extruded TiBw/Ti6Al4V composites. Materials Science and Engineering A, 2012, 558：663 - 667.

［15］Huang L J, Geng L, Wang B, et al. Effects of extrusion and heat treatment on the microstructure and tensile properties of in situ TiBw/Ti6Al4V composite with a network architecture. Composites：Part A, 2012, 43（3）：486 - 491.

第 8 章 网状结构 TiCp/TC4 与 (TiBw + TiCp) /TC4 复合材料

网状结构 TiBw/TC4 钛基复合材料表现出了优异的综合力学性能,充分说明了增强相网状分布对改善钛基复合材料塑性、强度、弹性模量、实现热处理强化、近净成型、降低成本等方面具有重要意义。如前所述,TiCp 及(TiBw + TiCp) 增强相也是钛基复合材料中优异的增强相,特别是后者能激发混杂增强效应。因此,为了进一步开发网状结构钛基复合材料优异性能,尝试制备 TiCp 增强、TiBw 与 TiCp 混杂增强钛基复合材料,并进行性能测试与分析,明确不同增强相种类对网状结构钛基复合材料性能的影响,实现网状结构钛基复合材料不同性能指标的调控。

8.1 网状结构 TiCp/TC4 复合材料组织与力学性能

选择与制备 TiBw/TC4 复合材料一样的球磨与烧结工艺,将 C 粉与 TC4 粉在高纯氩气的保护下进行球磨混粉,球料比为 5:1,球磨转速为 200r/min,球磨时间为 8h。将球磨混合粉末倒入石墨磨具中,直接抽真空进行热压烧结。烧结温度仍为 1200℃ ,保压时间 1h,烧结压力 20MPa,制备网状结构 TiCp/TC4 复合材料。对 TiCp/TC4 复合材料进行组织分析,分别进行腐蚀时间为 10s 与 200s 的轻度与深度腐蚀,观察增强相分布与基体组织形态以及增强相空间分布状态。

8.1.1 网状结构 TiCp/TC4 复合材料的组织分析

图 8 - 1 所示为制备的 TiCp/TC4 复合材料经轻度腐蚀后的 SEM 组织照片[1]。从图 8 - 1(a)中可以看出,制备的 TiCp/TC4 复合材料组织致密,且增强相按照网状结构规则的分布在 TC4 基体颗粒周围,形成增强相网状结构。从图 8 - 1(a)与(b)中可以进一步看出,基体组织为均匀等轴状,甚至较 TiBw/TC4 复合材料中基体组织更加均匀细小。

值得注意的是,这里并不像 TiBw/TC4 复合材料中有晶须延伸生长到基体颗粒内部[2,3],这里由于 TiCp 增强相呈颗粒状,只是分布在 TC4 基体颗粒周围。因此,如前所述,等轴组织的形成主要是由于等轴的网状结构在冷却过程中,通过限制内部基体收缩而产生较大各向同性的弹性应变能,从而促使等轴组织的

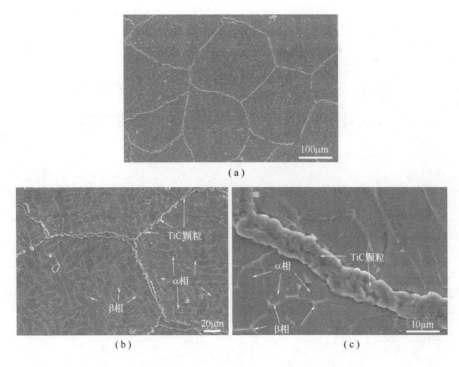

图 8-1　轻微腐蚀后 TiCp/TC4 复合材料 SEM 组织照片

形成。由于 TiCp 网状结构更加致密,网状结构的限制作用更高,因此产生了更明显的等轴组织。当从 1200℃冷却时,一方面由于体心立方的 β 相向密排六方的 α 相发生相变使得基体发生收缩;另一方面,由于钛合金较高的热膨胀系数,在降温的过程中发生体积收缩。而 TiCp 网状结构一方面本身作为陶瓷相热膨胀系数较低,在降温的过程中收缩非常有限;另一方面网状结构本身形成一个三维硬框架,收缩受到限制。综合效果是在降温过程中钛合金的收缩趋势远远大于 TiCp 陶瓷网状结构的收缩趋势。然而,TiCp 是原位反应自生合成的,与基体之间形成了非常致密且强的界面结合。因此,等轴的网状 TiCp 结构严重约束与限制基体 TC4 合金的收缩,这样就在 TC4 基体内部形成了一个较高的各向同性的拉应力。一方面,各向同性的拉应力的限制作用降低了冷却过程的相转变温度。根据金属学相变原理[4],相变温度的降低增加形核率,形核率的增加进一步促进等轴组织的形成及尺寸的细化。另一方面,各向拉应力在基体内部提供远远大于因 β 相向 α 相转变而产生的弹性应变能,所以,各向同性的应力促进了 α 相核心向各个方向相同的生长速度,从而形成等轴组织。在 TiCp/TC4 复合材料深度腐蚀后发现,在 TiCp 与基体界面处,腐蚀速度明显高于内部基体,这是由于应力腐蚀造成的,充分证明了界面处较高的内应力存在。

事实已经证明,根据金属合金中的固态相变理论[4,5],如在自由状态下纯 TC4 合金魏氏组织的形成,之所以形成片状组织而不是等轴组织,是因为形成魏氏组织较形成等轴组织的应变能/相变阻力更低。在金属合金相变过程中,对应变能的贡献主要是由于新相与母相比容的不同产生的弹性应变能及因新相与母相共格引起的应变能。然而,在复合材料中,基体的弹性应变能还受到拉应力的影响,大多时候这种拉应力产生的弹性应变能要远远高于基体由于相变及共格产生的弹性应变能。因此,最终在复合材料中,因增强相的限制作用产生的弹性应变能决定着基体中组织的形貌。而在本系统中,因等轴的网状结构限制作用为各向同性,从而促进了等轴组织的形成。

另外,从图 8 - 1(c)中可以看出,由于在界面处增强相较高的体积分数,原位反应生成的 TiCp 已经不是单一存在的颗粒,而是相互生长在一起,但是仍然可以分辨出是许多单独颗粒生长在一起形成的"墙状结构"。尽管由于抛光使得表面少量颗粒脱落,但仍然能看出,颗粒经原位反应自组装形成的增强相墙是非常致密的。一方面,这一结构实现了网状结构钛基复合材料增强相的连通,可能对提高其弹性模量有较大作用;另一方面,"墙状结构"阻断了钛基体颗粒之间的连通,这样可能会对钛基复合材料拉伸塑性以及强度水平产生极大不利影响。

图 8 - 2 所示为制备的网状结构 TiCp/TC4 复合材料经 200s 严重腐蚀后的 SEM 组织照片。从低倍图 8 - 2(a)中可以看出,这种 TiCp 构成的网状结构形成了精致的三维蜂窝状结构,并且与蜂窝状结构有相同的功能,即坚硬的"蜂窝壳体"保护着软的内部结构不受破坏。从图 8 - 2(b)中可以看出,TiCp/TC4 复合

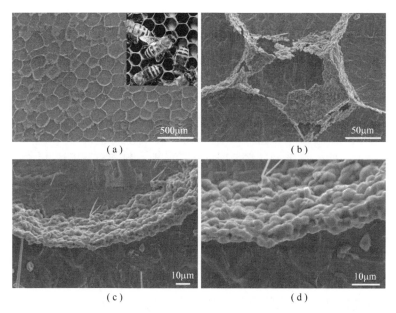

图 8 - 2　网状结构 TiCp/TC4 复合材料经严重腐蚀后 SEM 组织照片

(插图来自网络图片 http://tp. wysj114. com/photo/86548. html)

材料内部 TiC 墙完全包围钛基体颗粒,大块的掉落属于局部 TiCp 连接效果不好,在经过深度腐蚀基体消失后因为没有支撑而掉落的。根据相同的球磨工艺及 TiBw/TC4 复合材料增强相在界面处的均匀分布,可以肯定 TiCp 在基体颗粒表面肯定是基本均匀的,因此实际是不存在图 8-2(b) 中较大的空洞的,属于严重腐蚀导致增强相失去支撑大块脱落所致。图 8-2(c) 与图 8-2(d) 中可以清楚地看到,TiCp 增强相像"砖块"一样,一块一块自组装成一个坚实的 TiCp 墙。而且,TiCp 墙上的 TiCp 颗粒是靠原位反应生长到一起的,这更保证了 TiCp 墙的坚固性与致密性。这一结构特征,可能会给网状结构的 TiCp/TC4 复合材料带来优异的高温抗氧化、抗腐蚀、以及抗压缩的性能。因为坚固且致密的 TiCp 墙可以有效阻止氧化或其他化学反应向内部扩散,就像真实的蜂窝结构及牡蛎贝壳组织结构一样,完美的 TiCp 蜂窝状结构将保证复合材料整体在压缩变形中不受破坏。

8.1.2　网状结构 TiCp/TC4 复合材料室温力学性能

图 8-3 所示为典型的网状结构 5vol.% TiCp/TC4 复合材料拉伸应力-应变曲线。从图 8-3 中可以看出,网状结构 5vol.% TiCp/TC4 复合材料表现出不足 500MPa 的抗拉强度,且没有塑性变形,这与高碳铸铁共晶析出网状结构 Fe_3C 造成强度与塑性都大大下降是一样的。与网状结构 TiBw/TC4 复合材料不同在于,其基体连通度几乎为零,基体之间完全被 TiCp 墙割断连接。增强相连通度接近最大值,几乎形成连续增强钛基复合材料。钛合金基体颗粒之间的连接作用仅靠 TiCp 墙与基体界面结合。由于连续的脆性陶瓷相 TiC 墙结构控制着复合材料拉伸性能,因此在拉伸变形过程中,一旦产生裂纹,裂纹将沿着界面迅速扩展直至断裂。因此这种网状结构 TiCp/TC4 复合材料因几乎为零的基体连通度导致较差的拉伸性能。

值得注意的是,网状结构 5vol.% TiCp/TC4 复合材料虽然表现出较低的抗拉强度与拉伸塑性,但拉伸弹性模量却较高,达到 126GPa,几乎接近混合法则上线,这一点也说明了这种网状结构 TiCp/TC4 复合材料弹性模量已经接近连续增强钛基复合材料。因此,这种网状结构 TiCp/TC4 复合材料算是界于连续与非连续增强钛基复合材料之间。

为了说明网状结构 5vol.% TiCp/TC4 复合材料较低的拉伸性能是由于结构造成,而不是其他因素造成,对其进行压缩性能测试。同时,为了展现网状结构钛基复合材料具有热处理强化的效果,对热处理后的试样也进行了压缩性能测试。图 8-4 所示为热处理前后 TC4 钛合金与 5vol.% TiCp/TC4 复合材料压缩屈服强度对比。与相同烧结态的 TC4 钛合金相比,5vol.% TiCp/TC4 复合材料抗压屈服强度从 850MPa 提高到 1060MPa,相当于提高了 25%。这个提高主要是由于原位反应自生 TiCp 增强相的引入、TiCp 特殊的网状结构以及基体中等轴组织的形成[2]。从图 8 - 4 中还可以看出,热处理态复合材料抗压强度较热处理态钛合金强度提高了 24%。

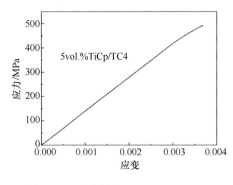

图 8 - 3　网状结构 5vol. % TiCp/TC4
复合材料拉伸应力 - 应变曲线

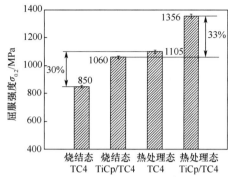

图 8 - 4　网状结构 5vol. % TiCp/TC4 复合材料
与 TC4 合金热处理前后压缩屈服强度对比

这充分说明了增强相的加入,尤其是形成网状结构,大大提高了复合材料的强度水平,只是由于其结构特殊性表现出较低的塑性。这与前面通过组织对蜂窝结构复合材料具有较高的抗压强度和较低的抗拉强度的预测是一致的。经过热处理之后,TC4 钛合金的屈服强度与钛基复合材料的屈服强度分别从 850MPa 与 1060MPa 提高到 1105MPa 与 1356MPa,相当于分别提高了 30% 与 33%。复合材料本身就比 TC4 钛合金具有较高的强度水平,而经过热处理后,复合材料的屈服强度增加量(33%)反而比 TC4 增加量(30%)还要高。考虑到复合材料中能发挥热处理强化的就是基体合金,因此对于较高的屈服强度增量应归因于复合材料中细小等轴组织的形成。

8.2　网状结构 TiCp/TC4 复合材料高温抗氧化性能与机理

8.2.1　网状结构 TiCp/TC4 复合材料高温氧化行为

根据前面组织分析,网状结构 5vol. % TiCp/TC4 复合材料因形成了坚固且致密的 TiCp 陶瓷墙,可能具有阻碍反应向复合材料内部扩散的效果。因此,对网状结构 5vol. % TiCp/TC4 复合材料进行简单的氧化性能测试,为了对比分析,将 TC4 合金与 TiBw/TC4 复合材料进行相同的氧化实验。制备相同尺寸 10mm × 10mm × 3mm 的三种高温氧化试样,表面经抛光后清洗。将准备好的试样放进 700℃ 热处理炉中进行氧化性能分析。

图 8 - 5 所示为 3 种试样经过不同时间氧化后试样表面宏观形貌。从图 8 - 5 中可以看出,由于温度较高,纯 TC4 钛合金,在不足 40h 时表面就发生了严重的

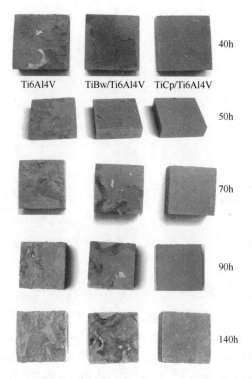

40h

Ti6Al4V   TiBw/Ti6Al4V   TiCp/Ti6Al4V

50h

70h

90h

140h

图 8 – 5   TC4 钛合金、网状结构 TiBw/TC4 与 TiCp/TC4 复合材料
在 700℃经过不同氧化时间后试样表面宏观形貌对比

氧化现象,并且氧化皮严重脱落;TiBw/TC4 经 70h 氧化后出现严重的氧化皮脱落现象;而网状结构 5vol.％TiCp/TC4 复合材料直到氧化 140h 后试样表面仍然比较平整,没有出现氧化皮明显脱落迹象。这充分说明了网状结构 5vol.％TiCp/TC4 复合材料由于网状结构 TiCp 陶瓷墙状结构的存在,有效提高了其高温抗氧化能力。相比较而言,网状结构 TiBw/TC4 复合材料的抗氧化能力虽然高于 TC4 合金的抗氧化能力,但也明显差于网状结构 TiCp/TC4 复合材料的抗氧化能力。因此,下面重点对网状结构 TiCp/TC4 复合材料的高温抗氧化性能与机理进行分析,并以 TC4 合金作为对比。

　　图 8 – 6 所示为 TC4 合金与网状结构 TiCp/TC4 复合材料在不同温度下的氧化动力学曲线[6]。从图 8 – 6 中可以看出,与图 8 – 5 宏观结果一致,网状结构 TiCp/TC4 复合材料表现出非常优异的高温抗氧化能力。它们之间的差距随着测试温度的提高而提高,这说明网状结构 TiCp/TC4 复合材相对于 TC4 钛合金而言,温度越高,高温抗氧化性能改善越明显。这可能是由于虽然温度升高,但 TiC 网状结构几乎没有变化的原因。从图 8 – 6 中还可以看出,在不同温度下,氧化动力学曲线都大致遵循抛物线规律。通过对比可以发现,氧化速率随着测试时间的延长而降低,随着测试温度的升高而提高。在最初的 20h,质量增加较

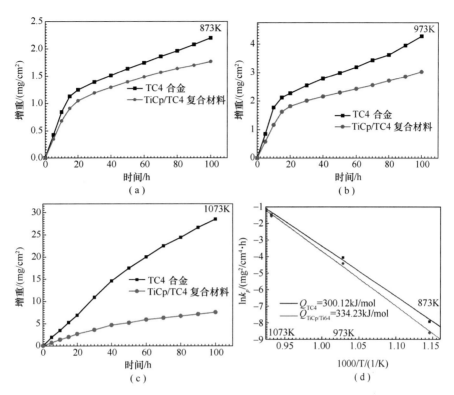

图 8 - 6 网状结构 5vol. % TiCp/TC4 复合材料与 TC4 合金在 600℃ 、
700℃ 、800℃ 氧化动力学曲线与阿伦尼乌斯直线关系
(a)600℃；(b)700℃；(c)800℃；(d)阿伦尼乌斯直线关系。

快,这是因为氧化之初,无论复合材料还是钛合金表面主要都是钛合金,表面钛
合金在高温下迅速与 O 发生氧化反应形成氧化层。而 20h 以后,随着氧化层的
形成,较大程度上阻碍了氧化反应的直接进行,因此,必须靠 O 的扩散来发生进
一步氧化,此时的氧化速度主要受控于 O 的扩散速度。因此,氧化 20h 以内,氧
化增重主要是受控于氧化反应而不是扩散[7,8],速度明显高于 20h 之后的氧化
速度;而 20h 之后,氧化增重主要受控于扩散,所以氧化速度明显降低。

假设氧化动力学曲线在所有温度下完全遵循抛物线关系,图 8 - 6 中的曲线
可以按照式(8 -1)进行拟合[7,9],即

$$\Delta w = k_p t^{\frac{1}{2}} \tag{8 - 1}$$

式中:Δw 是单位面积上的质量增加;k_p 是抛物线速率常数;t 是氧化时间。TC4
钛合金与网状结构 TiCp/TC4 复合材料氧化过程中的抛物线速率常数与温度的
关系如图 8 -6(d)所示。氧化速率随着氧化温度的升高而升高,且代表 TiCp/
TC4 复合材料氧化速率的 k_p 值始终低于 TC4 合金的 k_p 值,即复合材料的氧化
速率始终低于 TC4 合金的氧化速率。

通常,k_p 值应遵循阿伦尼乌斯方程,即[10]

$$k_p = k_0 \exp\left(\frac{-Q_{\text{exp}}}{RT} \right) \tag{8-2}$$

式中:Q_{exp} 是氧化激活能;k_0 是给定的材料常数;T 是绝对温度,单位为 K;R 是气体常数。

图 8-6(d)所示为 TC4 合金及 TiCp/TC4 复合材料两种材料的 $\ln k_p$ 与 $1/T$ 关系拟合直线关系,直线的斜率就是氧化激活能。也就是说,网状结构 5vol. % TiCp/TC4 复合材料的氧化激活能是 334. 23kJ/mol,而 TC4 合金的氧化激活能为 300. 12kJ/mol,因此网状结构 5vol. % TiCp/TC4 复合材料的氧化激活能明显高于 TC4 合金的氧化激活能。这个现象进一步说明了网状结构 5vol. % TiCp/TC4 复合材料的抗氧化能力明显优于 TC4 合金的抗氧化能力。

图 8-7 所示为网状结构 5vol. % TiCp/TC4 复合材料在不同温度与不同氧化时间氧化后的 XRD 分析结果。从图 8-7(a)中可以看出,复合材料 600℃氧化后的氧化产物包括 Al_2O_3、锐钛矿型 TiO_2 与金红石型 TiO_2。当温度升高到 700℃时,锐钛矿型 TiO_2 氧化产物消失,只有 Al_2O_3 与金红石型 TiO_2 两种氧化产物,这是因为金红石型 TiO_2 较锐钛矿型 TiO_2 更加稳定。另外,由于 TC4 合金中 Al 元素的不断向外扩散,形成 Al_2O_3 氧化产物[10]。从图 8-7(b)中可以看出,随着氧化时间的变化,氧化产物是一致的,没有发生可检测到的变化。这说明氧化产物的类型主要与温度有关,而与时间无关。

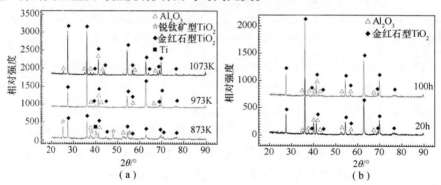

图 8-7　网状结构 5vol. % TiCp/TC4 复合材料在不同温度与
不同氧化时间后的 XRD 分析结果
(a)不同温度下氧化 100h; (b)700℃氧化不同时间。

图 8-8 所示为 TC4 合金及 TiCp/TC4 复合材料在不同温度下氧化后氧化层 SEM 组织照片。从图 8-8 中可以看出,TC4 合金表面形成的氧化皮尺寸非常大,达到毫米级别,甚至与试样尺寸相当。事实上,这在图 8-5 中也可以明显看出。因氧化皮是反应生成,相当于在合金中引入 O 等,这本身就会带来体积的增加,形成生长应力。而高温反应生成的氧化皮主要成分为陶瓷相,因此在冷

热循环过程中产生较大的热应力。当氧化皮尺寸很大时,这种生长应力与热应力就会很大,较大的应力容易造成氧化皮与未被氧化的材料之间发生剥离。氧化皮的剥离导致内部材料新鲜表面再次暴漏在高温氧化环境中,造成进一步快速氧化,导致在试样表面形成多层氧化皮,如图 8 – 8(a)所示。然而,对于网状结构 TiCp/TC4 复合材料而言,一方面,在所有的测试温度下,都只发现一层氧化皮,且没有任何剥离的痕迹。如图 8 – 9(b)、(c)所示,由于复合材料特殊的网状结构,在复合材料表面形成的氧化皮被分割成许多细小单元。这就有效降低了氧化皮尺寸,从而有效降低了氧化皮的生长应力与热应力。另外,网状结构陶瓷相可以有效固定小的氧化皮单元,即使是在 800℃氧化 100h,网状结构 TiCp/TC4 复合材料表面氧化皮也不易脱落。

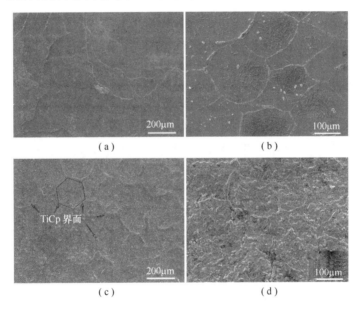

图 8 – 8   TC4 钛合金与网状结构 5vol. % TiCp/TC4 复合材料在
不同温度氧化 100h 后表面 SEM 形貌
(a)TC4 钛合金,700℃;(b)复合材料,600℃;(c)复合材料,700℃;(d)复合材料,800℃。

图 8 – 9 所示为 TC4 钛合金及网状结构 TiCp/TC4 复合材料在 700℃氧化 100h 后氧化试样侧面低倍 SEM 形貌对比。从图 8 – 9 中可以看出,由于大的生长应力及热应力,钛合金试样侧面氧化皮剥离严重,且由于应力作用使得氧化皮不断剥离最终形成多层氧化皮,进一步降低了氧化皮本身的结合强度,更容易脱落。另外,这种氧化皮剥离及自身应力加剧了其他氧化皮的剥离,在氧化皮表面容易形成裂纹,而这些裂纹的形成进一步加剧了氧化皮的剥离。很明显,氧化皮的剥离使得新鲜表面再次暴漏到高温氧化环境中,进一步加剧氧化,使得氧化皮本身抑制氧化的能力大大减弱,进而导致钛合金的氧化速度增加。然而,与钛合

图8-9 TC4钛合金与网状结构5vol.% TiCp/TC4复合材料在
700℃氧化100h后氧化试样侧面低倍SEM形貌对比

金氧化试样侧面情况完全不同,网状结构5vol.% TiCp/TC4复合材料试样侧面的氧化层与内部材料结合非常紧密,并且只有一层较厚的氧化层,更不易剥离。结合前面分析,可以说无论从宏观上还是微观上,网状结构TiCp/TC4复合材料氧化试样表面没有任何氧化皮的剥离现象。可以肯定的是,较厚的氧化层一方面通过隔离作用有效降低了氧化速度,另一方面较钛合金表面多层的氧化层强度更高,因此较厚的氧化层更不易剥离脱落而起到有效抑制进一步的氧化,从而有效提高了网状结构钛基复合材料的高温抗氧化能力。

图8-10所示为TiCp/TC4复合材料氧化层高倍SEM形貌照片及能谱分析结果。从图8-10中可以看出,氧化层中包含两种不同形貌的氧化产物,即:一种是细柱状氧化物,另一种是尺寸较大的等轴状氧化物。结合XRD与EDS结果分析可知,细柱状氧化物应该是TiO_2相。Wen等人[11]报道了在纳米晶钛合金表面形成了相似的柱状TiO_2相。另外,尺寸较大的等轴状氧化物应该是Al元素的扩散而形成的Al_2O_3相[10,12]。

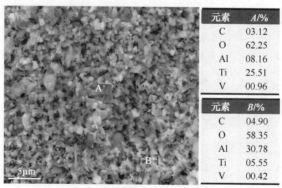

元素	A/%
C	03.12
O	62.25
Al	08.16
Ti	25.51
V	00.96

元素	B/%
C	04.90
O	58.35
Al	30.78
Ti	05.55
V	00.42

图8-10 网状结构TiCp/TC4复合材料在800℃氧化100h后的
表面SEM形貌及EDS分析结果

8.2.2 网状结构 TiCp/TC4 复合材料高温抗氧化机理

图 8 - 11 所示为网状结构 TiCp/TC4 复合材料 600℃ 氧化 5h 后表面 SEM 形貌及 EDS 分析结果。从图 8 - 11 中可以看出,网状界面处的 A 点 O 含量明显高于内部基体处 O 含量。这一结果说明了在氧化试验开始阶段,在 TiCp 网状界面处的钛较网状结构内部的钛基体更容易发生氧化。如前所述,钛基复合材料中,由于冷却过程中 TiCp 网状结构限制基体收缩,在钛基体内部形成了较大的残余应力,并且这个残余应力在 TiCp 陶瓷增强相附近最大。因为残余应力的存在,使得 TiCp 陶瓷增强相附近的钛处于最不稳定最活泼的状态[1]。这种不稳定的钛势必是最容易氧化的,因此在 TiCp 陶瓷增强相附近优先形成氧化产物。在随后的氧化过程中,这种优先形成的氧化物反过来还可以进一步固定或钉扎整个氧化层。而且,由于优先氧化物的形成,使得后续形成的氧化物被包围在其中,相当于优先形成的氧化物将大块氧化层分割成若干个细小的单元,从而降低应力,抑制氧化皮剥离脱落。这也进一步证明了网状结构对改善 TiCp/TC4 复合材料氧化抗力的作用。

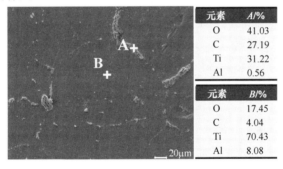

元素	A/%
O	41.03
C	27.19
Ti	31.22
Al	0.56

元素	B/%
O	17.45
C	4.04
Ti	70.43
Al	8.08

图 8 - 11　网状结构 TiCp/TC4 复合材料 600℃ 氧化 5h 后
表面 SEM 形貌及 EDS 分析结果

图 8 - 12 所示为网状结构 TiCp/TC4 复合材料分别在 600℃ 与 800℃ 氧化 100h 后横截面成分分析。在相同的氧化时间下,氧化层的厚度随氧化温度的升高明显增加。这也就再次说明了随氧化温度的升高,氧化速率升高。还可以清晰地看出,氧化层结合牢固,这个与图 8 - 9 结果一致。结合牢固的氧化层可以起到保护内部钛基体不被氧化,从而有效降低氧化速率。图 8 - 12 所示为氧含量从氧化层到内部基体的变化,经过氧化层后氧含量迅速降低,这直接证明了氧化层保护内部基体不被氧化的作用。进一步分析可以发现,TiCp 墙状结构附近的氧含量明显高于网状结构内部基体的氧含量。这又进一步证明了由于残余应力的存在,在 TiCp 陶瓷增强相附近的基体优先发生氧化。然而,一旦穿过 TiCp 墙状结构,再向内部延伸,O 含量迅速降低,这充分证明了 TiCp 墙状结构可以有效地抑制 O 元素向内部扩散。另外,在氧化层外侧,Al

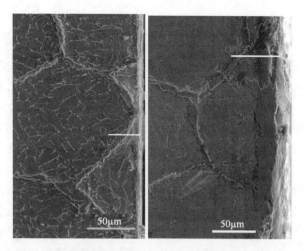

图 8 - 12　网状结构 TiCp/TC4 复合材料分别在 600℃ 与
800℃氧化 100h 后横截面成分分析

含量反而增加,证明了由于 Al 元素的扩散,在氧化层表面容易形成 Al$_2$O$_3$ 氧化产物[10, 12]。

图 8 - 13 所示为网状结构 TiCp/TC4 复合材料高温抗氧化机理示意图。由于 TiCp 网状界面处的 Ti 优先氧化,因此整个氧化层一旦形成,就被优先形成的氧化产物固定,不易剥离脱落,因此抑制发生进一步氧化。虽然少量的 O 可以通过扩散进入到氧化层下面的基体中,但是由于 TiCp 墙状结构的存在阻止了其进一步向内部扩散的可能。这一作用与在合金表面制备陶瓷涂层以降低高温下 O 向内扩散的原理是一样的[13,14,17]。因此,自组装 TiCp 墙状结构形成的网状结构,可以通过抑制氧化皮剥离脱落及阻止 O 进一步扩散,而大大提高钛基复合材料的高温抗氧化能力。

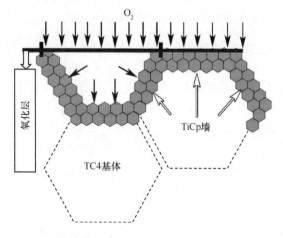

图 8 - 13　网状结构 TiCp/TC4 复合材料高温抗氧化机理示意图

174

8.3 网状结构(TiBw + TiCp)/TC4 复合材料制备

8.3.1 网状结构(TiBw + TiCp)/TC4 复合材料组织分析

近些年来,许多研究工作者声称在均匀非连续增强钛基复合材料中,(TiBw + TiCp)/TC4 复合材料(TiBw : TiCp = 1 : 1)因具有混杂增强效应而表现出更加优异的综合性能[15-17]。根据前面网状结构 TiBw/TC4 复合材料表现出优异的机械性能,包括高温及室温拉伸性能,而网状结构 TiCp/TC4 复合材料表现出优异的抗氧化性能,进一步设计制备具有网状结构的(TiBw + TiCp)/TC4 复合材料(TiBw : TiCp = 1 : 1),以获得优异的机械性能与抗氧化性能的结合。制备工艺仍然是一样的球磨与烧结工艺,即将 TiB$_2$、C 粉与 TC4 粉在高纯氩气保护下进行低能球磨混粉,然后进行热压烧结。

图 8 – 14 所示为制备的网状结构(TiBw + TiCp)/TC4 复合材料(TiBw : TiCp = 1 : 1)SEM 组织照片[18]。从图 8 – 14(a)中可以看到,与网状结构 TiBw/TC4 与 TiCp/TC4 复合材料类似,原位形成的增强相以网状结构均匀分布在 TC4 钛合金基体颗粒周围,形成增强相的网状分布。从图 8 – 14(b)中可以看到,在网状结构(TiBw + TiCp)/TC4 复合材料组织中,形成了长径比非常大的 TiBw 晶须,能直接生长到钛合金颗粒内部,起到强有力的销钉连接作用。图 8 – 14(c)、(d)中可以看出,除了非常粗大的晶须外,还有许多细小的 TiBw 分布在网状界面附近。而 TiCp 因其颗粒等轴状结构,只聚集在网状结构界面处。根据前面增强相

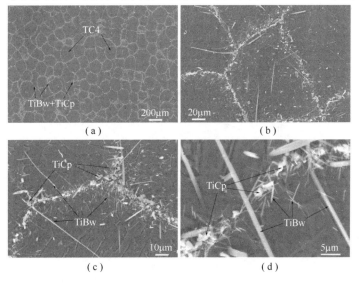

图 8 – 14　网状结构(TiBw + TiCp)/TC4 复合材料(TiBw : TiCp = 1 : 1)
不同放大倍数 SEM 组织照片

含量对网状结构 TiBw/TC4 复合材料组织与性能的影响规律,相同体积分数 TiCp 的存在有效提高了网状结构局部增强相含量,有利于提高网状结构钛基复合材料强度水平,但塑性水平将下降。

对于混杂增强网状结构(TiBw + TiCp)/TC4 复合材料中,由于 Ti 与 C 反应生成 TiC 的温度较 TiB$_2$ 与 Ti 反应生成 TiBw 的温度低约 100℃[19],两个反应都属于放热反应。由于 Ti 与 C 反应生成 TiC 主要集中在界面处,且周围分布着 TiB$_2$ 颗粒,因此 Ti 与 C 反应放出的热量使得界面处温度迅速升高,很可能促进了 TiB$_2$ 与 Ti 反应提早进行。但是由于 Ti 与 C 反应毕竟有限,放出的热量很快会被内部基体吸收掉,界面处温度再次降低,因此受到 Ti 与 C 反应放热的影响形成的应该为细小的 TiBw,直至环境温度升到 TiB$_2$ 与 Ti 反应所需温度,使得 TiB$_2$ 与 Ti 反应全面进行。这样由于两次的放热反应加上环境温度较高,形成的应该是较大尺寸的 TiBw。这与图 8 - 14(c)、(d) 中发现的,TiCp 周围总是有许多细小的 TiBw,而粗大的 TiBw 周围 TiCp 较少是一致的。这样由于不同反应温度的两个反应的同时介入,使得局部温度发生一次波动,从而形成了长径比差异较大的两种尺寸 TiB 晶须[20]。如前所述,由于表面 TiB$_2$ 颗粒不能全部同时与 Ti 接触发生反应,后续反应由于前面反应消耗使得 TiB$_2$ 原料不足,也会形成细小 TiBw。

8.3.2 网状结构(TiBw + TiCp)/TC4 复合材料拉伸性能

图 8 - 15 所示为制备的网状结构(TiBw + TiCp)/TC4 复合材料与 TiBw/TC4 复合材料和 TC4 钛合金拉伸应力 - 应变曲线对比,表 8 - 1 所列为具体的拉伸性能数据。相对于 TC4 钛合金而言,(TiBw + TiCp)/TC4 复合材料强度与弹性模量都有较大程度的提高。如图 8 - 15 所示与表 8 - 1 所列,3vol.%(TiBw +

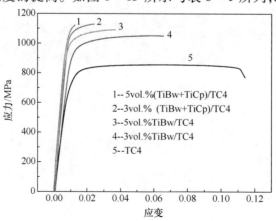

图 8 - 15　网状结构(TiBw + TiCp)/TC4 复合材料与
TiBw/TC4 复合材料拉伸性能对比

TiCp)/TC4 复合材料的抗拉强度提高到了 1130MPa,相对于 TC4 钛合金抗拉强度 855MPa 提高了 32%;较单一增强 TiBw/TC4 复合材料抗拉强度(1035MPa)提高了 9.2%。5vol.%(TiBw + TiCp)/TC4 复合材料的屈服强度提高到了 1100MPa,相对于 TC4 钛合金的屈服强度 700MPa 提高了 57%。虽然网状结构 3vol.%(TiBw + TiCp)/TC4 复合材料的拉伸延伸率只有 2.4%,甚至 5vol.%(TiBw + TiCp)/TC4 复合材料的延伸率只有 1.3%,实用性稍差。但是根据文献[21,22]及前面的实验结果可知,挤压、锻造或轧制等后续变形可以进一步较大程度地提高其延伸率[23,24]。

如图 8-15 所示与表 8-1 所列,具有相同整体增强相含量的情况下,混杂增强(TiBw + TiCp)/TC4 复合材料,较单一增强 TiBw/TC4 复合材料,表现出了更高的抗拉强度与屈服强度,虽然塑性有少许降低。然而当含量增加到 10%,则表现出极大的脆性,抗拉强度不足 350MPa。在一定范围内,(TiBw + TiCp)/TC4 复合材料表现出更高的抗拉强度。如表 8-1 所列,在增强相含量都为 5vol.% 时,(TiBw + TiCp)/TC4 复合材料的弹性模量为 123.6GPa,而 TiBw/TC4 复合材料的弹性模量为 122.9GPa。特别考虑到根据 H-S 理论,各向同性的 5vol.% TiBw/TC4 复合材料的最高或者说理论弹性模量仅为 123.9GPa,还要考虑的是 TiCp 增强相的弹性模量较 TiBw 增强相的弹性模量稍低,因此即使只是少许提高,也是非常值得关注的。这个提高主要归结为 TiCp 增强相的加入,使得网状结构局部增强相含量提高。另外,网状结构钛基复合材料较高的弹性模量也证实了网状结构较传统均匀结构较优异的增强效果。

表 8-1 (TiBw + TiCp)/TC4 复合材料与单一增强 TiBw/TC4
复合材料及 TC4 合金拉伸性能对比

试 样	屈服强度,$\sigma_{0.2}$/MPa	抗拉强度,σ_b/MPa	弹性模量,E_2/GPa	延伸率,δ_5/%
Ti6Al4V (TC4)	700 ±4	855 ±2	112.3 ±0.6	11.3 ±1
10vol.%(TiBw + TiCp)/TC4	—	350 ±2	125.3 ±0.4	—
5vol.%(TiBw + TiCp)/TC4	1100 ±8	1121 ±6	123.6 ±0.4	1.3 ±0.2
3vol.%(TiBw + TiCp)/TC4	1066 ±5	1130 ±6	120.2 ±0.3	2.4 ±0.3
5vol.% TiBw/TC4	940 ±10	1090 ±10	122.9 ±0.3	3.6 ±0.2
3vol.% TiBw/TC4	898 ±5	1045 ±4	119.8 ±0.3	6.5 ±0.5

图 8-16 所示为(TiBw + TiCp)/TC4 复合材料增强相网状分布特征示意图。如图 8-16(a)所示,在这一混杂增强网状结构中,TiBw 像销钉一样链接相邻的 TC4 钛基体颗粒,而 TiCp 由于只集中在界面相中间,位于 TiBw 中间,有效地提高了界面相局部增强相含量,或者说增加了增强相的连通度。如图 8-16(b)所示,与 TiBw/TC4 复合材料类似,网状结构也可以分成 Phase-Ⅰ与 Phase-Ⅱ。加上 TiCp 提高 Phase-Ⅰ中局部增强相含量的作用,这种网状结构就更接近

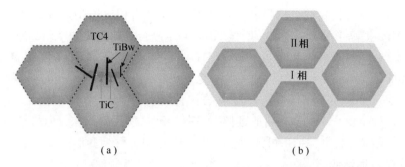

图 8-16 网状结构（TiBw + TiCp）/TC4 复合材料中 TiBw 与 TiCp 增强相分布特征

(a)混杂增强相分布示意图；(b)等效 H-S 理论上限模型。

H-S理论上限组织结构[25]。如此，TiCp 的加入使得 Phase-Ⅰ相具有更高的硬度与连通度，进一步提高复合材料整体强度水平，这与前面拉伸试验结果中较高的抗拉强度及弹性模量是一致的。

然而，就像图 8-14(d)与图 8-16(a)所示，界面相 Phase-Ⅰ 并不是完全封闭的，而是存在基体的部分连通。由于加入 TiCp 相增加 Phase-Ⅰ相局部增强相体积分数或连通度，有利于提高整体复合材料强度水平，但却会降低塑性水平。因此对于网状结构钛基复合材料要想具有较高的强度必须保证基体之间的连通度与增强相之间的连通度达到一个平衡，并且这一平衡还与基体的颗粒尺寸以及基体的塑性水平有关。不过以上优异的强度水平已经有效地证明了增强相呈准连续网状分布与混杂增强相优异的增强效果。

8.3.3 低含量 TiBw 的网状结构（TiBw + TiCp）/TC4 复合材料

为了保证优异的高温抗氧化性能，设计在网状结构 TiCp/TC4 复合材料中引入少量 TiBw，以发挥销钉状 TiBw 增强相有效的增强效果，进一步提高其强韧性。与（TiBw + TiCp）/TC4(1:1)复合材料制备方法不同，经过大量对比发现，当加入 TiB_2 含量较少时，为了获得销钉状 TiBw，需要将低能球磨分为两步，如图 8-17所示。首先将 TiB_2 与 TC4 进行混合，将 TiB_2 镶嵌到 TC4 颗粒表面；然后再加入 C 粉，进行混合均匀。否则，由于 C 粉含量较多，且为层片状，容易将整个 TC4 粉包裹，从而阻碍 TiB_2 与 Ti 反应生成销钉状 TiBw。

图 8-18 所示分别为网状结构（1.5vol. % TiBw + 3.5vol. % TiCp）/TC4 复合材料、（1.0vol. % TiBw + 4.0vol. % TiCp）/TC4 复合材料与（0.5vol. % TiBw + 4.5vol. % TiCp）/TC4 复合材料 SEM 组织照片。从图 8-18 中可以看出，都生成了销钉状的 TiBw 增强相，可以有效地连接相邻的 TC4 基体颗粒。需要说明的是，当 TiBw 含量较高时，长时间腐蚀无法获得三维组织，因为增强相之间没有完全的连通，腐蚀过程中的气流冲击使得增强相脱落。因此（1.5vol. % TiBw + 3.5vol. % TiCp）/TC4 复合材料仅进行轻微腐蚀就可以进行组织观察，而当 TiCp

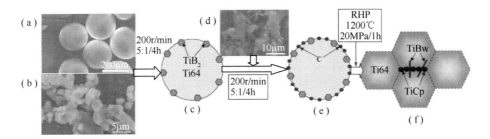

图 8 - 17　低含量 TiBw 的混杂网状结构(TiCp + TiBw)/TC4 复合材料制备工艺示意图

(a)TC4 粉；(b)TiB₂ 粉；(c)TiB₂ 粉镶嵌在 TC4 粉表面示意图；(d)石墨粉；

(e)TC4 - TiB₂ - C 混合物示意图；(f)网状结构(TiCp + TiBw)/TC4 复合材料示意图。

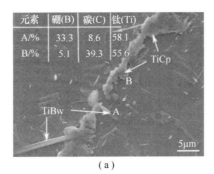

元素	硼(B)	碳(C)	钛(Ti)
A/%	33.3	8.6	58.1
B/%	5.1	39.3	55.6

(a)

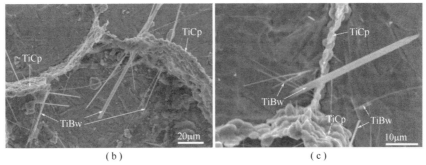

(b)　　　　　　　　　　(c)

图 8 - 18　网状结构混杂(TiCp + TiBw)/TC4 复合材料 SEM 组织照片

(a)(1.5vol.% TiBw + 3.5vol.% TiCp)/TC4；(b)(1.0vol.% TiBw + 4.0vol.% TiCp)/TC4；

(c)(0.5vol.% TiBw + 4.5vol.% TiCp)/TC4。

含量超过 4.0% 时,就容易形成 TiCp 墙状结构,如图 8 - 18(b)所示。

图 8 - 19 所示为不同增强相相对含量的网状结构(TiCp + TiBw)/TC4 复合材料的抗弯强度随 TiBw 体积分数的变化。从图 8 - 19 中可以看出,随着 TiBw 含量的增加,复合材料的抗弯强度分别从 TiCp/TC4 复合材料的 668MPa 提高到 691MPa、752MPa、849MPa 与 962MPa。随着 TiBw 体积分数的增加,网状结构复合材料的抗弯强度也逐渐提高。也就是说,通过引入 1.0%、1.5% 与 2.0% 的

TiBw 相,其抗弯强度分别提高了 13%、27% 与 44% 。这就充分说明了销钉状 TiBw 增强相优异的增强效果,以及共同发挥的混杂增强相应[18,26]。

图 8 - 20 所示为不同增强相相对含量的网状结构(TiCp + TiBw)/TC4 复合材料与纯 TC4 合金在 700℃氧化 100h 的氧化动力学曲线。从图 8 - 20 中可以看出,氧化行为也都遵循抛物线规律,网状结构钛基复合材料的氧化抗力普遍优于 TC4 钛合金,且氧化抗力随着 TiBw 含量的提高而降低。一方面,TiBw 增强相的氧化抗力本身就较 TiCp 增强相的氧化抗力低[27];另一方面,由于 TiBw 晶须的引入,其不仅在界面处生长,还向基体内部生长,如此降低了 TiCp 墙状结构的连通度,进而降低了 TiCp 墙状结构对 O 扩散的阻止作用。值得指出的是,通过与以前增强相均匀分布的钛基复合材料抗氧化性能对比发现,网状结构钛基复合材料较均匀结构钛基复合材料表现出更好的抗氧化能力[10,28],这应归因于特殊网状结构的作用。

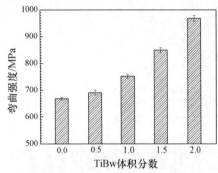

图 8 - 19　网状结构(TiCp + TiBw)/TC4 复合材料的抗弯强度随 TiBw 体积分数的变化

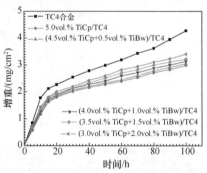

图 8 - 20　网状结构(TiCp + TiBw)/TC4 复合材料与纯 TC4 合金 700℃ 氧化动力学曲线

参 考 文 献

[1] Huang L J, Geng L, Xu H Y, et al. In situ TiC Particles Reinforced Ti6Al4V Matrix Composite with a Network Reinforcement Architecture. Materials Science and Engineering A, 2011, 528(6): 2859 - 2862.

[2] Huang L J, Geng L, Li A B, et al. In situ TiBw/Ti - 6Al - 4V Composites with Novel Reinforcement Architecture Fabricated by Reaction Hot Pressing. Scripta Materialia, 2009, 60(11): 996 - 999.

[3] Huang L J, Geng L, Peng H X, et al. High temperature tensile properties of in situ TiBw/Ti6Al4V composites with a novel network reinforcement architecture. Materials Science and Engineering A, 2012, 534(1): 688 - 692.

［4］ 徐洲，赵连城. 金属固态相变原理［M］. 北京：科学出版社，2004.

［5］ Porter D A,Easterling K E. Phase Transformations in Metals and Alloys. America：Van Nostrand Reinhold Co. , 1981.

［6］ Huang L J, Geng L, Fu Y, et al. Oxidation behavior of in situ TiCp/Ti6Al4V composite with self – assembled network microstructure fabricated by reaction hot pressing. Corrosion Science, 2013, 69：175 – 180.

［7］ Wei D B, Zhang P Z, Yao Z J, et al. Oxidation of double – glow plasma chromising coating on TC4 titanium alloys. Corrosion Science, 2013, 66：43 – 50.

［8］ Singh A K, Hou X M, Chou K C. The oxidation kinetics of multi – walled carbon nanotubes. Corrosion Science, 2010, 52：1771 – 1776.

［9］ Castaldi L, Kurapov D, Reiter A, et al. High temperature phase changes and oxidation behavior of Cr – Si – N coatings, Surface Coating and Technology, 2007, 202：781 – 785.

［10］ Qin Y X, Zhang D, Lu W J, et al. A new high – temperature, oxidation – resistant in situ TiB and TiC reinforced Ti6242 alloy. J. of Alloys and Compounds, 2008, 455：369 – 375.

［11］ Wen M, Wen C, Hodgson P, et al. Thermal oxidation behaviour of bulk titanium with nanocrystalline surface scale. Corrosion Science, 2012, 59：352 – 359.

［12］ Qian Y H, Li M S, Lu B. Isothermal oxidation behavior of Ti3Al – based alloy at 700 – 1000℃ in air. Transactions of Nonferrous Metals Society of China, 2009, 19：525 – 529.

［13］ Mabuchi H, Tsuda H, Kawakami T, et al. Oxidation – resistant coating for gamma titanium aluminides by pack cementation. Scripta Materialia, 1999, 41：511 – 516.

［14］ Lee D B, Habazaki H, Kawashima A, et al. High temperature oxidation of a Nb – Al – Si coating sputter – deposited on titanium. Corrosion Science, 2000, 42：721 – 729.

［15］ Lu J Q, Qin J N, Chen Y F, et al. Superplasticity of Coarse – Grained (TiB + TiC)/Ti – 6Al – 4V Composite. J. of Alloys and Compounds, 2010, (490)：118 – 123.

［16］ Ni D R, Geng L, Zhang J, et al. Fabrication and Tensile Properties of In Situ TiBw and TiCp Hybrid – Reinforced Titanium Matrix Composites Based on Ti – B_4C – C. Materials Science and Engineering A, 2008, 478：291 – 296.

［17］ Tjong S C, Mai Y W. Processing – Structure – Property Aspects of Particulate – and Whisker – Reinforced Titanium Matrix Composites. Composite Science and Technology, 2008, 68：583 – 601.

［18］ Huang L J, Geng L, Peng H X, et al. In – situ (TiBw + TiCp)/Ti6Al4V Composites with a Network Reinforcement Distribution. Materials Science and Engineering A, 2010, 527(24 – 25)：6723 – 6727.

［19］ Huang L J, Yang F Y, Guo Y L, et al. Effect of Sintering Temperature on Microstructure of Ti6Al4V Matrix Composites. International Journal of Modern Physics B, 2009, 23：1444 – 1448.

［20］ 黄陆军. 增强相准连续网状分布钛基复合材料研究［D］. 哈尔滨：哈尔滨工业大学，2010.

［21］ Gorsse S, Miracle D B. Mechanical Properties of Ti – 6Al – 4V/TiB Composites with Randomly Oriented and Aligned TiB Reinforcements. Acta Materialia, 2003, 51：2427 – 2442.

［22］ 吕维洁，张荻. 原位合成钛基复合材料的制备、微结构及力学性能. 北京：高等教育出版社，2005：1 – 5.

［23］ Ma F C, Lv W J, Qin J N, et al. Hot Deformation Behavior of In Situ Synthesized Ti – 1100 Composite Reinforced with 5vol. % TiC Particles. Materials Letters, 2006, 60(3)：400 – 405.

［24］ 马凤仓，吕维洁，覃继宁，等. 锻造对(TiB + TiC)增强钛基复合材料组织和高温性能的影响. 稀有金属，2006, 30：236 – 240.

［25］ Peng H X. A Review of "Consolidation Effects on Tensile Properties of an Elemental Al Matrix Composite". Materials Science and Engineering A, 2005, 396：1 – 2.

[26] Lu W J, Zhang D, Zhang X N, et al. Microstructure and Tensile Properties of In Situ (TiB + TiC)/Ti6242 (TiB:TiC = 1:1) Composites Prepared by Common Casting Technique. Materials Science and Engineering A, 2001, 311: 142 –150.

[27] Zhang E L, Zeng G, Zeng S Y. Effect of in situ TiB short fibre on oxidation behavior of Ti –6Al –1. 2B alloy. Scripta Materialia, 2002, 46: 811 –816.

[28] Yang Z F, Lv W J, Qin J N, et al. Oxidation behavior of in situ synthesized (TiC + TiB + Nd$_2$O$_3$)/Ti composites. Materials Science and Engineering A, 2008, 472: 187 –192.

第9章 TiBw/Ti60 复合材料与网状钛基 复合材料的应用

开发钛基复合材料的主要目的,就是为了进一步提高其使用温度,并且钛基复合材料中的基体对其使用温度起着决定性作用。因此,采用目前使用温度最高的 Ti60 合金作为制备网状结构钛基复合材料基体,才能更好地体现钛基复合材料的使用价值,对深入开发钛基复合材料的应用潜力及实用性具有非常重要的意义。因此,作为尝试性工作,按照前面已有的经验及工艺,制备出增强相网状分布的 TiBw/Ti60 复合材料并进行组织分析与性能测试,进一步研究热处理与热变形对其组织与性能的影响规律,并结合前面网状结构的设计、制备、组织、性能、变形加工与热处理等研究工作,展望网状结构钛基复合材料前景,对指导下一步工作及深入开发钛基复合材料应用具有重要意义。

9.1 网状结构 TiBw/Ti60 复合材料制备

9.1.1 网状结构 TiBw/Ti60 复合材料组织分析

图 9-1 所示为 1300℃制备的烧结态 8vol. % TiBw/Ti60 复合材料 XRD 分析结果[1]。从图 9-1 中可以看出,与 TiBw/TC4 复合材料 XRD 测试结果类似,

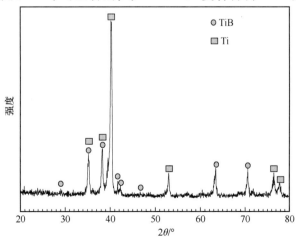

图 9-1 1300℃制备的烧结态 8vol. % TiBw/Ti60 复合材料 XRD 分析结果

也是只有 Ti 与 TiBw 的衍射峰,其他合金元素没有检测到。这也说明了加入的 TiB₂ 与 Ti 发生了完全反应。事实上,即使是 1200℃烧结制备,或者是其他体积分数,检测结果都是类似的,没有明显区别。即使存在少量的别的相,也因含量较少无法通过 XRD 结果得以体现[2,3]。

图 9-2 所示为 1200℃与 1300℃烧结制备的网状结构 8vol. % TiBw/Ti60 复合材料 SEM 组织照片[1]。TiBw 增强相也生长成晶须状,分布在 Ti60 基体颗粒周围形成网状结构,这进一步说明了网状结构的形成归因于大尺寸钛合金粉的使用、低能球磨与固态烧结。然而,通过对比图 9-1(a)与(b)可以发现,在 1200℃制备的 TiBw/Ti60 复合材料中存在大量的烧结不致密的孔;而当温度升高到 1300℃时,孔消失,制备的 TiBw/Ti60 复合材料完全致密。根据前面不同烧结温度制备的 TiBw/TC4 复合材料组织分析结果[2],即在 1100℃烧结存在不致密的孔,而在 1200℃烧结完全致密,继续提高烧结温度到 1300℃没有明显变化。可以推断,这是由于使用了高温强度较高的 Ti60 合金作为基体[4],在相同的烧结压力下使烧结致密化温度提高到了 1300℃。因此,通过使用高温钛合金如 Ti60、Ti1100、IMI834 等,采用热压烧结制备高温钛合金基复合材料时,最佳烧结温度应该为 1300℃。

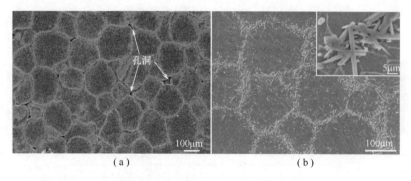

图 9-2　1200℃与 1300℃烧结制备的网状结构 8vol. % TiBw/Ti60
复合材料 SEM 组织照片

为了更直观地展示本书设计与制备的钛基复合材料三维网状结构特点,将网状结构 8vol. % TiBw/Ti60 复合材料一长方体试样相邻的三个面均进行抛光,然后对其尖角处进行 SEM 组织观察,获得 TiBw 三维网状分布图,如图 9-3 所示。从图 9-3 中可以清晰地看出,TiBw 增强相分布在等轴的 Ti60 颗粒周围,形成特殊的三维网状分布[5]。前面大量的力学性能结果已经证实,这种特殊的三维网状结构可以表现出优异的室温及高温综合性能。

图 9-4 所示为具有不同增强相含量的烧结态 TiBw/Ti60 复合材料及烧结态 Ti60 合金的 SEM 组织照片[1]。从图 9-4(a)可以看出,烧结态 Ti60 合金也是形成了典型的魏氏组织,即粗大的原始 β 晶粒、粗大的片状 α 相以及相间 β

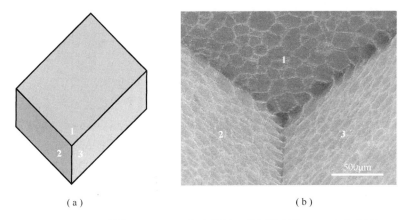

（a）　　　　　　　　　　　　（b）

图9-3　网状结构TiBw/Ti60复合材料三维网状结构SEM组织照片

（a）组织分析位置示意图；（b）SEM组织照片。

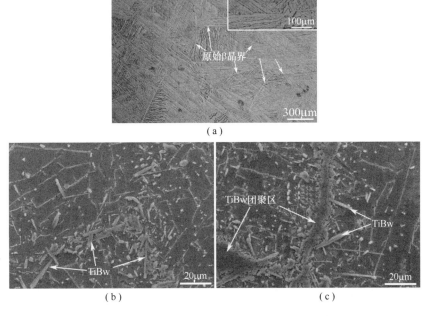

图9-4　不同增强相含量的烧结态TiBw/Ti60复合材料
及烧结态Ti60合金的SEM组织照片

（a）烧结态Ti60合金；（b）5vol.%；（c）12vol.%。

相。原始β晶粒尺寸非常粗大甚至达到900μm以上，这明显大于Ti60合金粉末的尺寸，说明了其烧结致密，但由于组织粗大可能对机械性能不利。对于网状结构钛基复合材料而言，网状结构陶瓷增强相明显细化了原始β晶粒尺寸及α相尺寸[6,7]。

在网状结构 TiBw/Ti60 复合材料中,TiBw 增强相均匀地分布在网状界面处相当于在原始 β 晶粒晶界处引入 TiBw 增强相。这样不仅可以克服晶界高温弱化的效果,而且也可以进一步提高晶界室温增强效果[8]。随着整体增强相含量的提高,网状界面处局部增强相含量增加。对于 5vol.% TiBw/Ti60 复合材料,基体连通,增强相准连通,这对机械性能是有利的。当增强相提高到 8vol.% 时,组织结构变为准连续的基体与连续的增强相结构,这对提高 TiBw 增强效果是有利的。但是当增强相体积分数增加到 12% 时,组织结构为连续的 TiBw 团聚结构及离散分布的 Ti60 基体颗粒,这对复合材料的机械性能肯定是不利的。团聚结构的形成是由于在网状界面处过多的 TiB_2 加入量导致的[9]。

9.1.2 网状结构 TiBw/Ti60 复合材料力学性能

表 9-1 所列为烧结态 TiBw/Ti60 复合材料与烧结态 Ti60 合金室温拉伸性能[1]。从表 9-1 中可以看出,相对于 Ti60 合金的抗拉强度 1010MPa 与延伸率 4.5%,5vol.% 与 8vol.% TiBw/Ti60 复合材料的抗拉强度分别提高到 1160MPa 与 1180MPa,而延伸率分别降低到 3.3% 与 1.6%,这是由于增强相连通度的增加以及基体的连通度降低。而且,当增强相含量增加到 12vol.% 时,复合材料体现出明显的脆性,这是由于几乎完全连通的 TiBw 团聚网状结构所致,因此强度也迅速降低到 990MPa。

表 9-1 烧结态 TiBw/Ti60 复合材料与 Ti60 合金室温拉伸性能

拉伸性能	Ti60	5vol.%	8vol.%	12vol.%
σ_b/MPa	1010 ±7	1160 ±8	1180 ±10	990 ±10
δ/%	4.5 ±0.3	3.3 ±0.2	1.6 ±0.2	—

图 9-5 所示为不同增强相含量的烧结态网状结构 TiBw/Ti60 复合材料的高温力学性能[1]。从图 9-5 中可以看出,复合材料的高温抗拉强度随着 TiBw 增强相含量的增加而增加,然而当增加到 12vol.% 时反而迅速下降,这是由于形成大块连续的 TiBw 团聚组织所致。Ti60 合金在 600℃、700℃、800℃ 的抗拉强度分别为 552MPa、458MPa、303MPa;以网状结构加入 5vol.% TiBw 增强相时,在 600℃、700℃、800℃ 时,TiBw/Ti60 复合材料的抗拉强度分别提高到 787MPa、625MPa、396MPa,分别提高了 61.1%、57.4%、45.5%。根据前面 TiBw/TC4 已有的研究结果[10],可以肯定的是,经过后续热处理或热变形后,其强度水平还会进一步提高。根据前人报道[11],增强相均匀分布的 10vol.% TiCp/TA15 复合材料在 600℃、700℃时的抗拉强度分别为 625MPa 与 342MPa,与之相比,网状结构 TiBw/Ti60 复合材料的高温抗拉强度得到了明显的提高。而且,通过熔铸法制备的 8vol.% (TiBw + TiCp)/Ti6242 复合材料在 650℃ 时抗拉强度仅为 639MPa[12],而网状结构 8vol.% TiBw/Ti60 在 700℃时的抗拉强度为 721MPa,仍

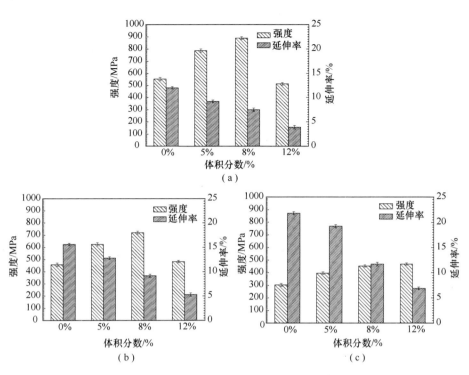

图 9-5　不同增强相含量的烧结态网状结构 TiBw/Ti60 复合材料的高温拉伸性能
(a)600℃；(b)700℃；(c)800℃。

然明显高于其 650℃时的抗拉强度。因此,通过制备网状结构 TiBw/Ti60 复合材料,非连续增强钛基复合材料的使用温度或者高温拉伸强度得到明显提高。

网状结构 TiBw/Ti60 复合材料之所以具有优异的高温性能,主要原因在于[1]:原位反应合成的 TiBw 增强相引入到晶界(网状界面)处形成网状结构,可以有效克服高温晶界弱化的效果,从而提高网状结构 TiBw/Ti60 复合材料高温强化效果。而销钉状的 TiBw 增强相可以充分发挥其增强效果,特别是对于 8vol.% TiBw/Ti60 复合材料,连续的 TiBw 网状结构对复合材料的拉伸行为起到主导作用。然而,当增强相含量过高形成增强相团聚时,只能体现出有限增强甚至强度降低。随着温度的升高,这种降低趋势减弱,这也是因为网状结构支配着复合材料的力学行为。随着 TiBw 增强相含量的提高,TiBw/Ti60 复合材料的高温拉伸延伸率降低;随着测试温度的提高,TiBw/Ti60 复合材料拉伸延伸率提高。事实上,与 Ti60 合金在 600℃、700℃、800℃的拉伸延伸率 12%、15.6%、21.8% 相比,5vol.% TiBw/Ti60 复合材料的拉伸延伸率仅稍微降低到 9.2%、12.8%、19.2%,表现出优异的高温塑性水平。因此,5vol.% TiBw/Ti60 复合材料由于其销钉状的 TiBw 结构与双连通网状结构,表现出优异的综合力学性能。即使对于表现出较高高温强度的 8vol.% TiBw/Ti60 复合材料,高温拉伸延伸率也达到了 7.5%、9.2%、11.7%。总之,以 Ti60 合金的高温强度为判据,并具有适当的塑性,网状结构 TiBw/Ti60 复合材料的最高使用温度可以提高 100℃~200℃,达到 700℃~800℃。另外,通过后续的变形及热处理还可能得到进一步的提高[13,14]。

9.2 热处理对网状结构 TiBw/Ti60 复合材料的影响

9.2.1 固溶处理对 TiBw/Ti60 复合材料组织与性能的影响

为了进一步提高网状结构 TiBw/Ti60 复合材料的力学性能,对制备的网状结构 3.4vol.% TiBw/Ti60 复合材料进行固溶与时效处理。设计固溶温度为1000℃、1050℃和 1100℃,固溶时间为 1h,冷却方式为水淬。需要指出的是,烧结态 3.4vol.% TiBw/Ti60 复合材料室温拉伸延伸率为 1.2%,抗拉强度为1105MPa。组织分析发现,热处理没有改变网状结构及 TiBw 增强相的形貌与分布,只是网内基体组织发生了变化。一方面,随着固溶温度的提高,基体中初始 α 相含量降低,转变 β 组织的含量相应提高;另一方面,即使是 1100℃固溶处理后基体中仍可以观察到初生 α 相,这是由于 TiBw/Ti60 复合材料的相变温度较 Ti60 合金的相变温度提高[15],1100℃时 α 相仍然没有完全转变成 β 组。

图 9-6 所示为淬火态 3.4vol.% TiBw/Ti60 复合材料拉伸性能对比。从拉伸性能测试结果中可以看出,固溶处理后抗拉强度与拉伸延伸率均明显高于烧结态 TiBw/Ti60 复合材料的强度与延伸率,这充分说明了固溶处理的效果。随着固溶温度的升高,淬火态 TiBw/Ti60 复合材料抗拉强度逐渐增加,延伸率逐渐降低。1000℃固溶处理后,淬火态 TiBw/Ti60 复合材料延伸率为 2.7%,抗拉强度为 1399MPa;1050℃固溶处理后,淬火态 TiBw/Ti60 复合材料延伸率为 2.5%,抗拉强度为 1425MPa;1100℃固溶处理后,淬火态 TiBw/Ti60 复合材料抗拉强度

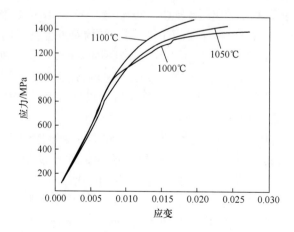

图 9-6 不同固溶温度处理后 TiBw/Ti60 复合材料室温拉伸应力-应变曲线

为1470MPa,延伸率为1.9%。一方面,随着固溶温度的提高,在相同的时间内,在制备烧结态 TiBw/Ti60 复合材料过程中因炉冷而形成的第二相可以更多地回溶到基体合金中,更充分地发挥固溶强化的效果;另一方面,固溶温度越高,越接近 β 相变温度,在相同的保温时间内,α 相转变得到的 β 相越多,这样在快速水淬过程中得到的淬火马氏体越多或转变 β 组织含量越多,所以材料的抗拉强度越高,相应的延伸率越低。与 TC4 基钛基复合材料相比[10],Ti60 基复合材料表现出更高的固溶强度,甚至接近 1500MPa 水平。

9.2.2 时效处理对 TiBw/Ti60 复合材料组织与性能的影响

为了进一步稳定淬火组织及改善淬火态 TiBw/Ti60 复合材料的力学性能,分别对 1000℃、1050℃和 1100℃固溶处理后的淬火态 TiBw/Ti60 复合材料进行600℃/8h 时效处理,冷却方式均为空冷。图 9 - 7 所示为淬火态 TiBw/Ti60 复合材料 600℃/8h 时效处理后的组织形貌。从时效处理后的组织形貌中可以观察发现,基体中除了白色的初始 α 相之外存在暗色区域,这是时效过程中由马氏体分解得到的弥散 α + β 相。经过对比发现,随着固溶温度的提高,暗色区域增加,相应地初生 α 相含量降低。这是与前面转变 β 组织含量增加,而初生 α 相含量降低是对应的。马氏体分解形成弥散的 α + β 相对其力学性能是有利的。同时发现,在淬火处理后保留下来的初始 α 相,经过时效处理没有发生明显变

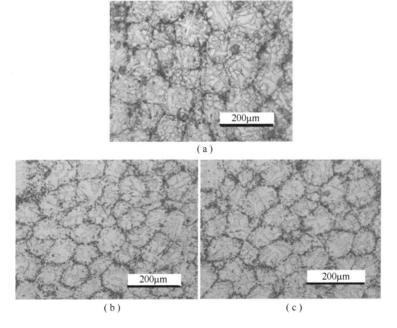

(a)

(b)　　　　　　　　　　　　(c)

图 9 - 7　不同温度固溶后 TiBw/Ti60 复合材料 600℃/8h 时效处理金相组织形貌
(a)1000℃固溶;(b)1050℃固溶;(c)1100℃固溶。

化,继续保留下来,这也充分说明了钛合金基体的组织遗传性。

图 9-8 所示为 1000℃ 固溶 + 600℃/8h 时效、1050℃ 固溶 + 600℃/8h 时效、1100℃ 固溶 + 600℃/8h 时效三种处理后的 TiBw/Ti60 复合材料拉伸性能对比。从图 9-8 中观察可以看出,固溶和固溶 + 时效处理后,TiBw/Ti60 复合材料的抗拉强度和延伸率均高于烧结态的 TiBw/Ti60 复合材料。与此同时,时效处理后的 TiBw/Ti60 复合材料与淬火态的 TiBw/Ti60 复合材料相比,抗拉强度有所升高,延伸率有所降低。这是因为在 Ti60 基体合金中合金元素含量较多,在时效过程中形成了时效析出强化相。1000℃ 固溶 + 600℃/8h 时效处理后,TiBw/Ti60 复合材料抗拉强度达到 1460MPa,延伸率为 2.2% ;1050℃ 固溶 + 600℃8h 时效处理后,抗拉强度达到 1498MPa,延伸率为 2.0% ;1100℃ 固溶 + 600℃8h 时效处理后,抗拉强度达到 1552MPa,延伸率为 1.5% 。随着固溶温度的升高,抗拉强度升高,这与固溶过程中回溶第二相增加及淬火过程中形成马氏体量增加有关,即固溶温度越高,基体合金中固溶强化越明显。另外,由于固溶温度越高,转变 β 组织含量越高,所以在时效过程中分解出的细小 α + β 相越多,对力学性能越有利。综合考虑,存在获得 TiBw/Ti60 复合材料最佳强韧性的时效工艺。由 TiBw/Ti60 复合材料热处理后拉伸性能结果可以发现,TiBw/Ti60 复合材料同样存在两种强化机理,即:固溶快速冷却使 β 相转变成马氏体,从而强化 TiBw/Ti60 复合材料;时效过程中马氏体分解形成细小的 α + β 相以及基体合金中时效析出的弥散强化相,都使 TiBw/Ti60 复合材料强化。因此,热处理后 TiBw/Ti60 复合材料的强化程度取决于亚稳定相的类型、数量、成分和时效后所形成的细小 α + β 相及析出相的含量及弥散度。所以,TiBw/Ti60 复合材料的固溶 - 时效工艺是一种综合强化工艺。

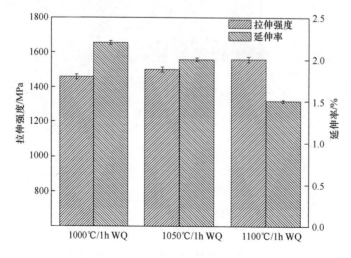

图 9-8 不同温度固溶后 TiBw/Ti60 复合材料 600℃/8h 时效处理室温拉伸性能

9.3　热处理对轧制态 TiBw/Ti60 复合材料的影响

9.3.1　热处理对轧制态 TiBw/Ti60 复合材料组织的影响

对网状结构 5vol.% TiBw/Ti60 复合材料进行高温轧制变形,以进一步提高其力学性能。采用轧制变形温度为 1040℃,轧制变形量为 70%,将 TiBw/Ti60 复合材料从 10mm 厚度最终轧制成 3mm 厚度的板材。TiBw/Ti60 复合材料宏观变形均匀,没有出现变形不协调及开裂现象,表面光滑,充分体现了其优异的高温变形能力。图 9-9 所示为轧制变形后 5vol.% TiBw/Ti60 复合材料 SEM 组织照片。与前面网状结构 TiBw/TC4 复合材料轧制态组织类似[16],网状结构在轧制面被压扁拉大,这样使网状结构尺寸大大增加,因此分布在变形方向上的 TiBw 增强相含量大大降低,这样钛基体之间的相互连通度大大增加,这对 TiBw/Ti60 复合材料的塑性有很好的改善作用。结合侧面组织进一步发现,界面处 TiBw 增强相含量降低,而且晶须经轧制变形后沿轧制面定向分布,对提高轧制方向的力学性能是有利的。从图 9-9 中还可以看出,由于 Ti60 基体为近 α 钛合金,且热轧制变形结合快速冷却,使得基体中形成的转变 β 组织与 α 相对比度差别不大,使得在 SEM 组织照片中无法清晰观察其基体组织变化。

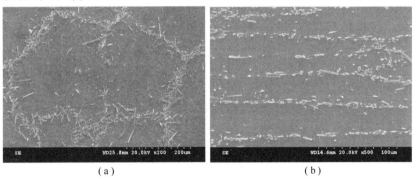

(a)　　　　　　　　　　　　　(b)

图 9-9　网状结构 5vol.% TiBw/Ti60 复合材料轧制面与轧制侧面 SEM 组织照片
(a)轧制面;(b)轧制侧面。

轧制变形后 5vol.% TiBw/Ti60 复合材料金相组织分析显示,在基体内部大量条状 α 相通过轧制变形发生断裂,解体为多个细小短条 α 相,这些短条 α 相将通过后续热处理球化形成等轴组织,而没有发生解体或长大为粗大的条状组织[17]。轧制淬火态复合材料中微观组织条状 α 相形貌及电子衍射分析如图 9-10 所示,轧制后长条 α 相断裂解体为多个短条 α 相,它们可能成为后续热处理形成等轴 α 相的原始组织。在 α 相中能观察到大量的位错,这对材料的力学性能提高是很有帮助的。

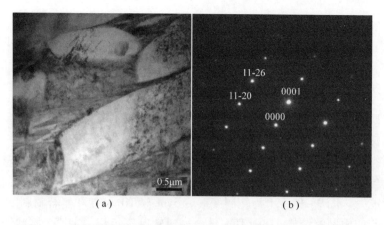

图 9 – 10　网状结构 5vol.% TiBw/Ti60 复合材料轧制后基体 TEM 分析

(a)轧制后条状 α 相形貌；(b)条状相的［–1100］方向的电子衍射。

　　为了进一步消除轧制后 TiBw/Ti60 复合材料内部大量的残余应力以及使第二相及硅化物溶解，对轧制态 TiBw/Ti60 复合材料进行不同工艺的热处理。热处理方案如下：①950℃/0.5h/WC；②950℃/0.5h/WC + 500℃/2h/AC；③950℃/0.5h/WC + 600℃/2h/AC。组织分析显示，经过 950℃ 固溶处理后，基体中初生 α 相发生了明显的球化现象，原来片状初生 α 相明显减少[17]。当变形温度处于相变点以下的高温区时，通过位错攀移和滑移机制的回复，α 片内形成排列规则的亚晶界。这些高能量微观缺陷使片层的稳定性降低，一方面变形可以沿着亚晶界进行滑动，造成片层组织的解体；另一方面在亚晶界处会形成热蚀沟，使相界面处产生浓度梯进，而使 β 相沿着亚晶界的扩散楔入，从而使片状 α 相解体。在晶界滑动和晶界浓度梯度的共同作用下，晶粒逐渐球化。可以肯定的是，基体组织的球化对复合材料整体性能是有利的。

　　图 9 – 11 所示为网状结构 5vol.% TiBw/Ti60 复合材料经轧制变形 + 950℃淬火 + 500℃时效后的金相组织照片[17]。从图 9 – 11 中可以看出，在 500℃时效后，颗粒内部的等轴 α 相明显增多，而且组织都比较细小，整体组织为细小的等轴 α 相和细小的条状 α 相以及转变 β 组织，其中等轴 α 相比例较高。具有等轴组织的钛合金室温强度高、塑性好。

　　网状结构 5vol.% TiBw/Ti60 复合材料经轧制变形 + 950℃淬火 + 600℃时效后，等轴 α 相大大减少，基体主要为条状 α 相和 β 相，整体组织为粗大的类似于网篮的条状组织[17]，条状 α 相边缘不规则呈凸凹不平状，所以每个粗大的条状 α 相很可能是由几个等轴 α 相合并而成。图 9 – 12(a)为粗大的条状 α 相 TEM 分析，发现在一个大条状 α 相的晶粒内部存在等轴状 α 相亚晶粒，从而验证了粗大条状 α 相是由多个等轴 α 相合并而成。由图 9 – 12(b)和能谱图 9 – 12(c)可见在 600℃已有少量硅化物析出，但由于整体多为粗大条状，所以少量的析出相对材料性能影响不大。

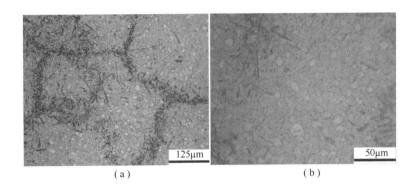

（a） （b）

图 9 – 11　网状结构 5vol.％ TiBw/Ti60 复合材料经轧制变形 +
950℃淬火 + 500℃时效后的金相组织照片
（a）低倍；（b）高倍。

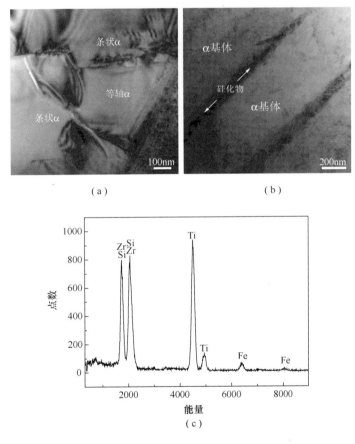

（c）

图 9 – 12　网状结构 5vol.％ TiBw/Ti60 复合材料经轧制
变形 + 950℃淬火 + 600℃时效后的 TEM 组织

（a）微区晶粒合并；（b）条状 α 相及相间的颗粒相；（c）图（b）中颗粒相的能谱分析。

9.3.2 热处理对轧制态 TiBw/Ti60 复合材料拉伸性能的影响

图 9 – 13 所示为 5vol. % TiBw/Ti60 复合材料轧制后经不同热处理室温拉伸性能。从图 9 – 13 中可以看出,经过轧制及淬火处理后 TiBw/Ti60 复合材料室温强度最高达到 1377MPa,比相同状态的 Ti60 合金提高 25.2%,且延伸率达到 13.1%,塑性比纯 Ti60 合金还要好。500℃时效态的复合材料抗拉强度虽略低于淬火态,但也达到了 1319MPa,延伸率也达到了 10.5%,塑性与合金十分接近。三种热处理状态的强度及塑性呈现出逐渐降低的趋势,即通过时效热处理使强度和塑性下降,这是由于时效过程中变形晶粒发生回复,位错大量减少,加工硬化效果减弱,且随着时效温度的提高,晶粒明显长大。到 600℃时效,大量等轴 α 相合并成粗大的条状 α 相,使材料的强度及塑性均下降。虽然在 600℃时效过程中有硅化物析出,但量非常少,对材料的性能影响不大。

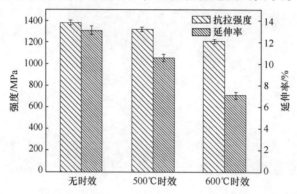

图 9 – 13　5vol. % TiBw/Ti60 复合材料轧制后经不同热处理后室温拉伸性能对比

大量研究表明,等轴状和片状组织拉伸塑性明显差异的原因是两者的变形机理不一样[18]。等轴组织材料的拉伸变形是在 α 相个别晶粒中以滑移开始的,随着变形程度的增加,滑移占据越来越多的 α 晶粒,并向周围的转变 β 组织扩展,滑移带间距小,晶界处位错塞积应力小。因而孔洞的形核和扩展较迟,断裂前将产生更大的变形,从而获得更高的塑性。片状组织中由于同一 α 束具有相同的惯习面,滑移一开始就能毫无阻碍地穿过互相平行的 α 束而形成粗滑移带,在晶界处易产生严重的位错塞积出现微区变形不均匀,促进孔洞的形成和聚集长大,导致试样过早断裂。

图 9 – 14 所示为轧制态 5vol. % TiBw/Ti60 复合材料淬火后不同时效温度处理后在不同温度下拉伸性能变化。在 600℃下,其抗拉强度达到了 1084MPa,延伸率也达到了 16%。经过时效处理后其抗拉强度也达到了 900MPa 左右,并且具有与基体 Ti60 合金相近的塑性水平。这充分显示了网状结构 TiBw/Ti60 复合材料优异的高温力学性能,主要归因于网状结构优异的强韧化效果、Ti60 基

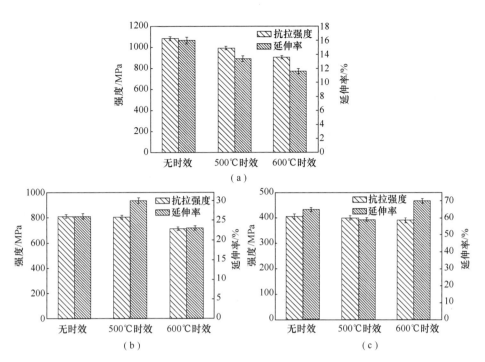

图 9 - 14 　轧制态 5vol. % TiBw/Ti60 复合材料淬火后不同
时效温度处理后在不同温度下拉伸性能对比
(a)600℃；(b)700℃；(c)800℃。

体合金优异的高温性能、轧制变形强化及热处理强化效果。温度升高到 700℃
时，淬火态和淬火 + 500℃ 时效态的 TiBw/Ti60 复合材料抗拉强度都达到了
812MPa 左右，与纯 Ti60 合金相比其抗拉强度要比 Ti60 在 600℃ 的抗拉强度
678MPa 还要高得多，而且 500℃ 时效态的延伸率也达到了 30% 左右。当温度升
高到 800℃ 时，由于基体软化严重，使复合材料抗拉强度迅速降低到 405MPa。
由于温度较高，使具有密排六方结构的复合材料中的非基面滑移系开动，复合材
料的塑性大幅提高，其延伸率增加到 70% 。总体来看，经过后续时效处理，
5vol. % TiBw/Ti60 复合材料高温强度都较淬火态降低，与室温拉伸性能趋势一
致。虽然随着温度升高，抗拉强度降低明显，但与 Ti60 合金相比却有了非常大
的提高，特别还表现出优异的塑性水平。它们优异的综合性能显示出十分重要
的应用价值。

　　通过对比烧结态与经过轧制及热处理后的 TiBw/Ti60 复合材料高温拉伸性
能可以发现，经过轧制变形及热处理可以明显提高 TiBw/Ti60 复合材料 600℃ 与
700℃ 的抗拉强度，这是由于基体变形强化与热处理强化效果，高于网状界面处
局部增强相含量降低与晶须断裂带来的弱化效果。而当温度升高到 800℃ 时，
强度几乎相当，这是因为温度过高，基体变形强化与热处理强化被严重削弱。

9.4 网状结构钛基复合材料的应用

9.4.1 网状结构钛基复合材料生产潜能

根据前面分析可知,传统粉末冶金制备金属基复合材料的缺点主要有[19]:①由于使用的是较细金属粉末,极易发生氧化,因此要求高真空下储存、混粉及烧结;②高能球磨制粉过程中引入大量氧及其他杂质;③需要高能球磨、冷等静压、两步烧结、热等静压及二次变形等复杂工序;④烧结态复合材料致密度低。这些缺点严重损坏了钛基复合材料的机械性能,经过后续二次热变形,才能一定程度上得到改善,但力学性能仍较低,大大限制了其实际应用。通过采用旋转电极法制备较大尺寸的球形钛粉,采用低能球磨以及热压烧结工序,制备的网状结构钛基复合材料完全或较大程度上消除了以上缺陷。这些通过前面烧结态复合材料力学性能及组织分析都已经有了很充分的证明。因此采用较大尺寸球形钛粉为基体原料,以低能球磨进行混粉,一步热压烧结制备网状结构钛基复合材料具有以下潜能:①解决粉末冶金法制备钛基复合材料的瓶颈问题——室温脆性或变形能力差;②进一步提高了钛基复合材料的综合性能;③大大降低了制备钛基复合材料的生产成本、生产周期、及简化制备工艺;④可以通过简单工艺实现近净成型,制备不同尺寸、形状及性能要求的钛基复合材料;⑤根据要求,可以实现组织及性能的可控;⑥复合材料力学性能可以实现半定量预测。烧结态网状结构钛基复合材料表现出优异的综合性能,通过挤压变形或轧制变形,其强度与塑性水平都能得到进一步的改善,通过热处理还可以进一步较大程度上提高其强度水平。

图 9-15 所示为烧结态网状结构 TiBw/TC4 复合材料坯料。如图 9-15 所示,已经成功制备出的较大钛基复合材料坯料有 7kg 和 25kg。根据车削加工表面可以看出,表面非常光亮,表现出优异的冷加工性能。根据合作单位宁波江丰

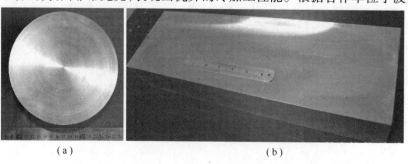

（a） （b）

图 9-15 烧结态网状结构 TiBw/TC4 复合材料坯料
（a）圆柱状坯料；（b）方形坯料。

电子材料有限公司现有热压烧结炉设备条件,可以一次制备出最大尺寸为 φ450mm 的坯料,单件重量达 60kg,具有每天生产 2 块这种规格坯料的能力。如果热压烧结炉数量增加及设备能力增加,可以进一步提高其生产效能或制备单件规格更大的坯料,如生产出单件重量达 100kg 以上的坯料。经过后续压缩或轧制变形,使其尺寸超过 2000mm。

从前面分析可以看出,烧结态钛基复合材料也表现出优异的综合性能,还可以通过热处理进一步改善其力学性能。因此,可以通过一次热压烧结直接烧结制备简单形状的零部件,以实现近净成形,且对烧结复合材料的形状和尺寸有较大的自由。可以根据零部件要求,直接获得除图 9-15 所示圆柱形及方形外,还可以获得不同形状的烧结态复合材料,如"杯状"、"桶状"、"凸模"与"凹模"等。

图 9-16 所示为方形烧结态 TiBw/TC4 复合材料经过双向轧制变形前后宏观形貌。首先在 1000℃ 下将 12mm 厚的 TiBw/TC4 复合材料可以轧制到 2.5mm,即轧制变形量达到 80%,而表面不出现裂纹,仅边缘处出现非常浅的细小裂纹,简单加工即可除去。这充分说明这种网状结构钛基复合材料具有优异的变形能力,适于后续经过变形加工成不同产品。当然要根据变形量的大小及最终产品性能要求,对变形态复合材料进行热处理,以消除大变形量带来的残余应力及硬度过高等缺陷;或者是通过固溶强化处理,进一步提高其强度水平。

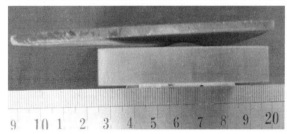

图 9-16　双向轧制前后 TiBw/TC4 复合材料宏观形貌对比

图 9-17 所示为经过热挤压变形获得的 TiBw/TC4 复合材料棒材。在挤压变形后,对挤压棒材进行了磨光及校直,并进行机械加工螺纹。从图 9-17 中可

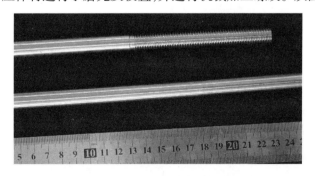

图 9-17　热挤压变形获得的 TiBw/TC4 复合材料棒材及机械加工的螺纹

以看出，表面非常光亮，且直线度较好，表现出网状结构 TiBw/TC4 复合材料优异的热成型能力。螺纹光亮无宏观缺陷，表现出优异的冷加工能力。根据现有设备条件，可以制备出直径为 $\phi 5 \sim 30mm$，长度达 1000mm 的棒材。通过对设备进一步升级，可以制备出长度超过 5000mm 的高性能钛基复合材料棒材。

图 9-18 所示为经过热挤压变形获得的内径为 3mm、壁厚 2mm、外径为 7mm 的薄壁管材段，表现出优异的热成型能力。根据现有条件，通过磨具设计还可以制备不同内径及外径尺寸，长度超过 1000mm 的薄壁管材，并已掌握了制备高性能钛基复合材料薄壁管材的热挤压技术。

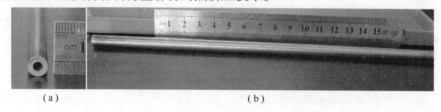

（a）　　　　　　　　　　　　　（b）

图 9-18　经过热挤压变形获得的薄壁管材
(a)横截面；(b)纵向宏观形貌。

图 9-19 所示为与东方蓝天钛金科技有限公司合作开发，以挤压棒材为原料，通过镦制及辊丝工艺制备的 M10 六角头与 100°十字槽沉头螺钉。从图中可以看出，通过优化镦制工艺，可以经过一次温镦成形，获得了优异的镦制头部，进而经过优化辊丝工艺可获得质量较高的丝材。性能测试结果显示，各项关键指标较进口 TC4 钛合金丝材性能均有较大程度的提高。

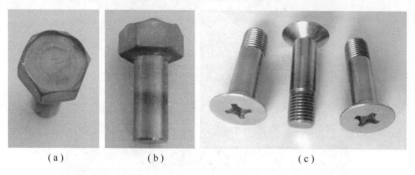

（a）　　　　　　（b）　　　　　　　　　（c）

图 9-19　通过镦制及辊丝工艺制备的 M10 六角头与 100°十字槽沉头紧固件
(a)M10 六角头固件镦制毛坯件顶图；(b)M10 六角头紧固件镦制毛坯件侧图；
(c)十字槽沉头紧固件成品件。

图 9-20 所示为经过一步热挤压成形制备的气门状 TiBw/TC4 复合材料型材。气门状型材的制备及工艺的优化，为后续批量生产挤压制品奠定基础。型材表面经车削加工呈现光亮表面，体现了网状结构钛基复合材料优异的成形能力及冷加工能力。

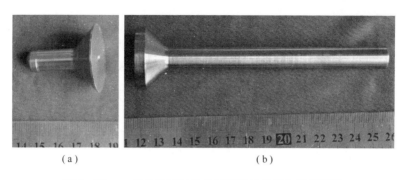

（a）　　　　　　　　　　　　　　（b）

图 9 - 20　一步热挤压制备的气门状钛基复合材料型材
(a)短头；(b)长头。

结合上述分析,根据现有设备及进一步改进设备,可以通过粉末冶金法制备获得高性能大尺寸网状结构钛基复合材料坯料,大尺寸坯料可以用以制备高性能航空航天用结构件,或者通过磨具设计制备具有不同形状的钛基复合材料零部件。通过对坯料的进一步加工,可以获得不同形状的型材,包括热挤压变形获得棒材或薄壁管材、热轧制获得大尺寸板材、热挤压获得气门状、镦制加辊丝获得高性能紧固件和复杂形状结构件。

9.4.2　网状结构钛基复合材料展望

由于纯 Ti 具有较高的室温塑性,可以制备增强相含量较高的钛基复合材料,以获得较高的弹性模量及耐磨性能。由于 TC 系列 α + β 型双相钛合金(如 TC4)优异的综合性能,可以通过调控网状结构参数及采用后续变形或热处理,获得具有优异综合性能的 TiBw/TC4 钛基复合材料。考虑到近 α 型钛合金优异的高温性能,可以采用如 Ti60 合金作为基体,制备可以在 550℃ ~ 850℃ 使用的高温钛基复合材料[12],其力学性能、加工性能较传统方法制备的钛基复合材料有较大程度的提高。根据已完成的部分工作,进行性能及工艺优化后,进一步对 Ti60 基复合材料进行变形及热处理研究。优化 Ti60 基复合材料锻造、轧制、挤压等热变形工艺,最终获得优异的室温综合性能及高温性能,将其使用温度提高到 800℃ 左右。考虑到 TB 系列钛合金优异的室温强度,可以采用如 TB8 或者 TB10 钛合金作为基体,制备室温抗拉强度达到 1600 ~ 2000MPa 的高性能钛基复合材料。

根据现有研究基础,采用 TiB$_2$ 作为 B 源,具有低成本、易获取,且原位反应获得的 TiBw 增强的钛基复合材料表现出优异的综合性能。采用石墨 C 粉作为 C 源,也具有低成本、易获取的优势,且制备的 TiCp 增强钛基复合材料表现出优异的高温抗氧化及其他高温性能。SiCp 作为原位自生反应增强相的加入物,具有成本最低的优势,有待进一步开发应用。进一步优化 TiBw 与 TiCp 相对含量,可以进一步提高其综合性能,包括高温性能及耐磨性能。通过加入稀土元素,可以进一步提高其高温蠕变等性能。

对于 TC4 – TiBw 体系,可以通过模拟进一步确定网状结构中最佳网状结构尺寸、最佳网状界面宽度、最佳局部增强相含量;通过模拟揭示网状结构在拉伸、压缩、弯曲等承载情况下的局部变形机制,以进一步揭示其强韧化机理;通过试验及模拟建立不同基体颗粒尺寸及局部增强相含量对应的复合材料力学性能预测机制;对不同变形量下挤压、轧制及锻造态复合材料力学性能测试及评价,为后续成型及性能预测作理论指导,最终实现烧结态及变形态或成型后钛基复合材料力学性能最佳及可预测;利用网状结构钛基复合材料类似于整体材料中"三维方向上进行了微米级别标记"的特性,可以利用此种复合材料研究复杂形状零部件成形过程中局部变形特性。

虽然本书采用的烧结工艺简单,但毕竟是在一定温度下,采用一定的烧结压力实现的,对于一步完成制备更大尺寸或较复杂的成品仍然存在一定难度。因此,优化大尺寸或简单形状构件网状结构钛基复合材料坯料的烧结工艺,大尺寸板材、管材、棒材等型材及简单形状构件的成型工艺,探索大尺寸或复杂形状构件钛基复合材料的焊接工艺是非常必要的。

结合以上分析,通过制备网状结构钛基复合材料及合理的设计及优化,可以满足航空航天、武器装备、汽车等行业中对轻质、耐热、高强、可变形加工、可热处理及变形强化材料的需求。通过对零部件制备工艺的进一步的优化,可以实现高性能钛基复合材料零部件的批量产业化生产与应用。

参 考 文 献

[1] Huang L J, Yang F Y, Hu H T, et al. TiB whiskers reinforced high temperature titanium Ti60 alloy composites with novel network microstructure. Materials and Design, 2013, 51: 421 –426.

[2] Huang L J, Geng L, Peng H X, et al. Effects of Sintering Parameters on the Microstructure and Tensile Properties of in situ TiBw/Ti6Al4V Composites with a Novel Network Architecture. Materials and Design, 2011, 32(6): 3347 –3353.

[3] Huang L J, Yang F Y, Guo Y L, et al. Effect of Sintering Temperature on Microstructure of Ti6Al4V Matrix Composites. International Journal of Modern Physics B, 2009, 23: 1444 –1448.

[4] 蔡建明, 李臻熙, 马济民, 等. 航空发动机用 600 高温钛合金的研究与发展. 材料导报, 2005, 19 (1): 50 –53.

[5] Hu H T, Huang L J, Geng L, et al. Effects of extrusion on microstructure and tensile properties of in situ TiBw/Ti60 composites fabricated by reaction hot pressing. Journal of Alloys and Compounds, 2014, 582: 569 –575.

[6] Huang L J, Geng L, Li A B, et al. In situ TiBw/Ti –6Al –4V Composites with Novel Reinforcement Archi-

tecture Fabricated by Reaction Hot Pressing. Scripta Materialia, 2009, 60(11): 996 – 999.

[7] Huang L J, Geng L, Xu H Y, et al. In situ TiC Particles Reinforced Ti6Al4V Matrix Composite with a Network Reinforcement Architecture. Materials Science and Engineering A, 2011, 528(6): 2859 – 2862.

[8] Huang L J, Geng L, Peng H X, et al. High temperature tensile properties of in situ TiBw/Ti6Al4V composites with a novel network reinforcement architecture. Materials Science and Engineering A, 2012, 534(1): 688 – 692.

[9] Huang L J, Geng L, Wang B, et al. Effects of volume fraction on the microstructure and tensile properties of in situ TiBw/Ti6Al4V composites with novel network microstructure. Materials and Design, 2013, 45: 532 – 538.

[10] Huang L J, Xu H Y, Wang B, et al. Effects of heat treatment parameters on the microstructure and mechanical properties of in situ TiBw/Ti6Al4V composite with a network architecture. Materials and Design, 2012, 36: 694 – 698.

[11] Liu D, Zhang S Q, Li A, et al. High temperature mechanical properties of a laser melting deposited TiC/TA15 titanium matrix composite. Journal of Alloys and Compounds, 2010, 496: 189 – 195.

[12] Lu W J, Zhang D, Zhang X N, et al. Microstructure and tensile properties of in situ (TiB + TiC)/Ti6242 (TiB:TiC = 1:1) composites prepared by common casting technique. Materials Science and Engineering A, 2001, 311(1 – 2): 142 – 148.

[13] Huang L J, Geng L, Wang B, et al. Effects of extrusion and heat treatment on the microstructure and tensile properties of in situ TiBw/Ti6Al4V composite with a network architecture. Composites: Part A, 2012, 43(3): 486 – 491.

[14] Wang B, Huang L J, Geng L. Effects of heat treatments on the microstructure and mechanical properties of as – extruded TiBw/Ti6Al4V composites. Materials Science and Engineering A, 2012, 558: 663 – 667.

[15] Tamirisakandala S, Bhat R B, Miracle D B, et al. Effect of Boron on the Beta Transus of Ti – 6Al – 4V Alloy. Scripta Materialia, 2005, 53: 217 – 222.

[16] 黄陆军, 唐骜, 戎旭东, 等. 热轧制变形对网状结构 TiBw/Ti6Al4V 组织与性能的影响. 航空材料学报, 2013, 33(2): 8 – 12.

[17] Yang F Y, Li A B, Huang L J, et al. Fabrication and Heat Treatment of TiB Whisker Reinforced Ti60 Alloy Composite Sheet. RARE METALS, 2011, 30: 614 – 618.

[18] Zhou Y G, Zeng W D, Yu H Q. A new high – temperature deformation strenthening and toughening process for titanium alloys. Materials Science and Engineering A, 1996, 221: 58 – 62.

[19] Huang L J, Wang S, Dong Y S, et al. Tailoring a novel network reinforcement architecture exploiting superior tensile properties of in situ TiBw/Ti composites. Materials Science and Engineering A, 2012, 545: 187 – 193.

内 容 简 介

本书介绍了一种新颖的网状结构钛基复合材料。网状结构设计不仅解决了粉末冶金法制备钛基复合材料的瓶颈问题,表现出优异的塑性水平及可塑性加工能力,而且进一步提高了钛基复合材料在室温与高温的增强效果。网状结构钛合金基复合材料将成为轻质、高强、耐热、可塑性加工、可热处理强化与变形强化的典型材料代表。本书系统阐述了具有不同基体、不同增强体、不同结构参数的网状结构钛基复合材料的设计、制备、组织、性能与强韧化机理,及其组织与性能在后续热处理与热变形过程中的演变规律。

本书内容创新性强、理念新颖,解决了学术前沿问题与生产瓶颈问题,研究内容具有较强的可持续性。适合高等院校、科研机构及企业从事金属基复合材料相关领域的研究人员、技术人员及相关专业的大学师生参考阅读。

Titanium matrix composites with novel network microstructure were presented in this book. The bottleneck problem of extreme brittleness surrounding titanium alloy matrix composites fabricated by powder metallurgy was resolved by designing network microstructure, which results in superior ductility and plastic deformability. Moreover, strengthening effects at room temperature and high temperatures were further enhanced for titanium matrix composites. Therefore, titanium alloy matrix composites with novel network microstructure will become one classic represent of materials exhibiting light weight, high strength, high temperature durability, superior deformability, which can also be strengthened by heat treatment and deformation. Design, fabrication, microstructure, property, strengthening and toughening mechanisms of network structured titanium matrix composites with different matrices, reinforcements and structure parameters were systematically clarified in this book. Additionally, evolutions of microstructure and property of the composites during the subsequent heat treatment and hot deformation processes were also investigated.

The contents of this book show strong innovation and novel ideas, which can help us to resolve the academic frontier problems and the engineering bottleneck problems. Additionally, the research contents also exhibit sustainability. Therefore, this book is suitable for researchers, engineers, teachers and students in related fields of metal matrix composites in universities, scientific institutes and companies.